新型电力系统建设路线图研究

史玉波　林卫斌 等　编著

中国水利水电出版社
www.waterpub.com.cn
·北京·

图书在版编目（CIP）数据

新型电力系统建设路线图研究 / 史玉波等编著. -- 北京 : 中国水利水电出版社, 2023.12
ISBN 978-7-5226-1993-4

Ⅰ. ①新… Ⅱ. ①史… Ⅲ. ①电力系统规划－研究 Ⅳ. ①TM715

中国国家版本馆CIP数据核字(2023)第240148号

书　　名	**新型电力系统建设路线图研究** XINXING DIANLI XITONG JIANSHE LUXIANTU YANJIU
作　　者	史玉波　林卫斌　等　编著
出版发行	中国水利水电出版社 （北京市海淀区玉渊潭南路1号D座　100038） 网址：www.waterpub.com.cn E-mail：sales@mwr.gov.cn 电话：(010) 68545888（营销中心）
经　　售	北京科水图书销售有限公司 电话：(010) 68545874、63202643 全国各地新华书店和相关出版物销售网点
排　　版	中国水利水电出版社微机排版中心
印　　刷	北京印匠彩色印刷有限公司
规　　格	170mm×240mm　16开本　16印张　313千字
版　　次	2023年12月第1版　2023年12月第1次印刷
印　　数	0001—3000册
定　　价	**98.00**元

凡购买我社图书，如有缺页、倒页、脱页的，本社营销中心负责调换

版权所有·侵权必究

专家评语

本书内容丰富，全面系统地介绍了新型电力系统建设各方面情况，包括背景、现状、问题、解决途径、政策机制、工程案例等，是目前少有的全面反映新型电力系统建设各方面信息的著作。对于政府管理部门、非电力系统读者进一步了解新型电力系统，本书将起到非常好的宣传、科普作用。“双碳”战略是给我国社会和经济发展带来巨大影响的重大战略，而新型电力系统建设是“双碳”战略的重中之重。这部著作将有助力于这一目标实现，使全社会认识和理解新型电力系统带来的挑战。本书是对低碳战略的重要贡献。

——江亿（中国工程院院士）

本书着重围绕如何构建新型电力系统的战略和路径两大主题进行探索。本书立意高远、内容详实，结构总体合理，创造性提出诸多新观点、新方法。对于指导帮助我国科技工作者准确理解和把握新型电力系统建设路径极具参考价值。

——汤广福（中国工程院院士）

当前，第四次工业革命席卷全球，第三次能源革命加速推进，能源绿色低碳发展历史趋势已经形成。同时，经过几代人不懈奋斗，我国已成为能源大国，建成全球规模最大的电力系统，建设能源强国、推动能源电力高质量发展任务迫切。在此背景下，党中央做出“加快构建清洁低碳、安全充裕、经济高效、供需协同、灵活智能的新型电力系统”重大战略部署。本书既描绘了我国能源电力事业发展的宏伟蓝图，又设计了路线图和任务书，其中有很多创新突破，应时代之需，解世人之惑，是一部高水平的专业著作，具有很强的现实意义，我向大家推荐。

——陈进行（中国大唐集团有限公司原董事长）

构建新型电力系统对实现“双碳”目标意义重大。本书是由中国能源研究会在为期两年的课题研究基础上形成的关于新型电力系统建设研究的重要著作。本书从战略和路径两个角度，深刻剖析并研究了新型电力系统建设的重大问题。战略部分，首先系统阐释了构建新型电力系统的战略意义、战略方向和战略重点，在此基础上，创新性地提出“五四三 45678”的能源转型战略构想，并分析了新型电力系统发展趋势和发展阶段；路径部分，从源、网、荷、储各部分研究了系统未来集成发展的规模布局、技术路线、产业生态及相关政策，同时提出有关建议。全书数据详实，案例丰富，是行业人员理解和把握新型电力系统建设发展蓝图的重要参考资料。

——杨昆（中国电力企业联合会常务副理事长）

本书立足经济发展大局，结合中国能源电力行业实际，深入研究新型电力系统“是什么”，建设的路线图“是什么”，系统阐述了建设新型电力系统的六个方面的发展途径，并提出了相关的政策建议，有一定的理论基础和参考价值。

——杨庆（国家电网有限公司原副总经理）

本书系统阐释了构建新型电力系统的战略意义、战略方向和战略重点，从新能源、水电和核电、传统火电、储能、氢能需求侧管理和数智化等六大方向论述了其发展规模及布局、技术路线图和政策建议。本书内容丰富、数据详实，既有当前电力系统最新实践成果，又详细论述了新型电力系统未来发展路径和重点。

——陈允鹏（中国南方电网有限责任公司原副总经理）

前言

2021年3月15日召开的中共十九届中央财经委员会第九次会议提出了要"构建以新能源为主体的新型电力系统"，这是实现碳达峰、碳中和"双碳"目标的内在要求。为深入贯彻落实中央精神，中国能源研究会从2021年9月开始，组织各方优势力量，开展构建新型电力系统课题研究。在为期两年的课题研究中，课题组着重围绕构建新型电力系统的战略和路径两大主题进行探索。

2023年7月11日召开的中共二十届中央全面深化改革委员会第二次会议强调"要科学合理设计新型电力系统建设路径"。为进一步贯彻落实中央精神，凝聚社会共识，课题组经讨论并征求有关意见，决定以构建新型电力系统课题研究成果为基础编著出版《新型电力系统建设路线图研究》。全书分为两篇——战略篇和路径篇，其中战略篇包括三章，系统阐释了构建新型电力系统的战略意义、战略方向和战略重点，特别是提出了"五四三45678"的能源转型战略构想，并分析了新型电力系统四大发展趋势——清洁化、柔性化、分散化和数智化和三个发展阶段。路径篇包括六章，分别是高比例新能源发展路径，水电、核电发展路径，传统火电转型发展路径，储能、氢能发展路径，电力需求侧发展路径，电力系统数智化发展路径。六大路径细化分析了构建"清洁低碳、安全充裕、经济高效、供需协同、灵活智能"新型电力系统目标导向，电力系统源、网、荷、储各组成部分及系统集成未来发展的规模、布局、技术路线、产业生态及相关政策。

参与课题研究及本书撰写的主要成员包括：第一章由林卫斌和王煜萍编写，第二章由林卫斌和高媛编写，第三章由林卫斌和宁佳钧编写，第四章由李少彦编写，第五章由谭建生、周杰、尹向勇、谭珂、邵长花编写，第六章由董军、江禹铮、马倩、方琳怡、黄贺祥编写，第七章由刘大正、姜大霖、王阳、张云飞、薛煜坤编写，第八章由宁佳钧、王煜萍、薛煜坤编写，第九章由马莉和李睿编写。全书由史玉波和林卫斌负责统筹。在此，我们要特别感谢本书的审稿专家提出的十分宝贵的修改意见和细致的审核工作。构建新型电力系统课题研究得到了自然资源保护协会的大力支持，值此本书出版之际，表示感谢。

构建新型电力系统，事关国家“双碳”战略和中国式现代化，希望本书可以帮助读者理解和把握新型电力系统建设蓝图。当然，书中存在不足之处，敬请广大读者批评指正。

史玉波　林卫斌

2023年10月23日

目录

第二篇 路 径 篇

第一篇
战略篇

第一章

构建新型电力系统的战略意义

实现“双碳”目标是党中央经过深思熟虑作出的重大战略决策，事关中华民族永续发展和构建人类命运共同体。在“双碳”目标约束下，重塑能源体系是实现“双碳”目标的必由之路，其核心是大规模高比例开发利用非化石能源。构建以新能源为主体的新型电力系统是大规模高比例开发利用非化石能源的内在要求，同时也蕴含着建设能源强国的重大战略机遇。

第一节　国家“双碳”目标的确立

一、碳达峰、碳中和战略目标的确立

2020年9月22日，国家主席习近平在第七十五届联合国大会一般性辩论上向全世界宣示：“中国将提高国家自主贡献力度，采取更加有力的政策和措施，二氧化碳排放力争于2030年前达到峰值，努力争取2060年前实现碳中和。”2021年3月15日，习近平总书记主持召开十九届中央财经委员会第九次会议，会议强调，2030年前实现碳达峰，2060年前实现碳中和，是党中央经过深思熟虑作出的重大战略决策，事关中华民族永续发展和构建人类命运共同体。习近平总书记在会上发表重要讲话并强调：“实现碳达峰、碳中和是一场广泛而深刻的经济社会系统性变革，要把碳达峰、碳中和纳入生态文明建设整体布局，拿出抓铁有痕的劲头，如期实现2030年前碳达峰、2060年前碳中和的目标。”

碳达峰碳中和战略目标的确立表明了中国正在以更加积极主动的态度参与应对全球变暖（Global Warming）的全球气候治理。作为全球最大的碳排放国，中国分别于2004年、2012年和2019年向联合国提交三次《气候变化国家信息通报》，于2017年和2019年提交两次《两年更新报告》，分别报告了1994年、

2005年、2010年、2012年、2014年的核算结果，核算结果显示，2014年中国温室气体排放总量123亿t CO_2当量，CO_2排放量103亿t，能源利用CO_2排放量89亿t，工业过程CO_2排放量13.3亿t，非CO_2温室气体排放量20亿t CO_2当量；碳汇量11.5亿t。根据国际能源署（IEA）的数据，2021年中国CO_2排放量119亿t，占全球总量的33%。

二、主要国家和地区二氧化碳人均排放量

尽管从年排放量看，中国是全球第一大碳排放国，但是从人均排放量和历史累积排放量看，与欧美等发达国家相比较，中国的排放水平仍然相对较低。以哥本哈根会议召开的2009年为例，中国人均排放量仅有5.9t，是美国（18.0t）的1/3左右，接近欧盟（7.6t）的80%[1]。因此，对于应对全球气候变暖和碳减排问题，中国始终坚持“共同但有区别的责任”原则。

当然，随着经济社会的进一步发展，中国的碳排放水平也逐步提高。到2020年，中国人均排放量7.7t，超过美国（14.0t）的一半，是欧盟（5.9t）的1.3倍[2]。如图1-1所示。为此，作为气候治理的行动派，中国不断加强治理的力度，积极推动达成《巴黎协定》，并不断强化国家自主贡献目标。中国“双碳”战略目标的确立，彰显了负责任大国担当。当然，实现“双碳”目标，也是中国实现可持续高质量发展的内在需要。党的十八大以来，中国大力推进生态文明建设和能源革命，把污染防治作为“三大攻坚战”[3] 之一。CO_2和环境污染物排放具有高度同源性，

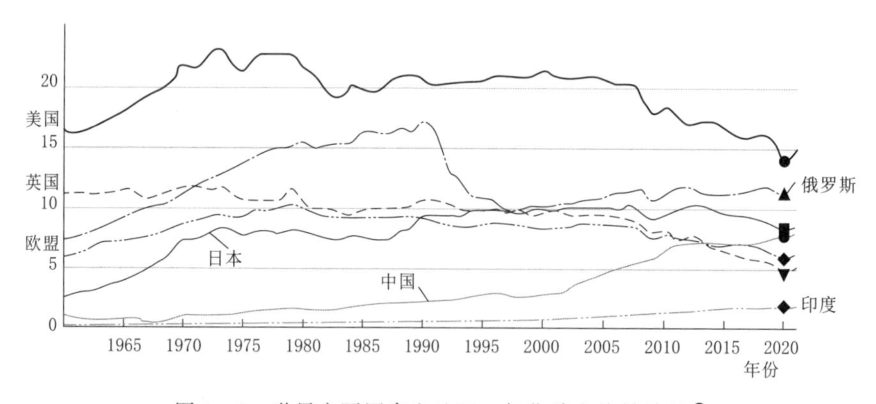

图1-1　世界主要国家和地区二氧化碳人均排放量[4]

[1] 数据来源：Global Carbon Project。

[2] 数据来源：Global Carbon Project。

[3] 2017年10月18日，习近平总书记在十九大报告中提出：要坚决打好防范化解重大风险、精准脱贫、污染防治的攻坚战。

[4] 数据来源：Global Carbon Project。

把碳达峰、碳中和纳入生态文明建设的整体布局，以降碳为重点战略方向、推动减污降碳协同增效、促进经济社会发展全面绿色转型、实现生态环境质量改善由量变到质变，是坚持人与自然和谐共生，建设美丽中国内在的必然要求，如图 1-1 所示 。

专栏 1-1　全球气候治理大事记

1937 年，英国工程师盖伊·卡伦达发表了《CO_2 的人工生产及其对温度的影响》，认为 19 世纪末以来全球气温上升的原因是大气中 CO_2 含量的增加。

1959 年，美国地球化学家查尔斯·基林提出著名的“基林曲线”（反映大气 CO_2 含量观测结果变化的曲线），为人类活动影响全球变暖提供了最有力的证据。

1975 年，美国气象学家华莱士·布勒克发表了《气候变化：我们正处在显著的全球变暖边缘吗?》，预测全球气温将会因为大气层内积累的温室气体增加而逐渐升高，首次将“全球变暖”的概念引入公众视野中。布勒克也因此被誉为“全球变暖之父”。

1979 年，日内瓦世界气候大会（学术会议）首次将气候变化作为国际事务讨论。

1985 年，在奥地利的菲拉赫（Villach）召开“评估 CO_2 及其他温室气体对气候变化及有关影响”国际会议，首次提出制定国际公约以应对气候变化的倡议。

1988 年，第 43 届联合国大会（多伦多会议）首次审议气候变化问题，气候问题正式成为一项国际政治议程。建立“政府间气候变化专门委员会”（IPCC）。

1990 年，第 45 届联合国大会正式启动《联合国气候变化框架公约》的谈判进程。

1992 年，里约热内卢联合国环境与发展大会上签署《联合国气候变化框架公约》。

1994 年，《联合国气候变化框架公约》正式生效。

1995 年，《联合国气候变化框架公约》第一次缔约方会议（COP1，柏林会议）决定制定一项法律文件，为发达国家规定 2000 年后温室气体减排义务及时间表。

1997 年，COP3（京都会议）制定了《〈联合国气候变化公约〉京都议定书》，议定书为附件一所列每个国家确定了有差别的温室气体减排指标，以使其在 2008 年至 2012 年承诺期内温室气体排放量比 1990 年至少减少 5.2%。

2005 年，COP11（蒙特利尔会议）《京都议定书》生效。

2007 年，COP13（巴厘岛会议）提出巴厘路线图：正式启动关于 2012 年之后机制安排的谈判进程。设定了两年的谈判时间，即 2009 年年底的哥本哈根大会完成 2012 年后全球应对气候变化新安排的谈判。

2009 年，COP15（哥本哈根会议）没有形成协议。

2012 年，COP18（多哈会议）通过《京都议定书（修正案）》，延续第一承诺期减排模式，开启第二承诺期。

2015 年，COP21（巴黎会议）签署《巴黎协定》针对《京都议定书》后全球应对气候变化，提出将全球平均气温升幅控制在工业化水平前 2℃以内，并努力将温度升幅限制在 1.5℃以内的目标。国家自主贡献（NDC）是《巴黎协定》和实现这些长期目标的核心。

2018 年，COP24（卡托维兹会议）。IPCC 全球升温 1.5℃特别报告：若将温升限制在 1.5℃左右并防止气候变化的严重影响，需要到 2030 年全球净人为 CO_2 排放量从 2010 年的水平上减少约 45%，在 2050 年左右达到净零（即碳中和）。

2019 年，COP25（智利会议）启动气候雄心联盟：2050 年实现碳中和。

第二节　“双碳”目标与能源转型

一、碳中和要求减排 100 亿 t 以上的 CO_2

对于碳中和的定义和内涵，联合国政府间气候变化专门委员会（IPCC）的《全球 1.5℃增暖特别报告》提出了四种概念：碳中和（Carbon neutrality）、CO_2 净零排放（Net zero CO_2 emissions）、净零排放（Net zero emissions）和气候中性（Climate neutrality）。其中，碳中和与 CO_2 净零排放虽然表述不同但内涵一致，均是指一定时期内人类活动引起的 CO_2 排放量与 CO_2 人为消除量相抵消；而净零排放指的是一定时期内人类活动引起的温室气体排放与温室气体人为消除量相抵消，通过选择气候指标如全球变暖潜势趋势值（Global warming potential）将各种温室气体转换成 CO_2 当量值再进行加总，从而完成对温室气体净零排放的核算；气候中性（Climate neutrality）描述的是人类活动对气候系统作用为零的一种状态，其侧重点是人类活动对气候系统的影响，不仅要考虑温室气体的排放，还需要考虑人类活动带来的生物地球物理效应（Biogeophysical effects），例如众所周知的城市热岛效应，城市化对地表反照率、植被覆盖率等产生影响从而引起温升等地区性气候变化。可见，碳中和从字面上理解是指 CO_2 的净零排放，即指一定时期内人类活动引起的 CO_2 排放量与 CO_2 人为消除量相抵消。2021 年 4 月《中美应对气候危机联合声明》中对中美两国的应对气候变化目标做出了区分："两国都计划在格拉斯哥联合国气候公约第 26 次缔约方大会之前，制定各自旨在实现碳中和和温室气体净零排放的长期战略"，这一表述意味着中国所提出的碳中和目标有别于美国的温室气体净零排放目标。不过，需要进一步指出的是，《巴黎协定》第四条第一点明确指出："为了实现 2℃和 1.5℃的长期温控目标，缔约方旨在尽快达到温室气体排放的全球峰值，此后利用现有的最佳科学迅速减排，在本世纪下半叶实现温室气体源的人为排放与汇的清除之间的平衡。"因此在各国的具体实践中政策表述均围绕温室气体展开。2021 年 4 月欧洲议会和欧盟理事会就《欧洲气候法》关键内容达成临时协议，其中明确 2050 年实现气候中性。可见，温室气体净零排放将逐步成为国际社会的主流目标。由此可见，碳中和顾名思义就是指 CO_2 的净零排放，但考虑到国际上的趋势，中国也将会逐步把非 CO_2 温室气体排放纳入约束范围。

专栏 1－2　碳中和的含义

• CO_2 净零排放（Net zero CO_2 emissions）：指一定时期内人类活动引起的 CO_2 排放量与 CO_2 人为消除量相抵消。

• 净零排放（Net zero emissions）：一定时期内人类活动引起的温室气体排放与温室气体人为消除量相抵消。通过选择气候指标如全球变暖潜势值（Global warming potential）将各种温室气体转换成 CO_2 当量值再进行加总，从而完成对温室气体净零排放的核算。

• 碳中和（Carbon neutrality）：CO_2 净零排放也被称为碳中和。

• 气候中性（Climate neutrality）描述的是人类活动对气候系统作用为零的一种状态，其侧重点是人类活动对气候系统的影响，不仅要考虑温室气体的排放，还需要考虑人类活动带来的生物地球物理效应（Biogeophysical effects），例如众所周知的城市热岛效应，城市化对地表反照率、植被覆盖率等产生影响从而引起温升等地区性气候变化。

二氧化碳排放主要存在两大来源：一是煤炭、石油、天然气等化石能源消费碳排放，二是水泥生产、石灰生产、玻璃、纯碱、氨水、电石和氧化铝等工业生产过程碳排放。其中，化石能源消费产生的二氧化碳排放是主体，按照国家应对气候变化战略合作和国际合作中心核算的结果，2020 年能源消费 CO_2 排放量为 99 亿 t。按照北京理工大学魏一鸣团队的测算[1]，2020 年中国 CO_2 排放

[1] 魏一鸣，余碧莹，唐葆君，等．中国碳达峰碳中和时间表与路线图研究［J］．北京理工大学学报（社会科学版），2022，24（4）：13－26. DOI：10.15918/j.jbitss1009－3370.2022.1165.

总量为113亿t，其中能源消费CO_2排放量为100亿t，占比88%，工业过程CO_2排放量为13亿t[1]。而在人为消除CO_2排放方面，主要包括两类：一类是碳汇，即通过植树造林等措施，利用植物光合作用吸收大气中的CO_2，并将其固定在植被和土壤中；另一类是碳捕集与利用封存（CCUS），即将CO_2从相关排放源中分离出来或从大气中捕集，输送到封存地点，并长期与大气隔绝。其中，碳汇方面受国土自然条件的约束而具有有限性，中国通过植树造林等方式实现农林业碳汇总量预计在15亿t左右。根据上述排放量和碳汇量数据，实现碳中和要求在2060年之前将向大气中排放的CO_2从2020年的113亿t左右减少到15亿t左右。按照大致的比例估算，碳中和要求能源消费CO_2排放量从2020年的100亿t减少到碳中和情景下的10亿t左右。当然，考虑到从2020年到2030年前碳达峰这一时期，能源消费CO_2排放量还会有一定的增加空间，预计从碳达峰到碳中和，中国能源消费CO_2的减排量将超过100亿t，如图1-2所示。

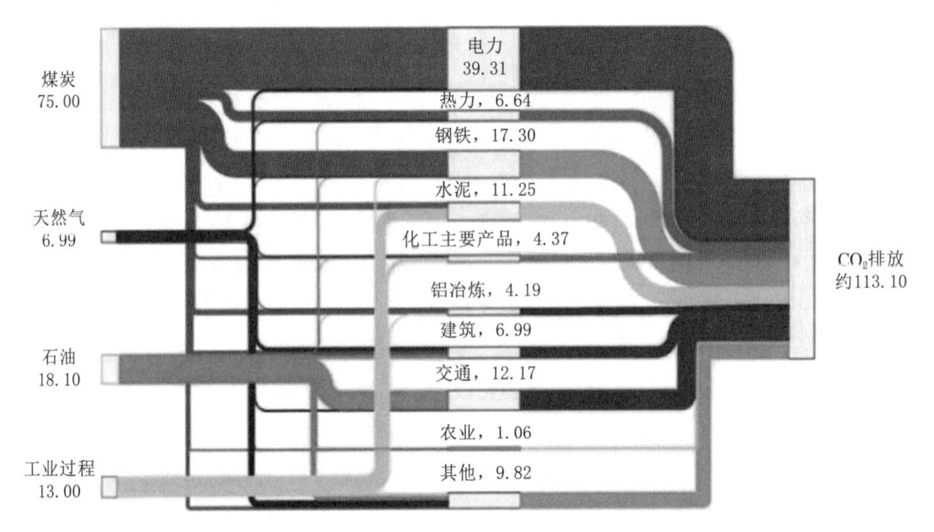

图1-2　2020年全国碳流图（单位：CO_2当量/亿t）

二、重塑能源体系是碳减排的必由之路

能源碳减排主要包括三大路径：一是节能，二是调整能源结构，三是碳捕集、利用与封存技术。二氧化碳净零排放的能源体系理论上有两种可能：一是化石能源大量退出历史舞台，未来能源系统依靠零碳的非化石能源；二是能源系统中仍存在一定规模的化石能源，但是通过碳捕集和利用封存技术将这一部

[1] 非二氧化碳温室气体排放方面，按照清华大学气候变化与可持续发展研究院课题组发表的报告，2020年非二氧化碳温室气体排放量为25亿t CO_2当量左右。

分化石能源使用所带来的 CO_2 排放进行捕集、封存或利用。如果碳捕集的成本不能够大幅度下降，那么碳中和就意味着到 2060 年要基本结束化石能源时代，建成深度低碳的能源体系，如图 1-3 所示。

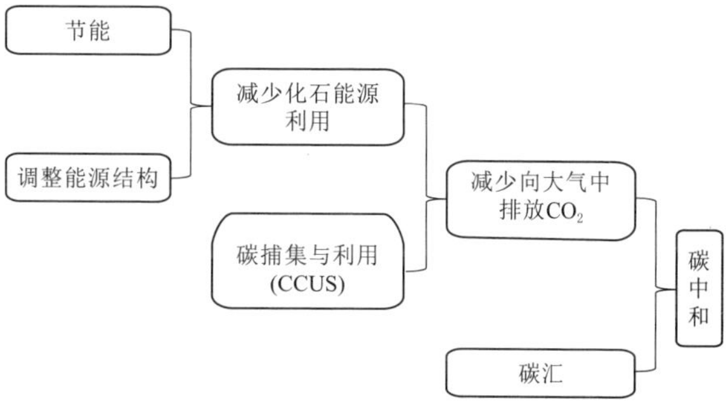

图 1-3　碳中和实现路径

周孝信、汤广福、舒印彪等院士学者对“双碳”背景下的能源消费结构做出了不同的预测和情景分析，如表 1-1 所示。如周孝信院士认为 2030 年非化石能源消费占比将达到 25%，2060 年非化石能源消费比重将达到 89%。汤广福院士认为碳中和目标下能源结构中化石能源占比 80%以上，将转变为非化石能源占比超过 80%以上。舒印彪院士认为 2030 年非化石能源消费占比将达到 25%左右，2060 年非化石能源消费占比将达到 80%以上。

表 1-1　能源碳减排路径研究梳理

来源	能源减排具体路径
周孝信	➤ 2030 年非化石能源消费占比 25%，2045 年非化石能源消费占比超过 50%，2060 年非化石能源消费比重 89%。 ➤ 2030 年能源消费总量 59 亿 t 标准煤，2060 年能源消费总量 46 亿 t 标准煤
汤广福	➤ 碳中和目标下能源结构中化石能源占比 80%以上，转变为非化石能源占比超过 80%以上。 ➤ 非化石能源 2030 年发电量占比 46%，2060 年非化石能源发电占比达到 94%
舒印彪[1]	➤ 2050 年、2060 年，能源消费总量分别达到 53.2 亿、51.2 亿 t 标准煤。 ➤ 2030 年非化石能源消费占比 25%左右，2060 年非化石能源消费比重 80%以上。 ➤ 2060 年煤电和气电加装 CCS/CCUS 等装置年捕集 CO_2 规模在 9.5 亿～13.5 亿 t
张希良[2]	➤ 单位 GDP 能源消费量 2025 年下降 15%左右，2030 年下降 28%左右，2050 年下降 65%左右，2060 年下降 75%以上。 ➤ 2030 年非化石能源在一次能源消费中的比重将上升到 25%以上，2050 年进一步增长至 65%左右，2060 年达到 80%以上。 ➤ 发展 BECCS、煤电 CCS 和气电 CCS 等技术，2060 年电力部门负排放将达到近 6 亿 t

[1] 舒印彪，赵勇，赵良，等．“双碳”目标下我国能源电力低碳转型路径 [J]．中国电机工程学报，2023，43 (5)：1663-1672.

[2] 张希良，黄晓丹，张达，等．碳中和目标下的能源经济转型路径与政策研究 [J]．管理世界，2022，38 (1)：35-66.

续表

来源	能源减排具体路径
魏一鸣❶	➤ 2025 年非化石能源消费占比达到 21%，2030 年超过 25%，到 2060 年占比超过 80%。 ➤ 2030 年终端电气化率为 34%左右，2060 年达到 77%以上
林伯强❷	➤ 2030 年一次能源消费总量不超过 60 亿 t 标准煤，非化石能源占一次能源结构的比重达到 25%左右。 ➤ 2060 年非化石能源占能源消费总量 80%以上

综合参考各个学者对未来能源碳减排的预测和情景分析，本书设定了一种碳中和情景：能源消费总量为 50 亿 t 标准煤左右，非化石能源消费比重达到 85%左右，煤炭、石油和天然气消费比重分别为 5%左右。能源消费产生的 CO_2 排放量为 15 亿 t 左右，加上 CCUS 吸收 5 亿 t 左右的 CO_2，能源消费向大气中排放的 CO_2 10 亿 t 左右，那么通过碳汇能够实现碳中和。非化石能源消费比重由 2022 年的 17.5%提高到 2060 年的 85%左右，非化石能源利用量从 2022 年的 9.5 亿 t 标准煤增加到 2060 年 42.5 亿 t 标准煤左右，如图 1-4 所示。

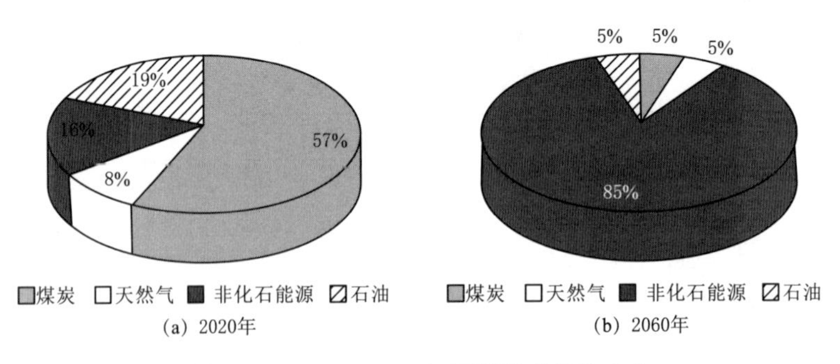

图 1-4　2020—2060 年能源消费结构变化

三、实现“双碳”目标需要加快推进能源革命

2012 年，党的十八大旗帜鲜明地提出要“推动能源生产和消费革命，控制能源消费总量，加强节能降耗，支持节能低碳产业和新能源、可再生能源发展，确保国家能源安全”。2014 年中央财经领导小组第六次会议进一步明确了“四个革命、一个合作”的战略框架：推动能源消费革命，抑制不合理能源消费；推动能源供给革命，建立多元供应体系；推动能源技术革命，带动产业升级；推动能源体制革命，打通能源发展快车道；全方位加强能源国际合作，实现开放

❶ 魏一鸣，余碧莹，唐葆君，等. 中国碳达峰碳中和时间表与路线图研究 [J]. 北京理工大学学报(社会科学版)，2022，24 (4)：13-26.

❷ 林伯强. 碳中和进程中的中国经济高质量增长 [J]. 经济研究，2022，57 (1)：56-71.

条件下能源安全。

为贯彻落实党中央推动能源生产和消费革命的战略部署，国务院办公厅2014年印发了《能源发展战略行动计划（2014—2020年）》，国家发展改革委和国家能源局2016年印发了《能源生产和消费革命战略（2016—2030）》。这两份战略文件中明确了节约优先、立足国内、绿色低碳、创新驱动等战略取向，提出构建现代能源体系。2017年，党的十九大进一步将能源战略框架和取向凝练为“推动能源生产和消费革命，构建清洁低碳、安全高效的能源体系”。2020年，党的十九届五中全会提出要“推进能源清洁低碳高效安全利用”。如表1-2所示。

表1-2 重大会议/文件对能源战略的表述

年份	会议/文件	表述
2012	党的十八大报告	推动能源生产和消费革命，控制能源消费总量，加强节能降耗，支持节能低碳产业和新能源、可再生能源发展，确保国家能源安全
2014	中央财经领导小组第六次会议	推动能源消费革命，抑制不合理能源消费；推动能源供给革命，建立多元供应体系；推动能源技术革命，带动产业升级；推动能源体制革命，打通能源发展快车道；全方位加强能源国际合作，实现开放条件下能源安全
2014	《能源发展战略行动计划（2014—2020年）》	坚持“节约、清洁、安全”战略方针，加快构建清洁、高效、安全、可持续的现代能源体系。重点实施四大战略：节约优先战略、立足国内战略、绿色低碳战略、创新驱动战略
2016	《能源生产和消费革命战略（2016—2030）》	坚持以安全为本、节约优先、绿色低碳、主动创新的战略取向，全面实现我国能源战略性转型，构建现代能源体系
2017	党的十九大报告	推进能源生产和消费革命，构建清洁低碳、安全高效的能源体系
2020	党的十九届五中全会	推进能源清洁低碳高效安全利用

由此可见，党的十八大吹响了中国能源革命的号角，并逐步明确了能源革命的方向，就是要构建清洁低碳、安全高效的能源体系。所谓能源革命，意味着要实现能源系统的颠覆性重构，但这是定性的。在定量方面，2016年《能源生产和消费革命战略（2016—2030）》所确定的战略革命进程是：到2030年非化石能源比重达到20%左右；到2050年非化石能源比重提高到50%以上。但是，50%以上具体是多少？2050年之后又是多少？能源革命最终要在什么时间推进到什么程度？

2021年《中共中央 国务院关于完整准确全面贯彻新发展理念做好碳达峰碳中和工作的意见》已经大致明确了非化石能源开发利用的目标，到2025年和

2030 年，非化石能源消费比重要分别提高到 20%和 25%左右，到 2060 年非化石能源消费比重要提高到 80%以上。这与党的十八大以来中国确定的能源革命战略是一脉相承的，但速度上在加快。“双碳”战略目标的确定进一步明确了能源革命的目标：到 2060 年非化石能源消费比重要提高到 80%以上。碳中和在明确中国能源革命最终目标的同时也要求能源革命进程需要提速：2030 年非化石能源消费比重目标提高了 5%，而原定的 20%的目标则可能提前 5 年实现。

专栏 1-3 碳达峰、碳中和工作主要目标

• 到 2025 年，绿色低碳循环发展的经济体系初步形成，重点行业能源利用效率大幅提升。单位国内生产总值能耗比 2020 年下降 13.5%；单位国内生产总值 CO_2 排放比 2020 年下降 18%；非化石能源消费比重达到 20%左右；森林覆盖率达到 24.1%，森林蓄积量达到 180 亿 m^3，为实现碳达峰、碳中和奠定坚实基础。

• 到 2030 年，经济社会发展全面绿色转型取得显著成效，重点耗能行业能源利用效率达到国际先进水平。单位国内生产总值能耗大幅下降；单位国内生产总值 CO_2 排放比 2005 年下降 65%以上；非化石能源消费比重达到 25%左右，风电、太阳能发电总装机容量达到 12 亿 kW 以上；森林覆盖率达到 25%左右，森林蓄积量达到 190 亿 m^3，CO_2 排放量达到峰值并实现稳中有降。

• 到 2060 年，绿色低碳循环发展的经济体系和清洁低碳安全高效的能源体系全面建立，能源利用效率达到国际先进水平，非化石能源消费比重达到 80%以上，碳中和目标顺利实现，生态文明建设取得丰硕成果，开创人与自然和谐共生新境界。

第三节 能源转型与构建新型电力系统

一、能源系统电气化和电力系统低碳化是能源转型的两大趋势

（一）能源系统电气化

大规模高比例开发利用非化石能源必然要求推进能源系统电气化。如果说碳中和愿景下能源革命的核心是零碳、低碳能源对高碳能源的逐步替代，是非化石能源消费比重的大幅度提高，那么，非化石能源大规模高比例开发利用将深度改变未来能源体系。非化石能源开发利用主要包括水电、风电、光电、生物质发电、核电等电能开发利用和地热供暖、生物质供暖、生物质燃料、太阳能热利

用等非电开发利用。2020 年中国非化石能源利用量 7.9 亿 t 标准煤，其中非电利用量 5000 万 t 左右，非化石能源电能转化比重为 94%。按照《“十四五”可再生能源发展规划》设定的目标，2025 年可再生能源利用量 10 亿 t 标准煤左右，其中非电利用规模达到 6000 万 t 标准煤以上。再包含核电，非化石能源电能转化比重可达 95%左右。可见，非化石能源主要是通过转化为电能供终端使用，非化石能源消费比重的提高必然会提高能源系统的电气化水平：一方面，一次能源电能转化的比重趋于提高；另一方面，电能占终端能源消费的比重趋于提高。如图 1-5 所示。

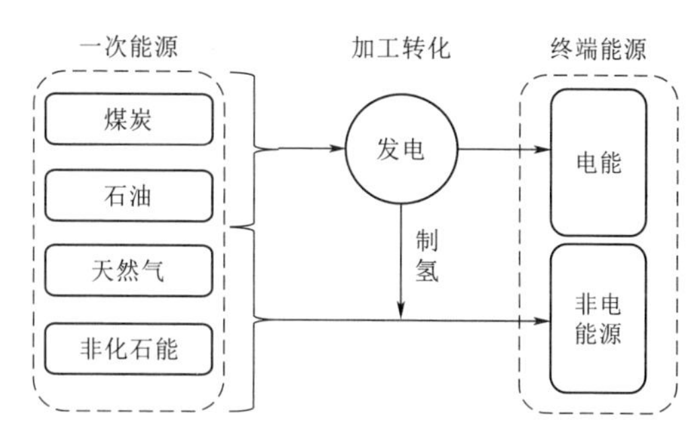

图 1-5 能源系统结构

“十三五”期间，随着非化石能源消费比重从 12.1%提高到 15.9%，一次能源电能转化比重从 40%提高到 45%，电能占终端能源消费的比重从 21%提高到 26%。碳中和愿景下能源系统绿色低碳转型一方面需要加快调整一次能源结构，大幅度提升非化石能源消费的比重，另一方面需要加快改变终端部门用能方式，实施电能替代。现阶段工业、交通、建筑等终端部门的化石能源消费量和 CO_2 排放量仍居高位，随着生产侧非化石能源大比例接入电力系统，加强终端部门电能替代将可以有效削减煤炭等化石能源消费从而减少 CO_2 排放。在生产侧和消费侧两方面的协同作用下，未来能源系统电气化水平必然会进一步提升。在生产侧，一次能源通过电能转化的比重为煤炭、石油、天然气和非化石能源的不同能源品种电能转化的比重的加权平均，权重为一次能源消费结构；在消费侧，基于能源系统中一次能源与终端能源的平衡关系，可以推算出电能占终端能源消费的比重。当前中国煤炭用于发电的比重为 52%左右，而在美国等发达国家煤炭用于发电的比重超过 90%；中国天然气用于发电的比重为 14%左右，而世界平均水平为 30%左右。可以预计，在碳中和大背景下，一方面煤炭等化石能源的消费量将受到控制而逐步减少，另一方面化石能源的利用方式也会趋于清洁高效，通过电能转化的比重将逐步提高。非化石能源方面，考虑到碳中和背景下生物质燃料、地热能、光热等领域的发展，假定非化石能源通过电能转化的比重维持在 95%左右。结合碳中和下的一次能源消费结构，预计到 2060 年一次能源电能转化比重将提升到 90%以上，电能占终端能源消费（含电能再转化为氢能等三次能源）的比重将提高到 70%左右。电力将在能源供应中占据绝对主导地位。如图 1-6 所示。

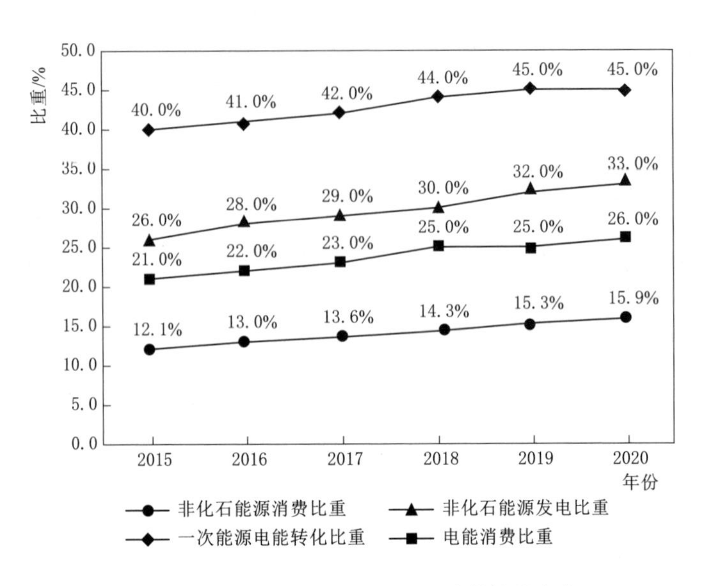

图 1-6 “十三五”期间能源系统结构性变化

（二）电力系统低碳化

当前煤电在中国电力系统中仍占主导地位，装机容量比重近 50%，发电量比重超过 60%。这种以高碳能源为主的发电结构不可避免地造成 CO_2 的大量排放，难以满足碳中和的要求。未来随着电气化水平持续提升，电力需求不断增加，电力系统在能源转型和碳减排中的作用将尤为凸显。在能源生产侧，由于非化石能源主要通过发电进行转化，非化石能源对煤炭等传统化石能源的清洁替代将有效作用于电力系统。随着非化石能源的大力发展，电源结构将逐渐优化，电力系统将趋于绿色低碳化。

对于电力系统的低碳化程度，可以用非化石能源发电比重，即总发电量中非化石能源发电量的占比进行衡量。具体公式为：非化石能源发电比重=(非化石能源消费比重+非化石能源电能转化比重)/一次能源电能转化比重。考虑到非化石能源主要通过转化为电能而得到利用，非化石能源用于发电的比重变化不会太大，因此非化石能源发电比重的变化将主要取决于非化石能源消费比重和一次能源电能转化比重的变化。以 2020 年为例，非化石能源消费比重为 15.9%，一次能源电能转化比重约为 45%，与此相对应的，非化石能源发电比重为 33%左右。未来非化石能源消费比重和一次能源电能转化比重都将趋于提高，非化石能源发电比重也将随之提高。结合非化石能源消费比重情景设定以及一次能源电能转化比重的趋势，可以研判非化石能源发电比重。预计到 2060 年碳中和情景下非化石能源发电比重将提高到 90%以上。

二、构建新型电力系统是实现高水平电气化低碳化的本质要求

综上，大规模高比例开发利用非化石能源是实现“双碳”目标的必然要求，而由于大部分的非化石能源都是通过电能转化，大规模高比例开发利用非化石能源必然会使能源系统高度电气化，同时电力系统深度低碳化。按照碳中和的目标约束测算，一次能源电能转化比重将从当前的45%左右提高到2060年的90%以上，电能消费（包括电能转化为氢能等）比重将从当前27%左右提高到2060年的70%左右，非化石能源发电比重由当前的36%提高到90%以上。而构建新型电力系统的本质就是为了实现如此高水平的电气化和低碳化，进而实现碳中和目标。

三、我国能源资源禀赋决定了我国新型电力系统独具特色

党的二十大报告指出，积极稳妥推进碳达峰碳中和，立足我国能源资源禀赋，坚持先立后破，有计划分步骤实施碳达峰行动，深入推进能源革命。“富煤贫油少气”是对我国化石能源在能源消费中占绝对多数时的普遍认识，但在新形势下，这一描述忽视了我国可再生能源资源丰富、发展潜力巨大的特征。我国拥有丰富的风能、太阳能、水能等可再生能源，近年来，我国以风电、光伏发电为代表的新能源迅猛发展，在能源消费总量中的占比逐年提高，使得绿色成为我国能源发展的底色，2022年，我国水电、核电、风电、太阳能发电等清洁能源发电量29599亿kW·h，比上年增长8.5%。而从地理空间分布上看，我国能源资源与负荷中心总体呈逆向分布格局，大量新能源资源集中在西部、北部地区，能源需求主要集中在东中部地区，能源供给与能源需求分布不平衡的基本国情要求我国新型电力系统建设除了要满足以新能源为主体的关键需求之外，还应能够为清洁电能在更大范围内优化配置提供平台。

一方面，新能源波动性、不稳定性特征要求在大力发展可再生能源的同时，要发挥好煤电的兜底保障作用和系统调节作用，以确保能源安全，实现新能源与传统能源双轮驱动、互为支撑。另一方面，为了实现跨区域清洁电能调度，还要加强跨省跨区输电通道建设，充分发挥大电网的优化配置作用，配套做好储能等基础设施建设，以持续提升跨省跨区的能源互济能力，提高可再生能源消纳能力。

第四节 构建新型电力系统与建设能源强国

人类经济社会的每一次变迁总是与能源利用方式的变革息息相关。从历史发展阶段看，在能源利用方式转型过程中掌握关键技术的国家往往能够在该领

域占据领先地位，甚至成为领跑者。在第一次工业革命时期，英国率先掌握了蒸汽机等核心技术，建立了世界上第一个工业化国家。而在第二次工业革命时期，美国首先在电力、石油等领域取得重大突破，跻身世界强国行列。进入21世纪，为了应对全球气候变暖和环境保护问题，各国都在积极探索新能源的发展路径，构建新型电力系统成为大力发展新能源的必由之路。新型电力系统是一个高度技术密集型的新兴领域，涉及电气技术、5G、物联网、新型储能等方方面面，是一项繁杂而庞大的工程，能够在核心技术方面取得重大突破的国家，势必能够在新型电力系统领域占据领先地位，赢得更多的市场份额和国际竞争优势。

2021年习近平总书记在中央经济工作会议上首次提出“要深入推动能源革命，加快建设能源强国”。能源强国的建设依赖于新能源领域颠覆性的技术创新，以先进的能源技术创新为驱动，推动建立自主可控、安全可靠、高效清洁的能源体系。而新型电力系统作为新型能源体系的重要组成部分，当前仍存在部分关键技术亟待突破，这在为中国大规模、高比例发展新能源带来挑战的同时，也蕴含着建设能源强国的重大战略机遇。在新一轮能源变革时代，若中国能够乘势而上，加大对新型电力系统技术研发的支持和投入，率先掌握新型电力系统的核心技术，抢占新能源发展新赛道，便能够加快推动新能源高质量发展，提高能源的供应能力和利用效率，充分保障国家能源安全，从而实现能源领域的强国目标。目前，中国已出台一系列政策支持新能源和新型电力系统的发展，且在太阳能、风能等领域的技术研发和应用方面位于世界前列。以新能源汽车为例，新能源汽车作为重要的分布式移动电源，其与电力系统的融合是降低碳排放、推进能源互联网建设的重要途径。尽管在过去数十年中，中国错失了内燃机发展的黄金时期，导致在传统燃油汽车领域落后于西方国家的发展步伐。但中国巧借新能源发展“东风”，掌握了新能源汽车制造领域电池、电机、电控等多项核心技术，建立了完整的产业生态，2022年中国新能源汽车销量达到688.7万辆，连续8年居全球第一，实现了在新能源汽车赛道上的换道超车。

随着新一轮能源革命与产业变革的蓬勃兴起，新型电力系统已经成为各国政府和企业关注的重点领域。对中国而言，构建以新能源为主体的新型电力系统不仅对实现碳达峰碳中和意义重大，同时也蕴含着建设能源强国重大战略机遇。在新型电力系统领域率先取得关键技术的突破性进展，将使得中国在新能源发展赛道上拔得头筹，争取全球能源竞争的主动权，深入推进电力革命和能源强国建设进程。

第二章
构建新型电力系统的战略方向

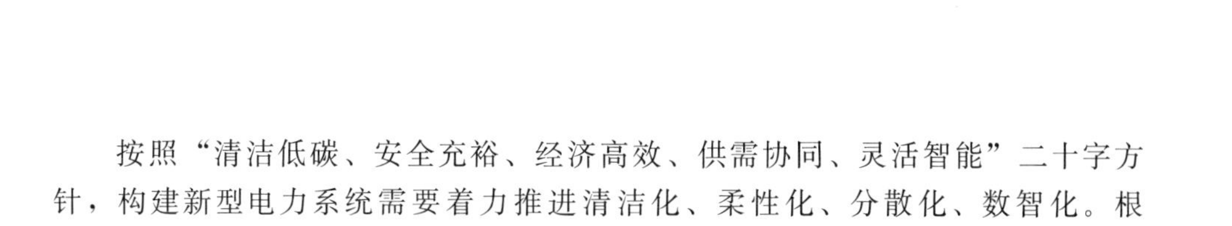

按照“清洁低碳、安全充裕、经济高效、供需协同、灵活智能”二十字方针，构建新型电力系统需要着力推进清洁化、柔性化、分散化、数智化。根据国家“双碳”战略部署，走向碳中和的新型电力系统总体上可以分“三步走”。

第一节　新型电力系统的特征

一、学者和机构对新型电力系统特征的论述

新型电力系统是指以坚强智能电网为枢纽平台，以“源网荷储”互动与多能互补为支撑的电力系统，将推动电源侧清洁化、电网侧智能化、用户侧电气化。周孝信院士认为新型电力系统具有以可再生能源等非化石能源发电为主、骨干电源和分布电源相结合以及主干电网和局域网、微网相结合的特征。舒印彪院士认为新型电力系统具有广泛互联、智能互动、灵活柔性和安全可控的特征。郭剑波院士认为新型电力系统具有变流器与同步机混合发电系统、综合能源系统、弹性系统、信息物理社会系统（CPSS）以及智慧系统。汤广福院士认为新型电力系统具有电力电源清洁化、电力系统柔性化、电力系统数字化、电力系统电力电子化等特征。

综合国内权威观点，如表 2-1 所示。新型电力系统的特征可以概括为：以新能源为主体，具有高度灵活性以适应风、光电的间歇性和波动性，电力电子化大大降低系统的转动惯量，集中式与分布式相结合，高度数字化、智能化、互联化等。新型电力系统显著区别于传统电力系统的核心特征在于：新型电力系统以新能源为主体，具有更高水平的安全性和高效性。此外，二者在电网形态、运行机制、负荷特性等方面也存在差异（舒印彪等，2021）。

表 2-1 新型电力系统的特征

学者	特征
周孝信 （中国科学院院士）	以可再生能源等非化石能源发电为主，骨干电源和分布电源相结合，主干电网和局域网、微网相结合
舒印彪 （中国工程院院士）	广泛互联，智能互动，灵活柔性，安全可控
郭剑波 （中国工程院院士）	变流器与同步机混合发电系统，综合能源系统，弹性系统，信息物理社会系统（CPSS），智慧系统
汤广福 （中国工程院院士）	电力电源清洁化，电力系统柔性化，电力系统数字化，电力系统电力电子化

资料来源：根据学者观点整理。

二、新型电力系统蓝皮书提出的四大特征

2021 年 3 月 15 日，习近平总书记在中央财经委员会第九次会议上首次提出新型电力系统的概念，指出要“构建以新能源为主体的新型电力系统”，为新时代电力系统发展指明了方向。党的二十大报告强调加快规划建设新型能源体系，统筹水电开发和生态保护，积极安全有序发展核电，为新时代能源电力高质量发展提供了根本遵循。2023 年 6 月 3 日，国家能源局为更好地指导电力行业科学推进新型电力系统建设，在开展“双碳”目标背景下电力系统转型若干重大问题研究的基础上，编制了《新型电力系统发展蓝皮书》。《新型电力系统发展蓝皮书》有助于统一行业内外对新型电力系统的认识，标志着新型电力系统建设进入全面启动和加速推进的重要阶段。

《新型电力系统发展蓝皮书》中指出，新型电力系统具有安全高效、清洁低碳、柔性灵活、智慧融合四大重要特征。其中，安全高效是基本前提，清洁低碳是核心目标，柔性灵活是重要支撑，智慧融合是基础保障，四大基本特征共同构建了新型电力系统“四位一体”框架体系。新型电力系统的四大特征充分表明了新型电力系统是以确保能源电力系统安全稳定运行为基本前提、以高比例新能源供给消纳体系建设为主线任务、以源网荷储灵活互动为有力支撑、以数字信息技术深度融合为重要技术保障，是新型能源体系的重要组成部分和实现“双碳”目标的重要保障。如图 2-1 所示。

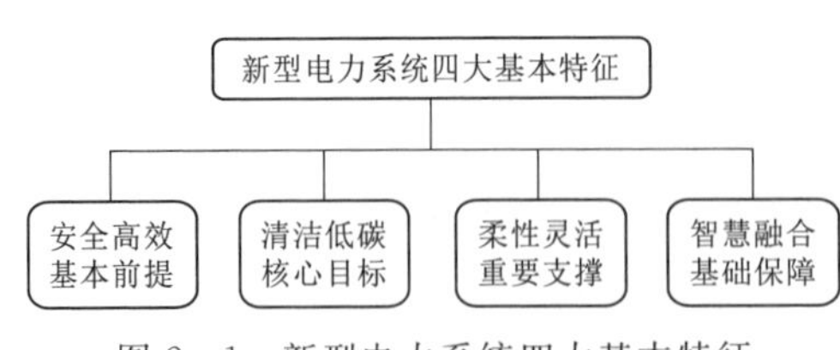

图 2-1 新型电力系统四大基本特征

安全高效是构建新型电力系统的基本前提。确保电力系统安全稳定运行是构建新型电力系统的首要责任。新型电力系统中，煤电在相当长时期内仍将承担保障中国电力安全的“重担”，是电力安全稳定

供应的“压舱石”。新能源将以风电、光伏发电等为主体，同时发展氢能等更加绿色低碳的新能源、更加多品种多业态的非化石能源。为实现新型电力系统的高效运行，配套储能支撑电力系统实现动态平衡，“大电网”“微电网”与“分布式”多种电网形态并存。

清洁低碳是构建新型电力系统的核心目标。中国能源电力发展已经进入以电力为中心的发展新阶段，呈现出能源系统电力化、电力系统低碳化的特征。新能源等的开发利用绝大多数都是通过转化为电力来实现，电力系统的清洁低碳化尤为重要。未来，在新型电力系统中，化石能源发电装机及发电量占比将逐渐下降，水、风、光、核、氢等非化石能源发电将逐步成为能源发电主体。新型电力系统将通过低碳、零碳、负碳技术的引领，使得碳排放总量逐步达到“双碳”目标要求。

柔性灵活是构建新型电力系统的重要支撑。新型电力系统要以灵活性资源为支撑，包括发电侧的灵活性运行、电网侧的时空互补、需求侧的灵活性动态负荷，支撑高比例新能源接入系统和外送消纳，依托统一电力市场，实现电力资源优化配置。增强分布式电源、多元负荷和储能的广泛应用，依据各地资源禀赋，因地制宜构建新型电力系统，大力提升新型电力系统调节能力。大量用户侧主体兼具发电和用电双重属性，终端负荷特性由传统的刚性、纯消费型向柔性、生产与消费转变，源网荷储灵活互动和需求侧响应能力不断提升，将不断增强电力系统灵活性。

智慧融合是构建新型电力系统的基础保障。新型电力系统以数字信息技术为重要驱动，呈现数字、物理和社会系统深度融合特点。电力系统数字化将通过数字技术与物理系统的深度融合，实现对电力系统的数字赋能，推动电力系统向全环节的数字化和调控体系智能化转变。“云大物移智链边”等先进数字信息技术在电力系统各环节广泛应用能有助于电力系统实现高度数字化、智慧化和网络化，支撑“源网荷储”海量分散对象协同运行、实现“源网荷储”协调互动、智能调度。

三、新型电力系统“二十字方针”

2023 年 7 月 11 日，习近平总书记在中央全面深化改革委员会第二次会议时强调，要加快构建“清洁低碳、安全充裕、经济高效、供需协同、灵活智能”的新型电力系统。清洁低碳是从能源结构角度出发，以绿色、清洁能源发电量的提升为主要参考指标，是实现“双碳”目标的“首要要求”。安全充裕是从安全保障角度出发，保障电源发电能力、电网配置能力的充足，是保障电力系统运行安全的重要前提。经济高效是从市场治理角度出发，完善电力系统市场体制机制，发挥市场对资源配置的决定性作用，提高经济效率、减少机制性成本，确保电力系统转型成本不超过社会可承受的范围。供需协同是从运行角度出发，将电力供给侧与需求侧紧密协同起来，通过储能的加持，形成源网荷储集成一体化运行新模式。灵活智能是从技术角度出发，通过数字赋能建设新型电力系统，是确保新能源发电系统稳定发电的关键。“二十字方针”的提出能更好地深化电力体制改革，推动能源生产和消费革命，保障国家能源安全。新型电力系统是新型能源体系建设的重要组成部分，新型电力系统的“二十字方针”本质上是建设新型能源体系的特征。而建设新型能源体系是能源转型的重要内容，“二十字方针”本质上也是能源转型的重要保障。

新型能源体系的建设和新型电力系统的构建均是以新能源发展为基本前提。新能源替代化石能源是一个逐步的过程。在非化石能源替代化石能源的进程中，除了碳减排之外，还需要着重考虑两个关键性问题：一是能源供应的安全保障问题，二是能源供应的经济性问题。平衡传统能源和新能源之间的关系，本质上就是要在能源供应保障（安全性）、用能经济（经济性）和碳减排（清洁性）三重目标下寻求能源转型的最优解，如图 2-2 所示。

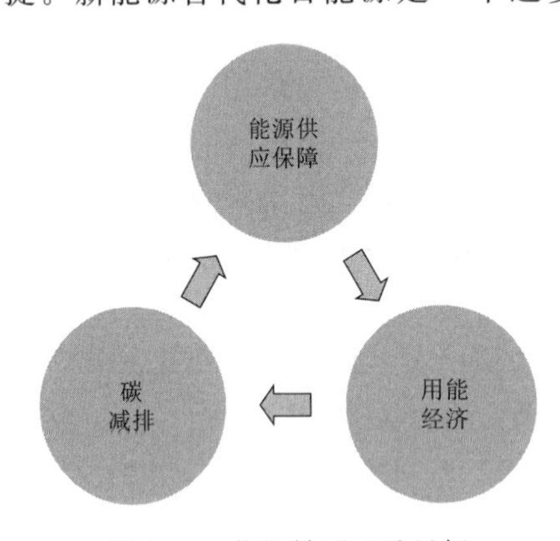

图 2-2 能源转型三重目标

一是要先立后破，传统能源逐步退出要建立在新能源安全可靠替代的基础上，避免未立先破引发能源危机。

当前，中国正处于开启全面建设社会主义现代化国家新征程的关键时期，国家现代化需要强有力的能源供应作为保障。按照国家目前明确的战略部署，2030 年能源消费总量要控制在 60 亿 t 标准煤以内，非化石能源消费比重要达到 20%[1]左右。据此测算，与 2020 年相比，2021—2030 年的十年间能源消费总量增加 10 亿 t 标准煤左右，而非化石能源消费量为 7 亿 t 标准煤左右，这意味着非化石能源的发展还无法满足能源消费增量的需求，传统的化石能源仍然需要进一步发展才能保障国家现代化的用能需求。

二是要有序推进，新能源的大规模开发利用要建立在技术突破和系统形态变革的基础上，避免大幅推高用能成本。

风电、太阳能发电等间歇性、不稳定性电源建设必然要求配套以相应规模的灵活性电源备用容量建设以保障电力系统实时平衡。未来风电、太阳能发电机组更大规模、增速更快的建设是必然趋势，如果不配套建设相应规模的火电

[1] 数据来源：《能源生产和消费革命战略（2016—2030 年）》。

机组，“十四五”期间风电、太阳能发电比重高的地区在风光出力不足的用电高峰时段就很有可能出现电力供需缺口。但是，继续扩大火电装机规模，无疑会增加“冗余”，大幅提高系统成本并最终体现为用电成本，继续扩大高碳基础设施和产能规模并不符合能源转型的方向，容易形成锁定效应，将来可能造成大量的搁浅成本，从而制约经济高质量发展。因此，可再生能源与火电“比翼齐飞”式的能源转型之路显然是行不通的。能源转型势在必行，但应有序推进，新能源的大规模开发利用要建立在技术突破和系统形态变革的基础上，遵循新产业的客观发展规律，避免大幅推高用能成本。

三是要注重新能源开发利用与能源系统变革协同推进、“双轮驱动”。

第一，新能源发展不能“单兵冒进”。风电、太阳能发电等间歇性、不稳定性电源建设必然要求配套以相应规模的灵活性电源备用容量建设，否则，当风电、太阳能发电因风光资源约束无法提供出力时，电力供需平衡就可能会出现问题，从而危及能源供应安全。推进能源转型并不等同于做大风电、太阳能发电装机规模，只把注意力集中在风电、太阳能发电建设是“瘸腿式”的能源转型。未来风电、太阳能发电机组更大规模、增速更快的建设是必然趋势，但是如果不配套建设相应规模的可调节资源，风电、太阳能发电比重高的地区在风光出力不足的用电高峰时段就很有可能出现电力供需缺口。因此，在大规模开发利用新能源的同时，要多措并举提升系统的灵活性，新能源的开发利用不能“单兵冒进”。

第二，新能源发展要与传统能源优化组合。一方面，新能源的发展还无法满足能源消费增量的需求，传统能源仍然需要进一步发展才能保障国家现代化的用能需求。另一方面，发展传统能源是提升系统灵活性、增加新能源消纳能力的重要途径之一。“十三五”期间，中国风电、太阳能发电装机容量和火电装机容量都在增加。因此，新能源的发展要与传统能源实现优化组合，正如2021年中央经济工作会议所指出的：“传统能源逐步退出要建立在新能源安全可靠的替代基础上。要立足以煤为主的基本国情，抓好煤炭清洁高效利用，增加新能源消纳能力，推动煤炭和新能源优化组合”。

具体来看，实现新能源与传统能源优化组合的主要措施包括：一是持续推进煤电灵活性改造，煤电发展定位要从传统的作为基础负荷保障电量供应的角色转向“基荷保供、灵活调峰、辅助备用”多重角色，促进煤电机组从电量保障向电力保障的功能转换；二是加快各类调峰电源建设，运用传统能源提升系统灵活性、提高可再生能源消纳能力，加强大型抽水蓄能电站、天然气调峰电站等优质调峰电源建设力度；三是推动天然气和新能源融合发展，推进风光水火储多能互补工程建设运行；四是鼓励燃煤耦合生物质发电等。

第三，新能源发展要与能源系统变革协同推进。从短期供电安全角度看，

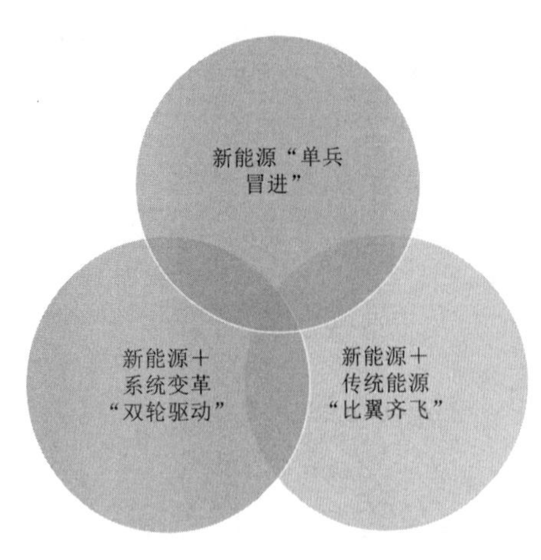

图 2-3 能源转型的三种模式

必然要求为新能源大规模发展配套充足的灵活性电源备用机组建设。但从长远角度看，再造相应规模的火电机组，使新能源与传统能源“比翼齐飞”的能源转型思路也与新能源高质量发展的要求背道而驰。解决这一两难问题的根本办法就是要加快推进电力系统转型，实现能源系统变革，进而搭建能源转型的另一重要支柱。这其中的核心要素：一是各种储能技术的部署和运用；二是需求侧响应机制的建立；三是微电网项目和智能配电网的建设；四是柔性和灵活可调度资源的充分发掘；五是能源互联网建设等，如图 2-3 所示。

第二节 新型电力系统的四大发展趋势

结合学者和机构对新型电力系统特征的观点、《新型电力系统发展蓝皮书》书中对新型电力系统特征的阐述以及习近平总书记在中央全面深化改革委员会第二次会议时作出的指示，本书认为新型电力系统具有清洁化、柔性化、分散化和数智化的特征。

一、清洁化

“双碳”目标形成的低碳约束要求电力系统的能源供应体系由传统化石能源为主体向非化石能源为主体转变。在非化石能源发电中，风能、太阳能等新能源由于资源丰富、利用技术相对成熟将成为新型电力系统能源供应的主体，水电、核电和生物质发电受资源、生态和安全等方面因素的制约，其发展具有“天花板”。预计到 2060 年新能源发电量将占总发电量的约 65%以上，装机量将占总装机量的约 80%以上，如图 2-4 所示。预计到 2060 年碳中和情境下总发电量为 16 万亿 kW·h 左右，水电、核电和生物质发电量的峰值分别为 1.9 万亿 kW·h、2.4 万亿 kW·h 和 0.5 万亿 kW·h，如图 2-5 所示。根据锚定的非化石能源发电比重和未来电力需求的预计，扣除稳步增加的水电、核电及生物质发电量之后，可以得到需要大力发展风电和太阳能发电的发电量，并在此基础上测算在各时间节点上风光电和新能源发电在电源结构中的比重。

二、柔性化

柔性灵活是构建新型电力系统的重要支撑。为保证新型电力系统安全稳定

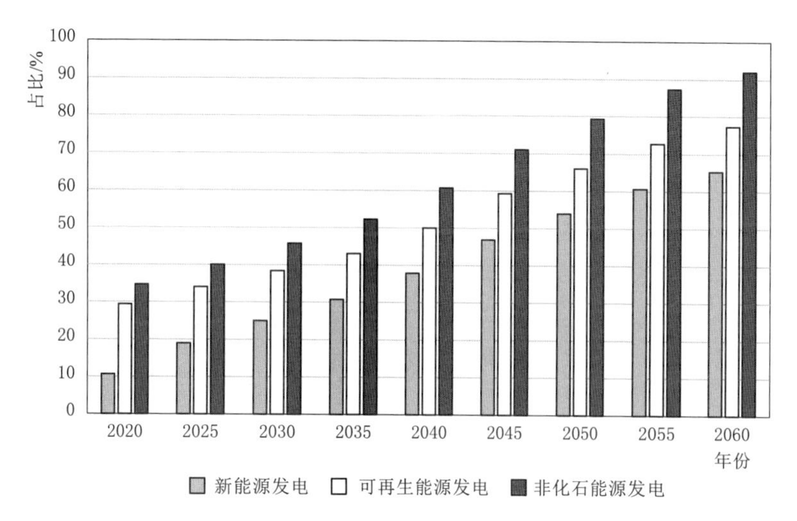

图 2－4　2020—2060 年新能源发电、可再生能源发电、非化石能源发电占比

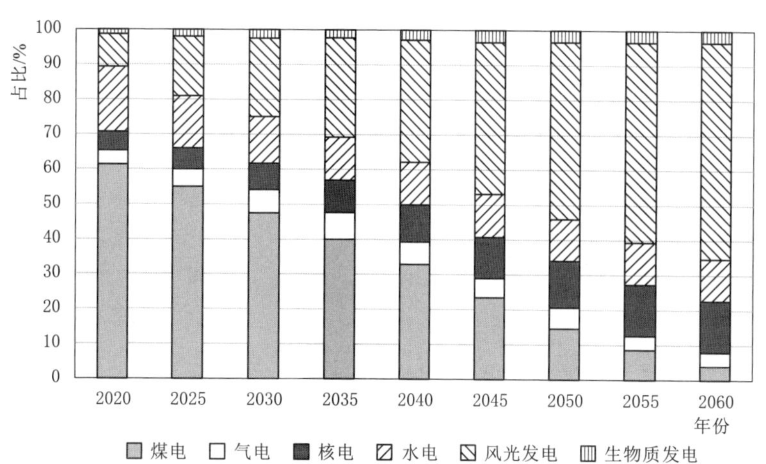

图 2－5　2020—2060 年发电量及电源结构情景

运行，新型电力系统将是可以平抑出力波动，具备充足调峰调频能力，可有效应对电源、电网及负荷波动性、不稳定性的灵活柔性的电力系统。新型电力系统中，不同类型机组的灵活发电技术、不同时间尺度与规模的灵活储能技术、柔性交直流等新型输电技术广泛应用，骨干网架柔性灵活程度更高，支撑高比例新能源接入系统和外送消纳。同时，随着分布式电源、多元负荷和储能的广泛应用，大量用户侧主体兼具发电和用电双重属性，终端负荷特性由传统的刚性、纯消费型，向柔性、生产与消费兼具型转变，源网荷储灵活互动和需求侧响应能力不断提升，支撑新型电力系统安全稳定运行。风电光电带来的不确定性和调节可以大致分为季节性波动、短周期波动、瞬间变化三类。解决季节性

波动的最好方式是通过保留一部分火电进行季节性调峰；短周期波动主要通过集中调控的储能和依靠终端用户的需求侧响应调节共同承担；瞬间变化主要是通过保证依靠转动惯量的调节来保证系统稳定。

对于发电侧而言，新型电力系统将会有更多调节性电源。2030 年前，存量气电配合多种资源参与系统调节；2030—2045 年，气电与风—光—氢耦合发展，气电担任灵活性调节电源；2045—2060 年，风—光—气—氢耦合发展逐渐成熟。风光等新能源发电具有明显的间歇性、波动性、随机性。如图 2-6 所示，特别是遇到连续、大范围阴雨天气等极端情况，风光出力将严重不足进而威胁电力系统安全稳定。此外，即使正常环境条件下，昼夜变化仍会导致新能源为主体的电力系统更易形成电力供应与电力负荷时间上的错配，诱发弃风、弃光和电力供应不足等现象出现，如图 2-7 所示。据测算，2060 年新能源出力日最大波动预计为 2025 年的 1.4～4.2 倍。2019 年全国弃风和弃光电量高达 169 亿 kW·h 和 46 亿 kW·h，相当于 450 万 kW 煤电厂一年的发电量，对应约 50 亿元燃煤成本和 600 万 t CO_2 排放。新型电力系统将统筹各类电源规划、设计、建设、运营，构建“风光水火储”一体化多能互补的能源供应系统。电

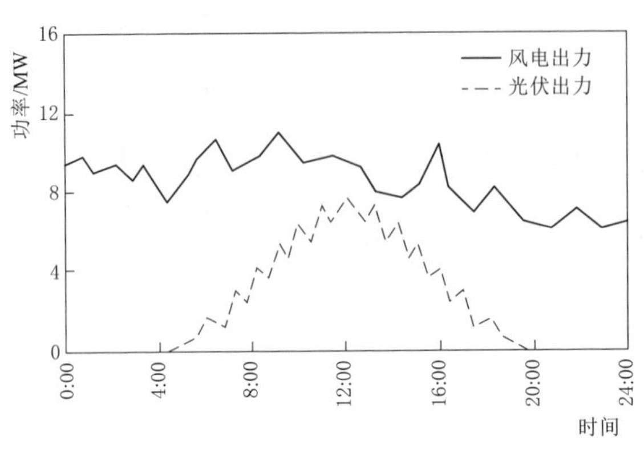

图 2-6 风电、光伏日出力示意图

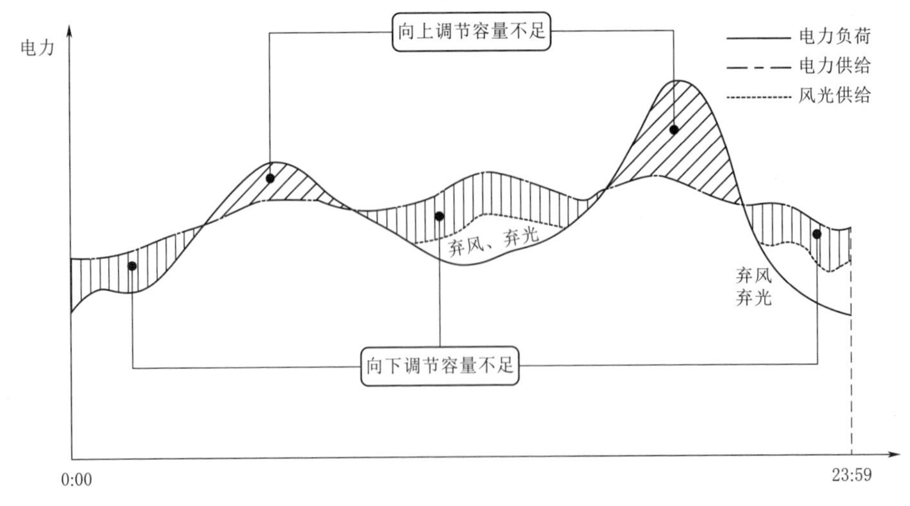

图 2-7 新型电力系统日内供需错配形成原理

气热冷氢等各类能源融合互补、联合控制、相互转化不仅可以最小化风光水火储综合发电成本，提升能源综合利用率，还将显著提高电源侧平抑出力波动的能力，实现新能源稳定可控出力。

对于输电侧而言，新型电力系统的输、配电网将不再是单纯的电能传输通道，而是成为开放互联、双向互通的能源互联网。新型电力系统将融合高电压大容量柔性直流和柔性交流输电技术，未来将重点研发适应大规模新能源输送的特高压柔性直流技术、多端特高压柔性直流技术、柔性直流电网组网技术、可控电网换相换流技术等。依托较强预测能力和平衡管理能力的调控系统，新型电力系统将可以准确预测风光等新能源的发电曲线，实时评估、监测电网运行态势，通过预先调控与灵活调配满足海量的分布式电源调度需求，实现跨区域的源网荷储资源精准、协调控制，保障电力系统平稳安全运行。

对于用户侧而言，新型电力系统具备柔性负荷的特点，能提高柔性负荷侧调峰能力。由于能源系统的深度电气化，用电侧可调节、可控的柔性负荷将不断增加。当电力系统出现供需不平衡时，通过用电侧响应协调和控制特定区域内柔性负荷的减少和转移将实现电网削峰填谷，缓解电网供需平衡，保障电力系统平稳安全运行的同时降低电力系统的电力生产和调度成本，提升电力系统的整体运行效率。工商业可中断负荷、负荷聚合商、车载动力电池负荷聚合系统、虚拟电厂、分布式电源、用户侧储能等。例如，规模迅速增加的新能源汽车将通过预约充电调度的方式实现形成规模可观的可控柔性负荷。根据国网电动汽车服务有限公司测算，2025 年中国新能源汽车保有量预计将超过 2500 万辆，预计形成 13 万座 1400 万根的充电站、充电桩建设需求。通过在电能供应不足时回输电能的需求响应模式，2025 年新能源汽车的年电能替代量预计将达到 1000 亿 kW·h，为电力系统的供需平衡提供有力支撑。到 2030 年，需求响应能力达到最大负荷的 6%～8%。电动汽车保有量突破 8000 万辆，可调用车载电池容量超过 50 亿 kW·h。

对于储能而言，储能将实现从不同时间和空间尺度上满足大规模新能源调节和存储需求。新型电力系统将依靠储能技术突破电力“发、输、配、用”同时连续进行的传统模式，实现电能的“跨时空调配”，有效缓解新能源出力波动性及不确定性，提升新型电力系统灵活性和抗干扰能力。未来，将大力提升锂电池安全性和经济性，发展钠离子储能电池、液流电池等技术，并推动压缩空气储能、飞轮储能、重力储能、热（冷）储能等新型储能技术的研发运用。到 2060 年新型储能装机容量可能突破 10 亿 kW。

三、分散化

与传统煤炭、石油等化石能源不同，风能、太阳能等新能源具有明显的分散性特征。风能、太阳能资源分散在全国各地，西北部地区太阳能资源较为丰富，中部地区较为匮乏。风能资源则广泛分布在中国东部、北部和东北地区。为最大限度地利用可再生能源，新能源分布式开发，就地转化和就近消纳将成为新型电力系统的一大特征。我国风能的发展有一个中长期的发展战略，聚焦陆上和海上、集中式和分布式在太阳能方面，中东部地区集中式光伏电站可开发的潜力是3.58亿kW，分布式光伏装机的潜力是5.31亿kW，包含光伏建筑一体化在内，共计近9亿kW。[1][2] 而分布式可再生能源具有单机容量较小，数量众多，布点分散，特征多样等特点，海量的可再生能源直接接入主干电网将对电力系统调度形成巨大负担，威胁电力系统平衡稳定。因此，新型电力系统将建设以分布式电源、配电设施、控制设备、储能装置等构成的互联互通的微电网以实现局部电力的供需平衡，自发自用，余量上网，从而减少电力系统的调度负担。例如，分布式建筑光伏一体化将使每一栋建筑转变为小型发电厂，用以满足中心城市电力负荷。当光伏电能供给过剩时可以为大电网提供调峰服务，当电力供应不足时可以从大电网购电满足自身电力需求。由于当前我国分布式、分散式新能源占比不到20%，从我国能源资源禀赋来看，未来短期内，大基地、集中式方式开发的风电和光伏仍将占据重要地位。因此，要坚持分布式和集中式并重发展的新型能源体系。如表2-2所示。

表2-2　　全国太阳辐射总量等级和区域分布表

名称	年总量/(MJ/m²)	年总量/(kW·h/m²)	年平均辐照度/(W/m²)	占国土面积/%	主要地区
最丰富带	≥6300	≥1750	约≥200	约22.8	内蒙古额济纳旗以西、甘肃酒泉以西、青海100°E以西大部分地区、西藏94°E以西大部分地区、新疆东部边缘地区、四川甘孜部分地区
很丰富带	5040～6300	1400～1750	约160～200	约44.0	新疆大部、内蒙古额济纳旗以东大部、黑龙江西部、吉林西部、辽宁西部、河北大部、北京、天津、山东东部、山西大部、陕西北部、宁夏、甘肃酒泉以东大部、青海东部边缘、西藏94°E以东、四川中西部、云南大部、海南

❶ 杜祥琬．风能：做好自己赢得未来［J］．风能，2020（5）：48．

❷ 杜祥琬．提高东部能源自给能力对全国能源转型至关重要［J］．电力设备管理，2020（4）：36，61．

续表

名称	年总量/(MJ/m²)	年总量/(kW·h/m²)	年平均辐照度/(W/m²)	占国土面积/%	主要地区
较丰富带	3780～5040	1050～1400	约120～160	约29.8	内蒙古50°N以北、黑龙江大部、吉林中东部、辽宁中东部、山东中西部、山西南部、陕西中南部、甘肃东部边缘、四川中部、云南东部边缘、贵州南部、湖南大部、湖北大部、广西、广东、福建、江西、浙江、安徽、江苏、河南
一般带	<3780	<1050	约<120	约3.3	四川东部、重庆大部、贵州中北部、湖北110°E以西、湖南西北部

资料来源：根据中国气象局公开信息整理。

分布式电源将在可再生能源和智能电网的发展中发挥重要作用。与传统的集中式发电系统不同，分布式电源将发电设备从中心化的发电站转移到了用户或负荷附近。根据规模大小，分布式电源系统可以分为小规模分布式电源和大规模分布式电源。根据能源类型分类，分布式电源可以分为光伏分布式电源、风能分布式电源、生物质能分布式电源、水力分布式电源、光热分布式电源、气电分布式电源等。为逐步提高分布式电源渗透率和源网荷储灵活互动，应推进中低压配电网源网荷储组网协同运行控制关键技术、分布式发电协调优化技术、分布式电源并网及电压协调控制技术、低成本高效率低压柔性设备研制技术，实现配电网大规模分布式电源有序接入、灵活并网和多种能源协调优化调度，推动提升配电网运行效能。未来，分散式、智慧化、小微型风电多场景应用逐步应用和推广。到2030年前，东中南部户用光伏项目普及到大部分有安装条件的家庭屋顶上，工商业屋顶项目成为工业园区、厂房、政府机构、学校等的必要配备；2030—2045年，光伏发电发展逐步转向以就地利用为主；2045年之后，净新增光伏发电系统以分布式为主，光热发电在适宜区域有更丰富的应用场景。

分布式智能电网是基于分布式新能源的接入方式和消纳特性，以实现分布式新能源规模化开发和就地消纳为目标的智能电网，就地就近消纳新能源，将形成“分布式”与“大电网”兼容并存的电网格局。分布式智能电网由坚强骨干网架和智能配网构成。坚强骨干网架包括高电压大容量柔性直流和柔性交流输电技术，智能配网包括源网荷储组网协同运行控制技术、分布式电源并网及电压协调控制技术、低压柔性设备。分布式智能电网的特点是电力和信息的双向流动性，在智能电网中，用户通过分布式电源和需求响应能够积极参与电网优化运行，实现用户分布式功能。未来，将积极开展分布式智能电网示范建设，满足更高比例分布式新能源消纳需求，推动局部区域电力电量自平衡，加快分布式智能电网广泛应用。

分布式智能电网将实现“源网荷储”一体化系统。“源网荷储”一体化是实现新型电力系统集散并举、协同发展的重要举措之一。“源网荷储”一体化指新型电力系统将通过源网协调，网荷互动，网储互动和源荷互动等多种交互方式，整合电源侧、电网侧、负荷侧资源，提升能源清洁利用水平和电力系统运行效率，形成“源网荷储”一体化，“源网荷储”互动协同的运行模式。国家发展改革委和国家能源局2021年发布《关于推进电力“源网荷储”一体化和多能互补发展的指导意见》中根据区域等级提出了三种具体的“源网荷储”一体化模式。如表2-3所示。

表2-3 “源网荷储”一体化具体模式

模式	具体内容
区域（省）级“源网荷储”一体化	依托区域（省）级电力辅助服务、中长期和现货市场等体系建设，公平无歧视引入电源侧、负荷侧、独立电储能等市场主体，全面放开市场化交易，通过价格信号引导各类市场主体灵活调节、多向互动，推动建立市场化交易用户参与承担辅助服务的市场交易机制，培育用户负荷管理能力，提高用户侧调峰积极性。依托5G等现代信息通信及智能化技术，加强全网统一调度，研究建立“源网荷储”灵活高效互动的电力运行与市场体系，充分发挥区域电网的调节作用，落实电源、电力用户、储能、虚拟电厂参与市场机制。
市（县）级“源网荷储”一体化	在重点城市开展“源网荷储”一体化坚强局部电网建设，梳理城市重要负荷，研究局部电网结构加强方案，提出保障电源以及自备应急电源配置方案。结合清洁取暖和清洁能源消纳工作开展市（县）级“源网荷储”一体化示范，研究热电联产机组、新能源电站、灵活运行电热负荷一体化运营方案。
园区（居民区）级“源网荷储”一体化	以现代信息通信、大数据、人工智能、储能等新技术为依托，运用“互联网+”新模式，调动负荷侧调节响应能力。在城市商业区、综合体、居民区，依托光伏发电、并网型微电网和充电基础设施等，开展分布式发电与电动汽车（用户储能）灵活充放电相结合的园区（居民区）级“源网荷储”一体化建设。在工业负荷大、新能源条件好的地区，支持分布式电源开发建设和就近接入消纳，结合增量配电网等工作，开展“源网荷储”一体化绿色供电园区建设。研究源网荷储综合优化配置方案，提高系统平衡能力。

四、数智化

以新能源为主体的能源供应系统、储能保障系统和大电网微网建设对传统电力调控能力提出了新的要求。一方面，由于能源供应主体由稳定、可控的化石能源向具有高波动性、随机性的新能源转变，这要求调控系统对能源供应侧情况进行实时感知。此外，在新能源集散并举的发展模式下，分布式的新能源供应主体数量将会急剧增加，电源侧、负荷侧与电网之间将形成双向信息交互。相应的，电力调控系统需要感知的单元和需要采集的信息数量急剧上升，电力系统将面临来自信息采集、传输、处理、共享等方面的诸多问题，保证电网功率平衡、运动控制的难度将以指数式增长。另一方面，储能系统作为新型电力系统特有的保障电力平衡的重要手段，将会与电力系统形成频繁的双向电能交互。为实现储能系统的有效利用也要求电力调控系统具备更强的信息采集能力和信息处理能力以获取储能系统的运行情况并实现“源网荷储”的相互协调。因此，为提升电力调控系统的信息采集、感知、处理能力，满足新型电力系统的综合调控需求，新型电力系统将依托大数据、云计算、物联网等先进的信息技术进行全面的数字化，智能化改造。

数字化、智能化的电力系统将运用高精度分布式传感器网络技术、大数据、云计算等信息技术将设备与智能电网深度融合，构建链接发电、输电、用电、储能等各环节设备的智慧物联系统。不仅可以实现电力装备和电网系统状态的全方位动态感知，还能保障电力系统各节点之间信息和电能高效地双向流动，从而推动新型储能、需求侧响应的应用和推广，提升电力系统调控能力和整体运行效率，如图 2－8 所示。

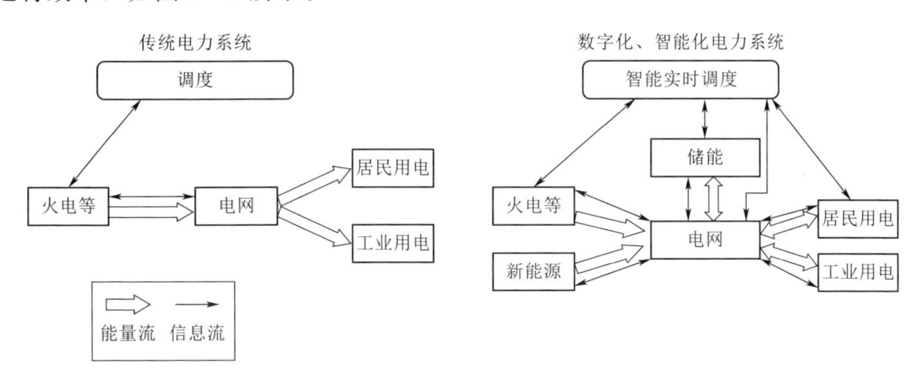

图 2－8　传统电力系统与数字化、智能化电力系统对比

第三节　新型电力系统发展的三个阶段

一、碳达峰碳中和的前 10 年和后 30 年

按照“2030 年前实现碳达峰，2060 年前实现碳中和”的战略部署，未来 40 年中国碳中和战略实施大体上可以分为“前 10 年”和“后 30 年”两个阶段，前 10 年里要实现碳达峰目标，后 30 年里要实现碳中和目标。对于关键的碳排放总量而言，则是要呈现先增后减的路径轨迹：在当前的 119 亿 t 左右的基础上有

所增加，在2030年之前达到峰值，然后趋于下降，2060年前实现碳中和（基本实现零碳化）。

辩证看待碳达峰与碳中和的关系，首先要明确前10年和后30年所面临的约束和工作重点是不一样的：后30年需要在总量上减碳，而前10年的工作重点则不是总量减碳。2030年之前实现碳达峰意味着前十年碳排放总量不仅不会减少，还可能会有所增加。为保障基本实现社会主义现代化所需要的经济增长速度，未来10年中国能源需求还将保持一定速度的增长。如果新增的能源需求无法全部通过零碳的非化石能源来提供，则能源消费CO_2排放量就会继续增加。从当前的能源消费形势看，未来十年中国化石能源尤其是石油和天然气的消费量还需要有一定的增长空间，这就决定了碳排放总量还会继续上行。认识到这一点，就应该明确未来十年碳达峰碳中和的工作重点不应该放在碳排放总量控制上，尤其是要避免不切合实际的盲目减碳。当前，出现了一些地方、行业、企业目标设定过高、脱离实际的现象。按照国家发展改革委的通报，“有的地方、行业、企业‘抢头彩’心切，提出的目标超越发展阶段；有的地方对高耗能项目搞‘一刀切’关停；有的金融机构骤然对煤电等项目抽贷断贷。”为了减少碳排放量而采取急刹车、急转弯的措施必然会损害经济的健康运行，2021年7月30日召开的中央政治局会议特别提出要纠正运动式减碳，其根本出发点也是要防止不科学、不理性的碳减排方式。碳减排要避免乱作为，避免搞内卷式的碳中和竞赛。

当然，碳减排更要避免不作为。碳达峰之前没有碳排放总量约束绝不意味着未来10年可以继续走之前的老路子，甚至可以在2030年之前抢抓时机和排放空间上马高耗能、高污染项目，变碳达峰为攀高峰。辩证看待碳达峰与碳中和的关系，要认识到前10年和后30年在实施碳中和战略上是一脉相承的，碳达峰是碳中和的阶段性目标。前10年不仅是碳达峰目标的实现期，更是实现碳中和的关键期和窗口期。首先，碳排放越早达峰、峰值越低，就可以为总量上减碳、实现碳中和争取更多的时间和空间。中国从碳达峰到碳中和只有30年左右的时间，远短于发达国家所用的时间，我们将需要用30年左右的时间走完西方发达国家60年的路。因此，要充分认识到碳减排工作的紧迫性，不能空喊口号，得过且过，把压力全部留给明天。

更为重要的是，低碳发展是人类文明的大势所趋，是历史的必然，这已经成为全球共识并已转化全球行动。碳中和必将重设国际竞争新赛道、重写国际合作新规则、重塑世界新格局和新秩序。围绕绿色低碳发展，新一轮全球博弈已经拉开序幕。在碳中和这场涉及人类命运共同体的全球性持久战中，如果我们不能抢占先机，必然会失去未来世界竞争格局中的制高点，必然会丧失未来全球发展中引领地位。因此，低碳转型时不我待，一定要杜绝观望

的思想，切忌裹足不前。

二、能源转型的战略构想：五四三 45678

按照党的十九大的战略部署，到 2035 年要基本实现社会主义现代化，到 2050 年要建成社会主义现代化强国；另一方面，按照我们对国际社会的承诺，力争 2030 年前 CO_2 排放达到峰值，努力争取 2060 年前实现碳中和。社会主义现代化国家建设“两步走”战略的实施和碳达峰碳中和承诺的兑现要统筹考虑，二者交汇的核心是能源革命，把握好能源革命的节奏至关重要。

党的十九大报告强调：“发展是解决我国一切问题的基础和关键”，“必须坚定不移把发展作为党执政兴国的第一要务”。国际货币基金组织的数据显示，2022 年中国人均 GDP 为 1.28 万美元，预计 2023 年中国人均 GDP 有望达到 1.37 万美元，但也仍未达到世界银行高收入国家的标准。按照党的十九届五中全会确定的到 2035 年基本实现社会主义现代化远景目标，要求经济总量和城乡居民人均收入再迈上新的大台阶。根据当前发达国家的平均水平，总体上判断中国基本实现现代化要求人均 GDP 提高到 2 万～25 万美元，在全球排名升至第 30 名左右，这要求保持 5%左右的经济增长速度。由此可见，实现社会主义现代化，我们还有重要的发展任务。当然，我们要高质量发展，需要推进能源转型，这毋庸置疑。但我们也应该充分认识到，能源转型是需要成本的。尤其是在短期内，在中国既成的规模庞大的能源生产基础设施和产能的格局下，在与低碳能源体系相耦合的新技术、新业态尚未成熟甚至尚未明朗的情况下，如果能源转型的步伐迈得太大，会给经济发展带来过大的成本压力。从长远的角度看，随着一些传统能源基础设施的自然退役和产能退出，随着能源技术的进步和新业态的成长，能源转型的成本有望大幅度下降。基于此，在中国基本实现现代化之前，更加注重经济发展与碳减排的平衡，在 2035 年之后加速推进减碳，可能比单调的、线性的思维更加合理。

按照“2030 年前实现碳达峰、2060 年前实现碳中和”的战略部署，中国 CO_2 排放量将在 2030 年前达到峰值的基础上，在 2030 年之后逐渐减少，2060 年前达到排放量与人为移除量相等的水平。减少化石能源消费主要有两条路径：一是节能提效，控制能源消费总量；二是调整能源结构，用非化石能源替代化石能源。对此，2021 年发布的《中共中央国务院关于完整准确全面贯彻新发展理念做好碳达峰碳中和工作的意见》中明确了几个关键时间节点的具体目标：到 2025 年，单位国内生产总值能耗比 2020 年下降 13.5%，单位国内生产总值 CO_2 排放比 2020 年下降 18%，非化石能源消费比重达到 20%左右；到 2030 年，重点耗能行业能源利用效率达到国际先进水平，单位国内生产总值能耗大幅下降，单位国内生产总值 CO_2 排放比 2005 年下降 65%以上，非化石能源消费比重达到25%左右；到2060年，能源利用效率达到国际先进水平，非化石能源消费比重达到80%以上。在国家对于实现“双碳”目标的总体部署下，为了具体分析“双碳”目标下中国能源转型进程，仍需要结合能源系统未来发展趋势做出具体的情景设定。

本书对非化石能源消费比重目标进行细化。对于2060年碳中和情景下的非化石能源消费比重，国家确定的目标是80%以上。按照2060年能源消费总量控制在50亿t标准煤左右测算，如果保留20%的化石能源，则能源消费所产生的二氧化碳排放量将超过20亿t，再加上工业领域的碳排放，实现碳中和的难度较大。因此，本书将2060年非化石能源消费比重的情景设定为85%左右，即保留15%左右的化石能源，把能源消费所产生的CO_2排放量减少到15亿t左右。对于2030年之后2060年之前的非化石能源消费比重，从碳达峰到碳中和的30年间，该比重要从25%左右提高到85%左右，这意味着年均要提高2个百分点左右。按照先慢后快的原则，我们以每5年为一个周期，设定从碳达峰到碳中和的30年间非化石能源消费比重提高的时间表和路线图。如图2-9所示。按照情景设定，非化石能源消费比重将分别在2025年、2030年和2035年达到1/5、1/4和1/3左右，在2040年、2045年、2050年、2055年和2060年分别达到40%以上、50%以上、60%以上、70%以上和80%以上，可以将这种能源转型节奏的情景设定形象地概括为“五四三45678”。

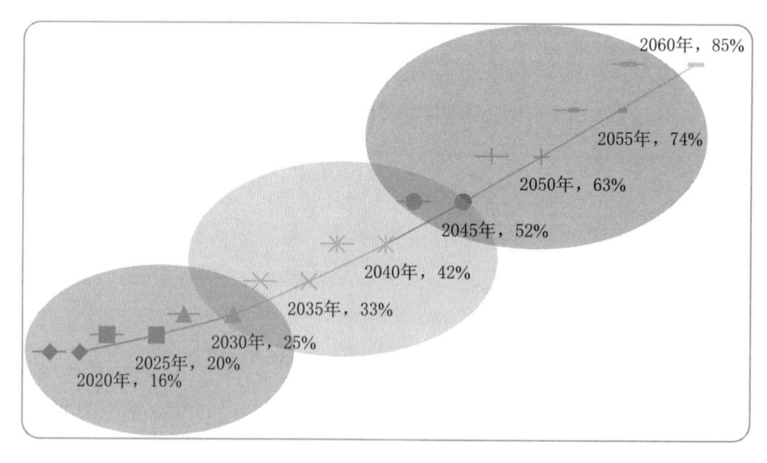

图2-9 能源转型节奏

三、分三步走构建新型电力系统

构建新型电力系统是一项复杂而艰巨的系统工程，不同发展阶段具有不同特征。根据2030年前实现碳达峰、2060年前实现碳中和的战略目标，以2030

年、2045 年、2060 年为新型电力系统构建战略目标的重要时间节点，分“三步走”构建新型电力系统发展路径。从定量分析的角度，锚定非化石能源发电比重，细分各种非化石能源的发电比重，分析新能源占比如何逐步提高，进而从以新能源为主体的视角分析构建新型电力系统各个阶段的特征。

第一阶段：2020—2030 年，新能源占比逐步提高但仍以煤电为主体

按照“双碳”战略部署，2020—2030 年是碳达峰阶段。在这一阶段，随着风电、太阳能发电等新能源的快速发展，新能源发电在总发电量中所占的比重将逐步提高。预计新能源发电量将从 2020 年的 8600 亿 kW・h 增加到 2030 年的近 3.0 万亿 kW・h，其中风电和太阳能发电量将从 2020 年的 7300 亿 kW・h 增加到 2030 年的 2.7 万亿 kW・h。新能源发电比重将从 2020 年的 10.7%提高到 2030 年的 25%左右，并带动非化石能源发电比重从 2020 年的 34.7%提高到 2030 年的 45%左右，进而实现 2030 年非化石能源消费比重提高到 25%左右的能源转型和“双碳”战略的阶段性目标。

不过，在这一阶段煤电仍然占据主体地位。碳达峰阶段的 10 年间，非化石能源发电增量占电力需求增量的比重为 2/3 左右。这就意味着这一阶段的用电需求增量中仍然要有 1/3 左右需要由化石能源发电提供。当然，化石能源发电比重预计将从 2020 年的 66%下降到 2030 年的 55%左右，考虑到气电的发展和比重的稳步提高，预计煤电发电比重将从 2020 年的 60.6%下降到 2030 年的 50%以下。总体上看，在 2020—2030 年这阶段煤电仍将是主体电源。如图 2 - 10 所示。

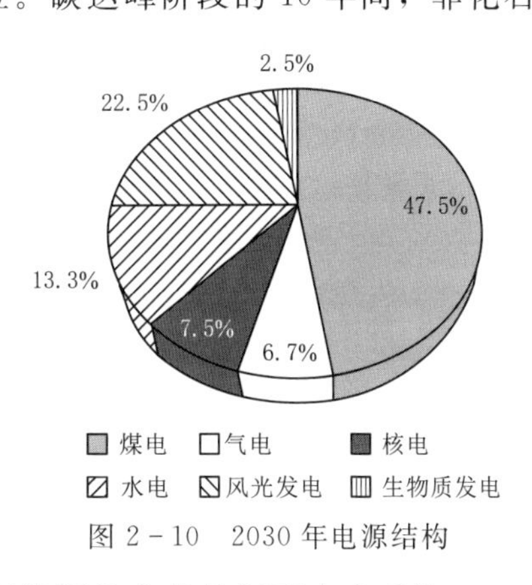

图 2 - 10　2030 年电源结构

第二阶段：2030—2045 年，总体建成以新能源为主体的新型电力系统

按照“双碳”战略部署，2030 年之后中国进入总量减碳阶段，必然要求非化石能源加快替代化石能源。经过第一阶段的技术创新和体制机制改革，电力系统将进入系统变革阶段，进一步提升新能源发电比重。预计 2030 年之后，非化石能源发电将在存量上替代煤电，这意味着煤电不仅在比重上将进一步下降，在绝对量上也将逐步减少。到 2040 年非化石能源发电比重将超过 60%，即煤电和气电发电比重将降低到 40%以下。预计 2040 年煤电发电比重将降低到 1/3 左右，而风电和太阳能发电比重将提高到 35%左右。到 2040 年，风光电发电比重将超过煤电成为第一大主体电源，这标志着中国将基本建成以新能源为主体的新型电力系统。预计到 2045 年，非化石能源发电比重将超过 70%，煤电发电比重将降低到 1/4 以下。新能源发电进一步提升，到 2045 年新能源发电占比达到

了46.8%，是煤电发电占比的2倍左右，如图2-11所示。

第三阶段：2045—2060年，新型电力系统逐步完善

2045年之后，新型电力系统将在初步建成以新能源为主体的基础上逐步成熟，其标志是新能源的主体地位不断加强。预计到2050年风电和太阳能发电比重将超过50%；到2060年风电和太阳能发电比重将超过60%，新能源发电比重提高到65%左右。这意味着，从发电量占比的角度看，到2060年新能源发电在电力系统中的地位和当前的煤电、气电等传统火电相当。在新能源主体地位不断加强的同时，传统火电将从电量市场中加速退出，预计煤电和气电发电量将从2045年的4.2万亿kW·h左右减少到2060年碳中和情景下的1.2万亿kW·h左右，传统火电发电比重将从2045年的近30%降低到2060年的10%以下，如图2-12所示。

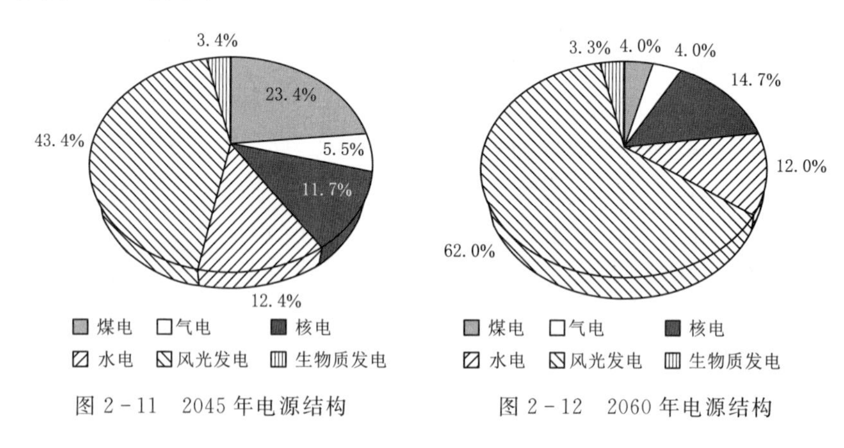

图2-11　2045年电源结构　　图2-12　2060年电源结构

专栏2-1　构建新型电力系统“三步走”发展路径

2023年6月《新型电力系统发展蓝皮书》发布，全面阐述新型电力系统的发展理念、内涵特征，制定“三步走”发展路径，即加速转型期（当前至2030年）、总体形成期（2030—2045年）、巩固完善期（2045—2060年）：

加速转型期（当前至2030年）

• 电源侧。新能源逐步成为发电量增量主体，煤电是电力安全保障的“压舱石”。

• 电网侧。以“西电东送”为代表的大电网形态进一步扩大，分布式智能电网支撑作用越发凸显。

• 用户侧。电力消费新模式不断涌现，终端用能领域电气化水平逐步提升，灵活调节和响应能力提升。

• 储能侧。储能多应用场景多技术路线规模化发展，满足系统日内平衡调节需求。

总体形成期（2030—2045年）

- 电源侧。新能源逐渐成为装机主体电源，煤电清洁低碳转型步伐加快。
- 电网侧。电网稳步向柔性化、智能化、数字化转型，大电网、分布式多种新型电网技术形态融合发展。
- 用户侧。用户侧低碳化、电气化、灵活化、智能化变革，全社会各领域电能替代广泛普及。
- 储能侧。规模化长时储能技术取得突破，满足日以上时间尺度平衡调节需求。

巩固完善期（2045—2060年）

- 电源侧。新能源逐步成为发电量结构主体电源，电能与氢能等二次能源融合利用。
- 电网侧。新型输电组网技术创新突破，电力与能源输送深度耦合协同。
- 用户侧。电力生产和消费关系深刻变革，用户侧与电力系统高度灵活互动。
- 储能侧。覆盖全周期的多类型储能协同运行，能源系统运行灵活性大幅提升。

第三章 构建新型电力系统的战略重点

构建新型电力系统需要源网荷储协同发力，一是要大力发展风电和太阳能发电，实现以新能源为主体。二是要积极发展水电、核电，有效支撑电力系统清洁化。三是要加快传统火电转型升级，充分发挥火电的支撑性和调节性作用，确保能源供应安全。四是要积极推动多时间尺度储能规模化应用，大力提升系统灵活性。五是加强电力需求侧管理和需求侧响应，充分发挥用户侧资源的调节作用。六是努力提升电力系统数字化、智能化水平，建设能源互联网。

第一节 大力发展风电、太阳能发电等新能源

随着风电、太阳能发电装机规模的不断扩大，未来风电和太阳能发电将逐步成为主体能源。风电、太阳能发电作为可再生清洁、资源分布广泛、技术可行、利用经济性高的电源，未来中国将大力发展风电、太阳能发电。大力发展风光发电可以减少对化石能源的依赖，有力支撑中国能源安全和转型发展。长期以来，中国能源消费结构以传统能源煤炭为主，2022 年煤炭占能源消费总量的比重为 56.2%。大规模发展风、光等可再生能源，有利于优化能源结构，减少煤炭、石油等化石资源消耗。风电、太阳能发电是中国实现不同阶段非化石能源占比，进而保障碳达峰碳中和目标实现的主要能源生产方式。

一、大力发展风光电具有巨大的资源潜力

风和光是自然资源，取之不尽用之不竭，可再生性强。与传统的化石能源相比，中国风能、太阳能资源储量充足，风光发电在中国发展的潜力巨大。根据中国气象局国家气候中心公布的风能太阳能资源评估数据，中国风电、光伏发电技术可开发量分别为 109 亿 kW 和 456 亿 kW，风、光潜在年发电量 95 万亿 kW·h 以上，约为 2020 年全国用电量的 13 倍。风能、太阳能为电力系统提

供持续不断能源，为新型电力系统可持续发展奠定基础。

与煤炭、石油等化石能源不同，风电和光伏发电具有分散性的特点，使其开发利用无需再囿于一处，分布式开发、就地转化和就近消纳将有助于构建多元的供电体系，提高能源供应的可靠性和稳定性。分布式风光发电是指离负荷中心较近，不以大规模远距离输电为目的，将产生的电力直接接入当地电网。未来分布式新能源开发利用形式将愈发多样化。例如，发展建筑光伏一体化，将每一栋建筑变成一个小型发电厂；在农村推进风能、太阳能、生物质能等资源的分布式开发利用，因地制宜建设“农光互补”等复合光伏发电项目。

二、大力发展风光电具有可行的技术支撑

风电和太阳能发电设备的材料和技术先进，具有高效率、长寿命、低成本的特点。随着各项关键技术的发展和进步（主要包括大功率风电机组、高空风力发电、远海风电、新型太阳能电池等技术），风光等资源开发范围将不断扩宽，风光利用效率将显著提升。中国风电、光伏发电技术水平全球领先，中国低风速、抗台风等风电技术位居世界前列，陆上已实现 7 或 8MW 机组商业化，海上 20MW 发电机组已下线。光伏晶硅电池、薄膜电池最高转换效率多次创造世界纪录，P 型单晶硅电池平均转换效率达到 23.1%，N 型新结构电池量产效率达到 24.5%。可行的技术为风光电的大力发展提供了支撑作用。

三、大力发展风光电具有广阔的市场空间

随着技术成本的下降、政策支持和应用范围的不断扩大，风光发电的经济性不断提高，未来风电和光伏发电具有广阔的市场空间。中国新能源产业消化吸收和再创新能力强，全产业链集成制造推动中国新能源成本持续下降。近 10 年来，风电项目单位千瓦造价从 8200 元降至目前的 4000 元左右，光伏发电项目单位千瓦造价从 12000 元降至目前的 3500 元左右，降幅分别达到 50%、70%；集中式风电、光伏发电上网电价从十年前的 0.5～0.6 元/(kW·h) 和 0.9～1.0 元/(kW·h)，下降到目前的 0.20～0.40 元/(kW·h)，降幅分别达到 60%、80%。开发成本快速下降有力推动中国风电、光伏发电全面实现无补贴平价上网，为保障全社会用电成本奠定基础。

第二节 积极有序发展水电、核电

积极有序发展水电、核电是中国调整能源结构、发展低碳能源、节能减排、保护生态的有效途径。水电、核电是除了新能源发电以外的重要非化石能源发

电形式，未来中国将积极有序发展水电、核电。

一、水电和核电是清洁电源的重要构成

为了实现碳中和目标，2060年将达到90%以上的非化石能源发电占比。但是由于新能源发电具有波动性、间歇性弊端，预计2060年新能源发电占比达到65%左右，剩余的非化石能源发电量需要除新能源以外的非化石能源提供。在非化石能源中水电具有可再生、运行灵活、运行费用低的优势，中国作为全球水电资源最丰富的国家，水电发电量、装机容量均高居全球第一。核电是清洁、低碳、安全、高效的优质能源，具备土地利用率高、不受天气变化影响、经济成本稳定等优势。未来水电和核电将在2060年提供4万亿～5万亿kW·h的发电量，作为能源清洁化的重要支撑。

二、水电在新型电力系统具有双重价值

“双碳”目标下水电具有基础保障和调频调峰的双重价值。一方面，水电出力总体相对稳定可控，是可靠的基础保障性电源，是稳定的“电源供应者”。预计到2060年，水电将提供12%的发电量，为非化石能源发电发展提供重要支撑。另一方面，水电将充当未来电网的重要调峰、调频电源。水电作为调节性能优异的清洁能源，其灵活快速的调峰能力可充分弥补新能源的不足。水电通过水库调节可以实现日、周、季、年甚至多年不同时间段的调节，平抑风光电的波动性、间歇性、随机性的弊端，在电力需求低时少发电多蓄水，在电力需求高时多发电，实现水风光在运行特性上的互补和风光资源的高效利用。

三、核电为新型电力系统提供清洁的基荷保障

核电作为一种基荷电源，具有密度高、出力稳定、高可靠性和稳定性的突出优势，可独立承担基础负荷，能够为电力系统的稳定运行提供重要支撑。与依赖于气候、天气条件的新能源发电相比，核电具备较强抵御极端天气灾害的能力，可作为全天候基荷电源。核电在电力利用效率和使用寿命上核电具有一定优势，核电机组的年发电利用小时数常年保持在7000h以上，位居所有电源之首。并且，核电可建设在能源消费区域，无须远距离传输，系统成本不高。特别是沿海核电，多靠近经济发达地区，相比较与新能源基地送电，路径更短，对区域安全发展的支撑作用明显。同时，安全是核电产业发展的前提，从国际核电发展看，历次核事故的发生让各国更加深刻认识到核安全的重要性。现有的三代核电主要在安全系统改进上提升了核电站的安全性，减少了大量放射性物质释放的可能性。

第三节　加快传统火电转型升级

传统火电作为能源结构中的重要组成部分，虽然能够提供大量的电力，但同时也存在着碳排放以及污染物排放量大等问题。未来传统火电面临重大的机遇与挑战，将逐步由主体性电源向提供可靠容量、调峰调频等辅助服务的基础保障性和系统调节性电源转型。当然，传统火电转型并不单纯意味着退煤，需要对煤电机组进行节能改造、灵活性改造和供热改造，通过改造、延寿、改为备用和容量替代等方式，使煤电向基础保障性和系统调节性电源的方向转型。

一、充分发挥托底保供作用，保障系统安全稳定运行

持续高速增长的新能源装机虽然可以基本满足电量增长和电量结构的变化，但由于新能源发电与用电负荷在时间和空间上难以完全匹配，在满足电力负荷需求方面，仍需传统火电发挥保供作用。长期以来，煤电在基本保底、热力供应、低耗高效、可靠备用等方面具有较强的技术优势和经济优势。无论是以化石能源为主的传统电力系统，还是高比例新能源的新型电力系统，保障电力供应都是首要前提。中国以煤电为主的供需格局在中短期内不会改变，火电在电力系统中发挥着重要的基础保障作用。

二、充分发挥系统调节作用，服务新能源发展

随着可再生能源进入快速发展阶段，需要更多火电等灵活性电源调节电力系统，促进新能源消纳。对火电实施灵活性改造是提升电力系统灵活性的有效措施，其主要通过降低火电机组的最小出力、提高爬坡速率、缩短启停时间等方式提升机组调峰能力，释放大规模存量火电的调节能力，增强增量火电的高峰电力平衡能力。目前中国政策大力推进煤电转型升级，推进煤电机组节煤降耗改造、供热改造和灵活性改造，全面提升煤电灵活调节能力，降低煤耗水平，实现煤电机组优化升级。

三、充分发挥煤电应急保障作用，保障能源供应安全

在电力系统运行过程中，留取一定的运行备用容量是应对系统内发生功率预测偏差和运行事故的主要手段，对于保障电力系统安全稳定运行具有重要意义。火电机组参与电力系统备用服务的可靠性及经济性均有较好表现。传统火电可有效缓解高峰时段和极端天气下的电力压力，也可为大规模可再生能源并网提供支撑，保障电力供应总体充足。在加快淘汰火电落后产能后，可合理安

排退役火电机组作为应急备用，在负荷高峰期顶峰运行或出现电力缺口、民生供暖缺口时发挥应急保障作用。

第四节　积极推动多时间尺度储能规模化应用

未来将积极推动多时间尺度储能规模化应用，协同运行多种类型储能，以提高电力系统调节能力和对新能源的消纳能力。新型电力系统与传统电力系统最大的差异就是新能源在电源结构中占主体地位。随着风光电大规模、高比例接入电网，会对电网的安全稳定运行带来严重挑战。储能由于具有平抑波动、削峰填谷的功能，被行业寄予厚望。储能的作用可以通俗地理解为“充电宝”，在风光大发时或者用电低谷时充电，风光出力小或者用电高峰时放电。它既能平滑不稳定的风光电，促进新能源消纳，也能配合常规火电、核电等电源，为电力系统运行提供调峰调频等辅助服务，提高电力系统的灵活性。

2021 年国家发展改革委、国家能源局发布的《关于加快推动新型储能发展的指导意见》（以下简称《意见》）给出了对于储能发展的具体方向，《意见》明确，到 2025 年国内新型储能装机总规模达 30GW 以上。2021 年 9 月 9 日，国家能源局正式发布了《抽水蓄能中长期发展规划（2021—2035 年）》（以下简称《规划》）。《规划》要求加快抽水蓄能电站核准建设，到 2025 年，抽水蓄能投产总规模较“十三五”翻一番，达到 6200 万 kW 以上；到 2030 年，抽水蓄能投产总规模较“十四五”再翻一番，达到 1.2 亿 kW 左右；到 2035 年，形成满足新能源高比例大规模发展需求的，技术先进、管理优质、国际竞争力强的抽水蓄能现代化产业，培育形成一批抽水蓄能大型骨干企业。2022 年 3 月 21 日，国家发展改革委、国家能源局发布《“十四五”新型储能发展实施方案》，要求到 2025 年，新型储能由商业化初期步入规模化发展阶段；到 2030 年，新型储能全面市场化发展。2022 年 3 月 22 日，《“十四五”现代能源体系规划》发布，明确到 2025 年，非化石能源消费比重提高到 20%左右，非化石能源发电量比重达到 39%左右；抽水蓄能装机容量达到 6200 万 kW 以上、在建装机容量达到 6000 万 kW 左右。2023 年 4 月 23 日，国家能源局综合司发布《关于进一步做好抽水蓄能规划建设工作有关事项的通知》，指出合理规划建设抽水蓄能电站，以抽水蓄能高质量发展促进、保障能源高质量发展。2023 年 9 月 21 日，国家发展改革委、国家能源局发布《关于加强新形势下电力系统稳定工作的指导意见》，指出按需科学规划与配置储能，根据电力系统需求，统筹各类调节资源建设，因地制宜推动各类储能科学配置。

2022 年 6 月，国家发展改革委、国家能源局发布了《关于进一步推动新型储能参与电力市场和调度运用的通知》，明确新型储能可作为独立储能参与电力市场，鼓励配建新型储能与所属电源联合参与电力市场，加快推动独立储能参与电力市场配合电网调峰，充分发挥独立储能技术优势提供辅助服务；优化储能调度运行机制，进一步支持用户侧储能发展，建立电网侧储能价格机制，加强技术支持。

第五节　加强电力需求侧管理与需求响应

近期，国家在多份重磅文件中重点强调电力需求侧工作。2021 年，国务院在《2030 年前碳达峰行动方案》提出“大力提升电力系统综合调节能力，加快灵活调节电源建设，引导自备电厂、传统高载能工业负荷、工商业可中断负荷、电动汽车充电网络、虚拟电厂等参与系统调节”；2022 年，国家发展改革委、国家能源局在《“十四五”现代能源体系规划》提出“大力提升电力负荷弹性”，提高电力需求侧响应能力。随着新型电力系统建设，需求侧资源将成为电力系统主要调节资源之一，这一观点已经得到业内的普遍认可。

从国内外实践看，在电力系统数字化和智能化、电力市场发展、政策激励等多重驱动下，需求侧资源开发潜力可占到区域最大负荷的 10%，如 2019 年美国七大电力市场上需求响应规模已经占到电力市场最大负荷的 9%以上，其中，中部 MISO 的需求响应资源占最大负荷比重达到 11.3%。2020 年，中国统调用电负荷已经创下 10.76 亿 kW 的历史新高，如果电力负荷按 5%的年均增速，“十四五”期末，中国最大负荷将达到 13.73 亿 kW，届时国内需求侧资源可开发潜力将达到 1.3 亿 kW，相当于建设百台百万千瓦的煤电机组。

从发展趋势看，随着“新电气化”进程加快，综合能源、车网互动、微电网、虚拟电厂等新一代用能方式蓬勃发展，电力供需双方的界限逐渐模糊，需求侧资源在多种能源体系间耦合程度加大。电力作为能源供需的重要枢纽，将实现与工业制造、建筑用能、交通等的深度耦合，与可再生、热力、氢能等多种能源品种的相互转换和互济。在供需高度协调、产销一体化发展需求下，需求侧资源将逐渐提升至与供给侧同等地位，在保障电力供需平衡、支撑新能源消纳和推动能源绿色低碳转型等方面发挥更加突出的作用。主要包括：

缓解电力供需矛盾。随着国内电力需求和用电负荷的攀升，电力系统供需平衡难度逐渐增大，局部地区短时负荷尖峰频现，以新能源为电源增量主体的电力系统，突发性和紧急性事件屡有发生。在这一背景下，开发需求侧资源，通过用户主动响应等方式，发挥其在电力削峰填谷等方面的作用，成为缓解电力供需矛盾的重要手段。从参与方式看，电动汽车、用户侧储能、中央暖通空调等需求侧资源，能够快速响应新能源超短、短周期尺度调节需求；传统工商业负荷等需求侧资源可满足电力系统的部分日内调节需求；氢能等新兴需求侧资源与新能源深度耦合，能够满足新能源多日或更长时间尺度调节需求。

促进节能和提高能效。自20世纪90年代中国引入电力需求侧管理的概念以来，国内需求侧管理项目的实施大都以节能和提高能效为主要目标。"十一五"以来，试点省份、试点城市、电网企业等通过各种有效的节能技术和能效管理手段，实现了能源消费的节约和用电负荷的下降。"十三五"以来，虽然国内电力供需矛盾有所缓解，但对节能和提高能效的要求越来越高，一方面全社会节能空间越来越狭窄，需要更持续和更深入的挖潜手段；另一方面节能重点领域由工业向建筑、交通等领域转移，节能资源更加分散和多样化，用户能效管理覆盖面亟待扩大。作为一种经济有效的用户能效管理方式，在国内节能减排新形势下，电力需求侧管理被给予厚望，并有待发挥更突出的作用。

促进可再生能源消纳。可再生能源发电具有间歇性、随机性、不可控性等特性，可再生能源高渗透率的新型电力系统，对用电负荷曲线柔性度和灵活性要求越来越高。大量实践证明，通过深化开发需求侧资源，积极发展储能和需求响应等关键技术，可实现可再生能源多发满发。需求侧资源促进可再生能源消纳，主要体现在两个方面：一是充分利用储能等关键技术的响应能力，通过填谷等方式，实现可再生能源富裕电力的规模化消纳；二是利用储能、可中断负荷等的响应速度和优良的调节能力，促进供应侧与用户侧大规模友好互动，提高可再生能源接入能力。

降低电力系统运行成本。需求侧资源对电力系统运行成本的节约主要体现在两个方面。首先，需求侧资源开发利用，可以在避免扩大电源投资的前提下，使得负荷下降到电网可承受的范围之内，同时提高电网运行的稳定性和效率，因此，可以更经济、更有效地实现电力供需平衡；其次，通过提高用电负荷曲线柔性度和灵活性，实现与可再生能源的大规模友好互动，一方面节约电源侧调节成本；另一方面提高了可再生能源发电设备利用效率，降低用电成本。

激发用户参与的主动性。中国传统的电力系统运行模式，主要依靠调节电力供应、用户被动参与（必要时实施有序用电），来满足电力供需平衡需求。而需求侧资源开发将需求方的各种资源，纳入统一的资源规划。它重在提高终端用电效率，重在改变用户的用电行为。它强调资源的开发利用要建立在用户需求和用户利益的基础之上，通过激发用户主动参与维护电力平衡的意识和行为，促进电力供需双方形成利益共同体。因此，需求侧资源开发将促进国内用电方式从无限满足电力需求走向有限（合理）满足电力需求的思维转变，推动全社会绿色生活和消费方式的形成。

助力电力市场发展。在各国电力市场化改革过程中，零售市场放开常被认为是电力市场深入发展的重要事件。需求侧资源贴近用户，具有市场化的天然条件，同时，需求侧资源的规模化开发更需要成熟的市场环境，特别是零售市场的完善。随着电力市场发展，需求侧资源被纳入电力市场的呼声渐高，在广东、山东等电力市场中，已经出现了需求侧资源参与中长期市场、现货以及辅助服务市场的案例。随着国内需求侧资源开发模式逐渐从激励补偿，过渡到参与电力市场化交易，新的市场主体和交易品种陆续出现，需求侧资源的市场价值将逐步提高，对电力市场发展将起到积极作用。

第六节　努力提升电力系统数智化水平

电力系统是复杂、高度分散、具有海量元件的系统，有效运行一定需要依靠智能化手段。因此，电力系统的数字化、智能化将是构建新型电力系统的必由之路。加快推进能源电力系统数智化转型是贯彻落实能源安全新战略，顺应能源革命与数字革命相融并进的必然选择。未来迫切需要电力行业全面加快数字化转型升级，发挥数字技术对能源产业发展的放大、叠加、倍增作用，既为经济社会发展提供高质量的能源保障，又为数字技术和数字经济提供巨大应用场景。

一、数字化、智能化助力新型电力系统低碳化发展

在碳达峰碳中和目标下，新能源持续快速发展，并主要通过转化为清洁的电能加以利用。但是新能源具有随机性、波动性和不确定性，导致大规模、高比例并网将给电力系统的电力电量平衡、安全稳定运行等方面带来诸多风险挑战。在此背景下，数字技术的广泛应用能够实现对海量新能源设备的全方位监控，并通过大数据分析与智能决策，有效提升新能源发电出力预测精度、运行调控智能水平、运行维护能力，有效促进风电、太阳能发电等新能源发电的充分消纳。

根据国际能源署的预测数据，增加数字化需求响应可以在 2040 年将欧盟光伏和风力发电的弃电率从 7%降至 1.6%，从而减少 3000 万 t 碳排放。根据国际咨询机构 Capgemini 预测数据，到 2025 年全球电厂数字化比例将接近 19%，帮助发电企业降低运营成本 27%左右，从而降低全球发电行业碳排放量 4.7%。因而，通过电力行业数字化转型，推动新型电力系统构建能够为能源行业净零排放发挥重要作用。

二、数字化、智能化助力新型电力系统市场化变革

一是数字化催生新兴市场主体。大物云移智链等数字技术发展，使得“源网荷储”双向互动、需求侧智能控制成为可能，极大地促进了分布式能源并网消纳技术、需求响应技术、储能技术、电动汽车等发展。依托数字化信息通信

和互联网技术，聚合赋能“源网荷储”全要素各类分散、沉睡、可调资源，通过参与带曲线中长期交易、现货市场和辅助服务市场，为运营商、分散资源等新兴市场主体提供开放共享生态，催生了虚拟电厂、微电网、综合能源系统等新模式新业态，丰富了市场主体构成，提升了市场活力。

二是数字化助力市场透明度提升。自 2015 年新一轮电力体制改革启动以来，中国电力市场化建设取得了积极成效，交易规模逐年增加。随着市场主体数量和市场化交易电量迅猛增长以及电力交易品种的不断丰富，大量的预测、申报、出清、结算等市场数据需要向市场主体及时准确披露。电力市场信息披露平台依托数字技术，集成对外数据接口，支持市场主体通过系统对接方式批量获取数据，实现信息披露智能化、自动化。为市场主体提供及时、准确、范围更广、频度更高、颗粒更细的电力市场信息，有效消除信息不对称，促进市场主体提高交易决策水平，避免市场价格扭曲和不当套利，保障市场主体合法权益，为建立市场化、高透明度、高效率的电力市场提供有力支撑。

三是数字化助力新型电力系统现代化监管。随着电力市场化改革和新型电力系统建设深入推进，电力市场层次逐步增加，分布式能源、综合能源系统、微电网、储能等新型能源市场主体广泛接入，监管对象种类和数量将长期快速增长。但各级能源监管机构的监管力量有限，很难适应愈发繁重的监管任务。新型电力系统高度融合数据流与能源流、业务流，为破解监管力量不足的难题提供了根本途径。未来的电力监管将综合运用大数据、人工智能等先进数字技术，从多渠道收集的海量监管信息中智能过滤有效数据，使数字技术成为监管力量的“倍增器”。

三、数字化、智能化助力新型电力系统产业链升级

一是数字赋能产业生态，推动能源电力产业链互联共享。传统能源电力产业链上下游的企业之间合作固定、方式单一。数字化可以大幅度降低产业、企业之间的对接成本，产业、企业、组织、个体之间可以任意组合，各方发挥自身所长，优势互补，形成互联互通的产业生态，促进产业集群式发展，引领企业融通发展的互助共进格局。能源互联网作为能源电力产业链的生态平台，数字化在其构建过程中起到关键作用。以数字技术为核心的信息层是能源互联网的神经系统，打破了传统的能源电力系统的物理壁垒，实现能源电力产业链的互联互通和协同共享。互联是通过先进的量测系统与通信网络，实现电、热、冷、气、交通的多能信息可观、可测以及互联，构建多能流系统，为能源的管理、共享和交易提供平台，是能源电力产业链创造价值的基础。“共享”是能源互联网的精神，通过信息层实现能源资源的数据化和透明化，并将数据开放给产消者，盘活和优化能源资源，推动形成能源电力产业链生态共建的良好环境。

二是数字赋能改革发展，助力能源电力产业链降本提效。数字化赋能的核心是降低成本、提升效率。5G、物联网等数字技术驱动能源电力产业链上下游企业实现更大范围的数据资产共享和复用，打破产业链上下游的壁垒，推动能源电力技术创新发展，帮助能源电力产业链整体实现降本增效，提升中国能源电力产业国际竞争力。作为数字化助力能源电力产业链降本提效的典型案例，综合能源系统整合了能源电力产业链上供应端和需求侧，以智慧能效管理云平台为核心，通过多能互补的冷热电三联供、分布式光伏及储能微网、工业余热余压利用等形式，有效提高能源系统综合利用效率，降低用能成本。

三是数字赋能风险防控，保障能源电力产业链安全可靠。能源安全是关系国家经济社会发展的全局性、战略性问题，而能源电力产业链安全是保障国家能源安全的关键环节。能源电力产业链的协调链条长，跨行业信息融合度差，容易出现漏洞，导致各环节的供需风险、市场风险在产业链上下游传导。通过数字技术，建立能源电力产业链安全预警系统，能够尽早发现威胁能源安全的潜在因素，进而采取措施消除危险，确保能源产业安全可靠。安全预警系统依赖先进的量测系统与通信网络收集数据和传递安全预警信息，也依赖机器学习模型对数据进行分析计算处理，得到能源电力系统的运行状态评估的预警结果。能源电力产业链涉及一次能源供应、“源网荷储”等多方主体，且碳中和目标催生了储能、微网等新兴主体，以及虚拟电厂等多样化商业模式，更需要通过数字化赋能风险防控，健全能源电力产业链风险预警系统。

第二篇
路径篇

第四章
高比例新能源发展路径

风能、太阳能是自然为人类持续不断提供的能源资源，是资源分布最为广泛的可再生能源。高比例新能源发电是新型电力系统的装机主体和电量主体，是中国实现不同阶段非化石能源占比，进而保障碳达峰碳中和目标实现的主要能源供给方式。

第一节　风电发展路径

中国风能资源丰富区主要分布在东北西部、华北北部、西北北部和东部沿海地区。未来，中国近中期风电仍以陆上集中式大规模开发为主；中远期，风电技术创新重点围绕海上风电向深海远岸迈进，同时，老旧风电技改推进风电持续更新换代；远期，将形成陆上风电集中式供电、分散式供电、海上风电供电与就地在再制燃料等共同构成的风电开发格局。

一、中国风电发展基本情况

（一）技术路线

风力发电是利用风力推动风电机组叶片旋转，将风能转换为机械能带动转子旋转，再通过增速机将旋转的速度提升，带动发电机发电，最终输出交流电的电力设备。从世界范围看，第一台风力发电机出现在1888年的美国，叶轮直径为17m，额定功率12kW，此后欧洲各国开始多种风电机组结构和工艺的探索。第二次世界大战期间，美国研制了单机额定功率1.25MW的大型并网风电机组，是最早的兆瓦级风电机组。20世纪70年代石油危机后，西方各国加大了对新型风力发电技术研发的支持，推动了风电技术的快速进步，涌现出一批先进的风机制造企业，为风电的大规模开发建设奠定了基础。2000年前后，全球风电产业进入规模化发展阶段，大容量兆瓦级风电机组不断取得突破，风电装机规模快速提高。截至2023年6月，全球风电累计装机容量约9.5亿kW。

根据旋转轴方向不同，风电机组可分为垂直轴和水平轴，垂直轴风电机组旋转轴垂直于地面，水平轴风电机组旋转轴平行于地面。受扫风面积、发电效率、转动噪声等约束，MW级及以上风电机组普遍是水平轴机型。根据传动部件与发电设备不同，风电机组主流发电技术包括直驱型、双馈型和半直驱型，三者直观区别在于发电机类型不同，工作转速区间不同，因此齿轮箱类型也不同。直驱型风机叶轮直接与永磁同步发电机相连，无齿轮箱，由于省略了齿轮箱，直驱型结构简单，维护工作量小，传动效率高，且采用全功率变流器，变频范围宽。但是，直驱型的发电机体积与重量大，轴承载荷高。双馈型风机叶轮通过多级增速齿轮箱与双馈发电机相连，双馈型发电机体积与重量小，变流器功率小，成本明显降低，但采用的多级增速齿轮箱体积大，传动机构复杂，加上绕线式发电机转子引出线处、滑环、碳刷需日常维护，整机维护量较大。半直驱融合了直驱型和双馈型的特点，风机叶轮通过单级增速齿轮箱与永磁同步发电机相连，与直驱型相比，发电机体积与重量降低，发电机轴承故障减少；与双馈型相比，传动结构简单，效率较高；采用全功率变流器，变频范围宽。受机组大型化趋势影响，根据可再生能源学会风能专业委员会统计，近10年中国新增风电装机中，直驱型风电占比先升后降，2019年达到最高值35.9%，2022年迅速降至15.6%；双馈型风电机组占比逐步下降，2022年为55.8%；半直驱型风电机组占比快速提升，2022年达到28.6%。

（二）资源情况

全国风能详查和评价结果显示，中国风能资源丰富。70m高度150W/m^{2}以上风能资源理论储量为123.5亿kW，70m高度200W/m^{2}以上风能资源理论储量为78.6亿kW，100m高度150W/m^{2}以上风能资源理论储量为162.1亿kW，100m高度200W/m^{2}以上风能资源理论储量为115.7亿kW。截至2022年底，按照70m高度150W/m^{2}以上风能资源理论储量计算，陆上风电开发程度仅达到1.85%，水深在5～25m范围内海上风电开发程度达到3%，尚有将近120亿kW的陆上风能资源未开发利用，风能资源开发潜力巨大。

中国陆上风能资源丰富区主要分布在东北西北、内蒙古北部、华北北部、甘肃酒泉和新疆北部，云贵高原、东部沿海为风能资源较丰富地区。以100m高度200W/m^{2}以上风能资源储量为例，内蒙古自治区最大，约为39.6亿kW，其次是新疆和黑龙江，分别为17亿kW和14.6亿kW。此外，甘肃、吉林、山东、辽宁、青海、河北的风能资源储量均在2.5亿kW以上，适宜规划建设大型风电基地。中部内陆地区的山脊、台地、江湖河岸等特殊地形也有较好的风能资源分布。近海风能资源主要集中在东南沿海及其附近岛屿，台湾海峡风能资源丰富，其次为广东东部、浙江近海和渤海湾中北部。

（三）发展现状

中国风电累计装机连续13年稳居全球首位。截至2022年底，中国风电累计并网装机容量达到36544万kW，其中陆上风电累计装机容量33498万kW，海上风电累计装机容量3046万kW。风电累计装机容量连续13年稳居全球首位，约占全球风电装机的40%。海上风电累计装机于2021年超过英国，跃居世界第一位。2012—2022年中国风电装机容量及变化趋势，如图4-1所示。2020年由于电价政策调整导致的陆上风电抢装潮，中国风电发展速度大幅提升；“十四五”以来，在碳达峰碳中和战略引领下，中国风电年新增装机规模迈上新台阶。

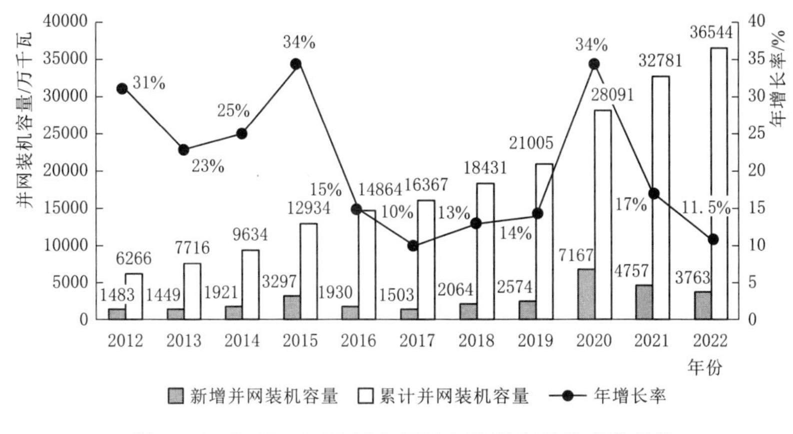

图4-1　2012—2022年中国风电装机容量及变化趋势

“三北”（华北、东北、西北）地区陆上装机占比高，沿海地区海上装机规模占比逐步提升。一方面，“三北”地区风能资源优势明显，风电开发起步早，大型风电基地多，累计并网容量遥遥领先。另一方面，沿海地区积极推动海上风电基地开发建设，海上风电新增并网装机容量占沿海地区风电新增并网装机容量比例不断提升。2022年，“三北”地区风电累计并网装机容量占全国风电装机的65%，海上风电新增并网装机容量占沿海地区风电新增并网装机的42.3%，累计并网装机容量占比提升至25.1%。2012—2022年全国风电装机布局变化趋势，如图4-2所示。

陆上风电造价稳步下降，海上风电造价变化幅度大。风电项目造价主要包括设备及安装工程、建筑工程、施工辅助工程、其他费用、预备费和建设期利息等六部分，设备及安装工程费用在项目总体造价中占比最大（约60%），是项目整体造价指标的主导因素。随着风电技术进步，受大容量机组批量化应用和市场竞争格局影响，过去10年间中国陆上风电项目建设成本小幅稳步下降。2022年，中国陆上集中式平原（戈壁）地区、一般山地以及复杂山地风电项目

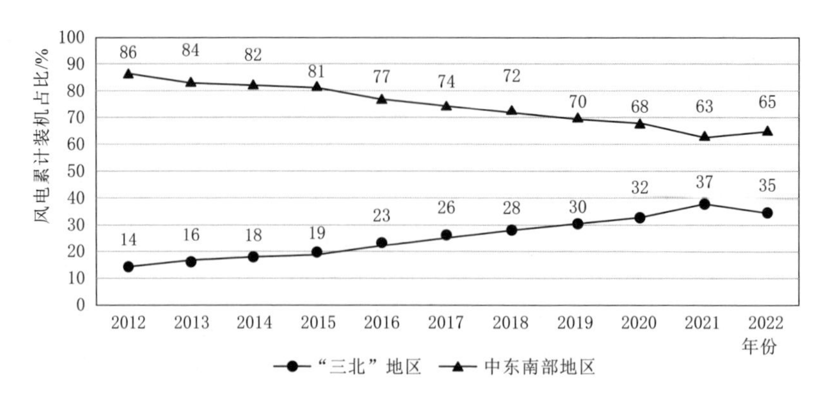

图 4-2 2012—2022 年全国风电装机布局变化趋势

单位千瓦造价分别约为 4800 元/kW、5500 元/kW 和 6500 元/kW，综合平均造价约 5800 元/kW；海上风电尚处于发展初期，受上网电价政策以及施工产业链等影响，造价波动幅度大，2022 年项目单位千瓦造价约为 11500 元/kW。2013—2022 年全国风电单位千瓦造价趋势。如图 4-3 所示。

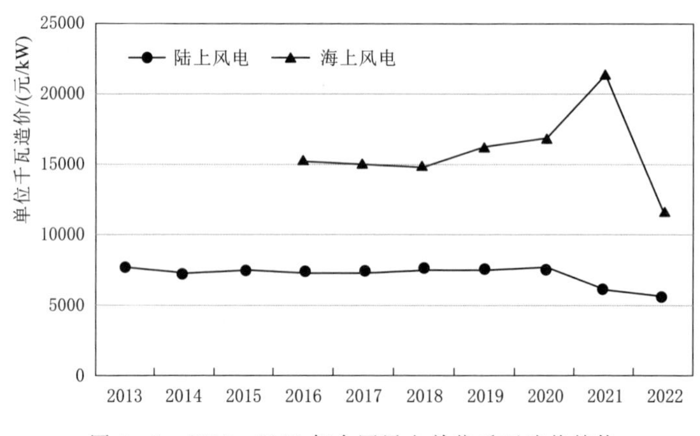

图 4-3 2013—2022 年全国风电单位千瓦造价趋势

风电机组大型化趋势加速。风电机组单机容量不断增大，陆上 7～8MW 单机容量的风电机组相继吊装，海上 11MW 级风电机组批量化应用，全球首台 16MW 海上风电机组已在福建海域并网发电，陆上 10MW 级、海上 18MW 级机型将于 2023 年底下线。风电机组叶片长度持续突破，110m 级风电叶片相继实现生产，120m 长度等级的风电叶片已下线，已发布风电机组机型中陆上、海上风电机组配套的叶片长度分别达到 100m 左右、140m 左右。高模玻纤材料及碳纤维主梁的使用、PET 芯材的替代、聚氨酯的应用等创新技术不断出现。近 5 年中国风电机组单机容量和叶片长度的变化趋势。如图 4-4 所示。

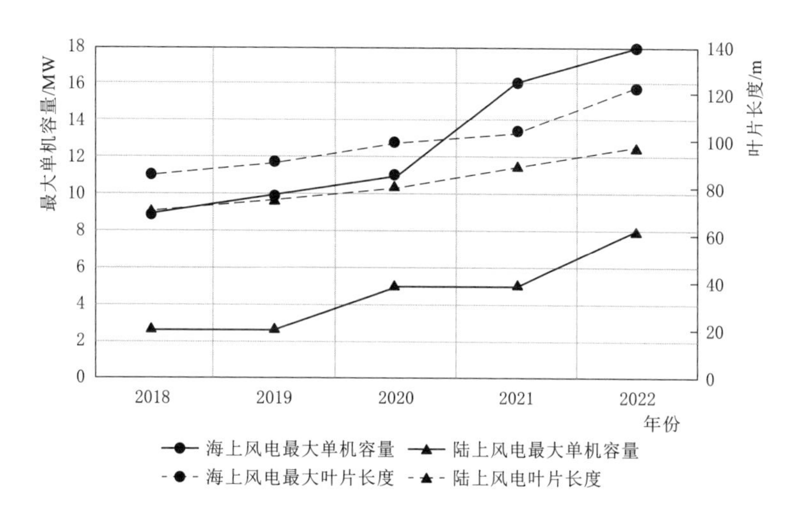

图 4-4　近 5 年中国风电机组单机容量和叶片长度变化趋势

二、中国风电未来发展方向

技术创新是保障风电持续大规模发展的重要手段。一方面，相较光伏发电技术，风电技术商业化应用早，技术成熟度高，但受发电原理、运行机理、大型机械转动部件、钢材及构件等约束，风电技术进步相对缓慢，持续降本空间有限，同时运行噪声、光影等不利特性目前技术条件下还不可避免，影响风电融入生产生活空间多场景发展。另一方面，面向深海远岸“蓝海”的海上风电发展需要在海上风电施工技术、输电技术等方面持续快速提升。此外，如何提高风资源与风功率预测精度，提升对风电的预知与调控能力，都是未来风电发展的重点。要坚持技术创新，从根本上保障风电降本增效、对系统友好，支持风电实现多场景规模化发展。

海上风电向深远海迈进。随着中国海洋经济发展，渔业、交通运输业等各产业用海需求不断增加，近海海上风电总体开发潜力有限，中国海上风电建设由近及远发展是必然趋势，深远海海上风电开发基础条件将逐步落实。一方面，随着国家统筹、省负总责、地方和电网企业及发电企业具体落实的大型风电光伏基地项目工作模式逐步建立，风电项目开发与电网接入、可再生能源利用与传统能源消纳之间的衔接、协作关系日渐明晰，专属经济区用海管理、涉军影响评估与军地协调、海洋生态环境影响评估、安全监管及预案机制深入完善，深远海海上风电大型基地规划和开发建设管理办法出台实施，将为深远海海上风电开发指明方向。另一方面，随着高压柔性直流输电、柔性低频交流输电、漂浮式风机、新型浮体结构、系统优化布局、动态海缆等更加经济高效的深远海地区风能资源利用和输电技术创新应用，统筹规划集中送出廊道和基地项目送出工程集中建设运营的创新管理思路及示范应用，将为深远海海上风电基地化开发建设奠定坚实基础。

老旧风电技改实现风电持续更新换代。中国风电场设计运营年限为20年。2009年起，中国风电年新增装机容量开始突破1000万kW，当年底累计建成容量2268万kW。随着风电行业多年的高速发展，陆上风电开发受到的土地资源约束日益明显。早期风场所处地域风能资源好，但发电效率低、运维成本高、安全稳定性下降问题逐渐显现。通过技改升级或者“以大代小”的方式增容改造，重新焕发老旧风电场的生机，对于风电市场的良性发展至关重要，是全球风电发展的重要趋势之一。

三、风电发展规模与路径

（一）发展规模预期

大型风电机组重达几百吨，基础浇筑对地质等有一定要求，风电基础用地须转建设用地等用地用海管理规定增加了风电开发建设难度，噪声、光影问题使得风电近居民生产生活区部署受到一定限制，同时产业链供应链能力长期稳定在5000万～7000万kW。整体来看，上述障碍短期内都难以突破，在没有电价机制等市场直接调控手段的情况下，中国风电将基本维持当前水平稳步发展。

近中期（当前至2030年），风电仍以陆上集中式大规模开发为主。风电技术进步主要集中在机组大型化方面，陆上风电机组大型化有助于减轻单位装机容量征地用地难题，降低单位千瓦投资成本。大型海上风电机组、漂浮式海上风电机组陆续示范应用，为海上风电向深远海发展奠定基础。机组大型化带动风电项目单位投资成本小幅下降，噪声、光影控制与经济性问题无法很好解决，近负荷侧部署风电机组处于示范应用阶段。中东部陆上风电发展因涉林用地问题遇到瓶颈，近海风电空间有限，深远海风电起步，风电发展仍以“三北”地区集中式发展为主。预计2030年前，风电年均新增装机4000万～5000万kW。到2030年底，中国风电累计装机容量达到7.5亿kW左右，理论小时数提升与利用率略有下降，使得风电年利用小时数基本与目前持平。

中远期（2030—2045年），海上风电加速部署期。风电产业努力破解影响其发展的用地限制、固有特性约束、规律性和可预测性差等问题，乡村风电等配网风电得到较好发展，业界开始探索高空风电等新技术应用以及重新重视微型、小型风电的多场景应用。漂浮式海上风电、柔性直流输电技术、深远海海上风电工程施工技术等基本成熟，海上风电规模化发展降本效果明显，同时东部沿海地区区外来电能力基本到顶，本地区完成碳中和阶段性目标的需求紧迫，催生深远海海上风电大发展。期间，风电年均新增装机达到6000万kW左右。到

2045年，中国风电发电累计装机容量达到16亿kW左右，其中海上风电累计装机容量达到3亿kW以上，风电年平均利用小时数略有提升。

远期（2045—2060年），风电成为是第一大电量供应主体。具有全新形态的电力系统基本建成，风电调度运行高度智慧化、数字化，风电通过大电网和分布式配电网调度运行潜能被充分挖掘，陆上风电集中式供电、分散式供电、海上风电供电与就地在再制燃料等共同构成风电开发格局。到2060年，中国风电累计装机容量达到24亿kW左右，年利用小时数随2040年前风电机组批量退役更新等有所提升，是中国第一大电量供应主体。

（二）技术趋势研判

全球范围内风电技术与其他技术融合发展。一方面，风电技术正在与新一代信息技术、新材料技术交叉融合，引发新一轮科技革命和产业变革。智能制造、智能风机、智慧风电场、风电智慧运维云平台、智慧电网、智能微电网等已由概念逐步变为现实。另一方面，随着全球低碳转型进程的持续加快，漂浮式基础、“风电＋绿氢”技术、能源互联网等一系列新兴技术应运而生。其中，大型风力发电机机组研制、海上施工、海上风电送出、海上风电制氢等前沿技术被欧盟各国和英国认为是实现碳中和目标的关键技术。

中国风电技术创新重点围绕海上风电。当前陆上风电技术趋于成熟，未来中国需在海上风电的应用技术、前沿技术、产业共性技术等层次开展三大方面技术研究，即大型海上风电装备国产化研制、深远海风电技术开发、风电基地智慧生产运维体系开发，具体包括：开发国产化的超大容量海上风电机组、海底电缆等关键装备，筑牢风电技术基本盘，解决制约产业发展的技术瓶颈，为技术跨越奠定基础；开发漂浮式风电、海上风电综合利用技术，瞄准未来海上风电技术制高点，打造海上风电新生态，为技术跨越提升速度；开发资源环境评估风电基地先进控制、风场智慧运维技术，提升风电技术整体水平，实现风电智能化，为技术跨越提供动力。

（三）布局与发展模式

2030年前，相较光伏发电，风电在电力市场中的经济性优势开始显现。以沙漠、戈壁、荒漠地区为重点的大型风电光伏基地建设和水风光一体化开发，带动大型风电基地建设，三北地区新增装机容量占全国的60%以上。深远海海上风电与氢能、海洋油气、海洋能和海上牧场等融合发展示范大范围铺开，“十五五”阶段海上风电保持年均1000万kW左右的新增装机规模。中东南部地区分散式风电开始吸引行业关注。

2030—2045年间，依靠特高压输电通道跨省跨区传输的大型风电项目建设达到顶峰，风电发展逐步转向以区域内就地消纳利用为主，开发模式上仍以集中式为主。陆上风电“以大代小”形成规模，批量替代2025年前建成、期间到期退役风电机组。百万千瓦级的深远海海上风电示范项目不断涌现，支撑海上风电实现跨越式发展。

2045—2060年，风电具有较高的发电利用小时数和与光伏发电不同的日出力特性，虽在成本竞争上不具优势，但仍是新型电力系统最主要的电量来源。开发利用方面，形成陆上大型风电机组集中式开发、小微型风电机组分散式开发利用和海上风电集群开发与多能转换利用格局。

四、风电发展机制与政策建议

（一）以需求为导向，强化风电技术创新

随着新型电力系统建设，能源电力发展理念、系统形态正在发生变化，风电发展需要结合终端能源需求与能源供应的供需互动理念、多能互补形态等，检视自身技术与发展特点，盯紧关键元件部件国产化率低、噪声等原因无法近需求端部署、高不可控性使得其调度困难等问题，以需求为导向，创新性解决影响风电更大规模可持续发展的根本问题。

（二）推进风电产业链协同发展，巩固提升风电产业竞争力

一是各区域通过科学制定产业规划实现产能的合理布局，推进原有产能的技术升级改造，推动海上风电短板产能扩产，引导产业资源向海上风电关键设备产能方向聚集。二是产业链上具备优势条件的相关企业加快进行联合攻关，补齐碳纤维叶片、高承载主轴承、IGBT、施工船舶、运维船机、浮体基础制造、动态海缆制造与施工安装短板，增强中国风电产业链供应链弹性韧性，持续巩固提升中国风电产业核心竞争力。三是海上风电勘察、设计、施工新技术研究和应用，海上风电＋海洋牧场、海上风电＋制氢、海上风电＋海洋油气等产业融合发展，推进海上风电全产业链进一步降本增效。

（三）强化统筹，务实推进海上风电融合发展

实现深远海海上风电规模化发展，需要统筹全国海上风电场址规划与产业布局，以化零为整、立体开发的场址规划带动产业集中布局、合理外延；深化技术研发的融合创新；加强绿色金融引导与创新支持，在产品创新和项目信息标准化方面双向施策，促进产融深度融合。

第二节　太阳能发电发展路径

中国太阳能资源总体上呈现高原、少雨干燥地区大，平原、多雨高湿地区小的特点。未来光伏发电产品成本快速下降，光伏发电技术与终端各类用电、用热（冷）、用燃料场景深度融合，形成无处不在的光伏发电应用格局。光热发电将快速降本，蝶式发电等适合分布式部署的光热发电技术有望取得突破，小

容量光热发电与调节装置将逐步走入生产生活环境。

一、中国太阳能发电发展基本情况

（一）技术路线

太阳能发电是将太阳能转换成电能的能源利用技术，主要有利用太阳能光能的光伏发电和利用太阳能热能的光热发电两条技术路线。

光伏发电，即光生伏特发电。光伏发电的主体是光伏电池，本质上是半导体器件：掺杂了不同元素的电子型（N型）半导体和空穴型（P型）半导体致密结合，在大于一定强度的光照射下，半导体内的电子被激发出来，然后在PN结内建电场的作用下分离至PN结两端形成电压差，当外电路接通时，便可对外输出电能。1839年，法国物理学家第一次观测到利用光线照射导电电解质时可以产生光致电压，即光生伏特效应。1954年，贝尔实验室制备了世界上第一个效率为6%的晶体硅太阳电池。此后，光伏电池的发展可以大体上分为三个主方向：一是晶体硅太阳电池，主要是基于单晶硅或多晶硅片进行制备，优点为转换效率高、稳定性好、材料来源广、无毒无害等，按照PN结和电极结构技术改进与优化形成了目前PERC、TOPcon、HJT等多种技术路线。晶硅组件市场占有率超过99%。目前，中国量产先进高效电池光电转换效率已达到25.5%。二是薄膜电池，包括铜铟镓硒电池、碲化镉电池、砷化镓电池等，通过薄膜沉积技术形成半导体层构成太阳能电池，其中砷化镓电池转率效率高，但制备成本较高，主要应用于太空领域；铜铟镓硒电池、碲化镉电池在光伏建筑一体化领域有所应用，在玻璃幕墙、便携设备等方向有较好发展空间。三是正进入中试线阶段的钙钛矿电池和尚处于实验室研发阶段的有机电池，具有高光电转换效率、材料和制备成本低等优势，在稳定性方面还需要进一步改进。目前，中国企业以晶体硅为衬底，应用薄膜制备技术的晶硅—钙钛矿叠层电池转换效率达到31.8%。

光热发电是一种利用反射镜聚焦太阳能加热热工质产生热蒸汽，再驱动汽轮机带动发电机的汽轮机发电技术，其发电系统与常规火力发电系统基本相同。光热发电起源于20世纪50年代，1950年苏联设计建设了首个光热发电小型试验装置。20世纪70年代受全球石油危机影响，一些国家开始关注光热发电技术并建设试验性电站，电站主要由聚光集热系统和发电系统组成，聚光集热方式包括线聚焦（槽式）和点聚焦（塔式和碟式），发电系统大多采用斯特林机或汽轮机将热能转换为电能。20世纪90年代，光热发电技术由试验研究阶段进入商业化发展阶段，以美国、西班牙为代表的国家投资开发了一批兆瓦级光热电站，其中部分电站设计了储热系统，可以将白天聚集的热量储存到夜间再用于发电。近年来，随着光热发电技术进步、系统集成能力不断提升，电站单体规模已达到百兆瓦级，新建项目的发电系统大多采用容量更大的汽轮机发电机组。光热发电是为数不多的具备连续发电和长周期调节能力的新能源发电品种，还能提供可靠的转动惯量，有替代燃煤火电机组功能的潜力，是解决调峰、消纳问题的有效途径之一。

（二）资源情况

中国太阳能资源总体上呈现高原、少雨干燥地区大，平原、多雨高湿地区小的特点。东北地区西部、内蒙古地区、华北地区北部、西北地区、西南地区中西部、西藏、海南等地水平面总辐射年总量超过 1400kW·h/m^2，其中内蒙古中西部、甘肃中西部、青海、西藏、川西高原等地年水平面总辐射年总量超过 1700kW·h/m^2，为光伏资源最丰富区；新疆大部、内蒙古中东部、甘肃中东部、宁夏北部、陕西北部、山西北部、河北中北部、云南大部、海南等地水平面总辐射年总量 1400～1700kW·h/m^2，为光伏资源很丰富区；东北大部、华北南部、黄淮、江淮、江汉、江南及华南大部及台湾地区水平面总辐射年总量 1000～1400kW·h/m^2，为光伏资源丰富区；四川盆地、重庆、贵州中东部、湖南西部及湖北西南部地区水平面总辐射年总量不足 1000kW·h/m^2，为光伏资源一般区。

在资源评估基础上，国家气候中心王阳等人，利用公开卫星数据反演的土地类型、自然保护区数据，根据技术要求设置了场址允许坡度、年利用小时数，结合土地利用政策等，通过 GIS 分析得出中国陆地集中式光伏发电技术开发潜力约为 418.8 亿 kW、分布式光伏发电技术开发潜力约为 37.3 亿 kW，并公布了各省、直辖市光伏发电技术开发潜力，如表 4－1 所示。集中式光伏发电技术可开发潜力与太阳能资源禀赋的空间格局基本一致，“三北”地区集中式光伏发电技术潜力占全国的 90.95%，其中新疆、内蒙古、青海、西藏和甘肃 5 省区集中式光伏发电技术可开发潜力均大于 20 亿 kW，而东中南部地区（华中、华东地区和华南地区）10 多个省、直辖市集中式光伏发电技术可开发潜力小于 2000 万 kW。东中南部地区的分布式光伏发电技术潜力占全国的 48.66%，其中山东潜力最大，接近 4 亿 kW，其次是江苏、河南、河北、安徽。

表 4－1　　全国各省、直辖市区光伏发电技术可开发量　　单位：万 kW

地　区		总量	其中：集中式	其中：分布式
全国	4557300	4187800	373000	
东北	黑龙江	30100	14900	15200
	吉林	35600	24300	11300
	辽宁	19100	1700	17400
	内蒙古东部	92300	83500	8800

续表

地　　区		总量	其中：集中式	其中：分布式
华北	北京	6100	200	5900
	天津	4200		4200
	河北	33800	5900	27900
	山东	41700	2100	39500
	山西	31100	19400	11700
	内蒙古西部	853700	839500	14200
华东	上海	3800		3700
	江苏	30200	500	29700
	浙江	11200	400	10800
	安徽	23300	1100	22200
	福建	9100	1800	7300
华中	河南	30300	1400	28900
	湖北	15700	3300	12400
	湖南	9100	900	8300
	江西	9700	2700	7000
	陕西	37200	29800	7500
西北	甘肃	275800	268200	7600
	青海	391400	388600	2800
	宁夏	28200	25300	2900
	新疆	2119800	2105400	14400
西南	四川	15700	7500	8200
	重庆	2200	100	2100
	西藏	333200	332700	400
南方	广东	20200	1900	18200
	广西	18700	10100	8600
	贵州	10400	7600	2800
	云南	11500	6000	5500
	海南	2900	1000	1900

光热发电利用的是太阳光法向直接辐射（DNI）资源，而不是总辐射量，因此评估光热发电资源技术可开发量需要对 DNI 进行评估。目前，中国尚未进行过全面的太阳能光向直接辐射评估测算，世界银行发布了国际领先太阳能数据公司 Solargis 制作的中国光向直接辐射图。现阶段，国内外大部分光热电厂所在

地年DNI值都大于2000kW·h/m²。考虑到中国实际情况，初步判断年DNI值大于1800kW·h/m²光热发电商业开发价值较好，年DNI值小于1600kW·h/m²则不具备光热发电开发价值，光热发电重点区域集中在新疆东北部、内蒙古北部、甘肃西部和青海、西藏地区。

（三）发展现状

截至2022年年底，中国太阳能发电累计装机容量达到39261万kW，其中光伏发电累计装机容量39204万kW，光热发电累计装机容量57万kW。光热发电尚处于应用示范阶段。

光伏发电发展持续加速。光伏发电新增装机容量与累计装机容量分别连续10年和8年位居全球首位，并在发展中呈现新特点。一是光伏发电年新增装机持续攀升，2022年新增光伏装机首次突破8000万kW，达到8741万kW，成为新增装机规模最大、增速最快的电源类型，预计2023年年新增装机将达到1.4亿kW左右。二是集中式和分布式并举的发展趋势愈发明显，2021年、2022年分布式光伏年新增装机容量连续两年超过集中式光伏，分布式光伏中户用分布式占比49.4%，光伏发电呈现集中式电站、工商业分布式、户用光伏三分天下的新格局。三是光伏发电成为中国装机规模第三大电源，仅次于火电、水电。

光伏产业链竞争优势显著。中国拥有全球最大的光伏发电全产业链集群。2022年，中国多晶硅、硅片、电池、组件产量分别达到82.7万t、3.57亿kW、3.12亿kW和2.89亿kW，主要光伏产品市场占有率均居世界第一。其中，硅片全球市场占有率超过90%，电池片全球市场占有率80%左右，光伏组件占全球的75%以上。2022年，中国光伏行业总产值突破1.4万亿元，光伏产品出口总额（硅片、电池片、组件）约512.5亿美元，与新能源汽车和锂电池共同成为中国出口的“新三样”。

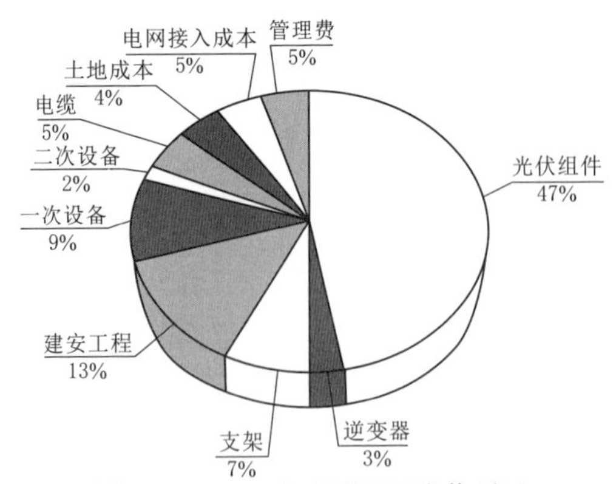

图4-5　2022年中国地面光伏项目单位千瓦造价构成

光伏发电项目造价快速下降。光伏发电项目投资主要由组件、逆变器、支架、电气一次二次设备、电缆等主要设备成本，以及建安工程、土地成本及电网接入成本、管理费等构成，其中光伏组件占总投资的47%左右，如图4-5所示。随着光伏发电技术的全面进步，中国光伏发电成本实现了快速下降。地面光伏电站单位千瓦造价指标变化趋势，如

图 4－6 所示。2022 年，中国光伏发电已实现全面平价上网，在全国大部分省（自治区、直辖市）光伏发电已经低于当地燃煤标杆上网电价。

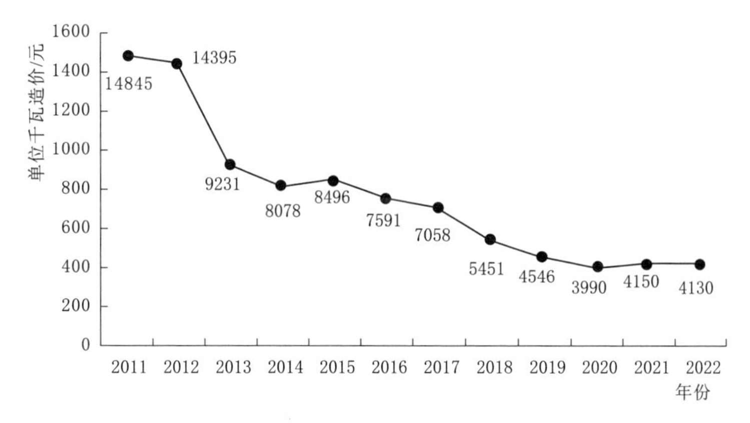

图 4－6　2011—2022 年光伏电站单位千瓦造价指标变化趋势

光热发电项目建设尚处于试点示范阶段。2016 年，国家能源局发布《关于建设太阳能热发电示范项目的通知》，确定了第一批 20 个光热发电示范项目，134.9 万 kW 装机，分布在甘肃、青海、内蒙古、新疆、河北五省、自治区，电价 1.15 元/(kW·h)。2018 年，国家能源局部署的多能互补项目中，包含约 20 万 kW 的光热发电项目。截至 2022 年年底，中国共建成光热发电项目 57 万 kW，其中塔式技术路线占比约 67%，槽式、线性菲涅耳技术路线各占 16.5%。

成本高是目前中国光热发电发展的主要瓶颈。当前新建光热发电度电成本约 0.8～1.0 元/(kW·h)，远高于陆上风电和光伏发电。初始投资高昂是光热发电成本高的主要原因。以 10 万 kW 装机、12h 储热塔式光热电站为例，单位千瓦造价 2.4 万～3 万元。聚光、吸热、储换热系统占据初始投资的主要部分，约占整个电站成本的 77%左右，是决定光热发电站造价高低最重要的因素。中国光热发电项目装机规模小，政策不稳定造成市场不稳定，上游设备制造企业通过首批国产化项目形成的规模化产能在近两年开工严重不足，设备闲置、技术人员和熟练工人流失，多种原因是造成聚光镜、集热管、追踪器、熔盐等关键设备和材料的生产成本居高不下。

光热发电系统部分设备尚依赖进口。如熔盐泵、熔盐阀、熔盐流量计、旋转接头等产品，在光热电站中需求量有限，在成本中占比低，但其工况环境严苛，技术参数要求高，目前以进口为主，国内厂商解决这些问题需要一定时间。此外，通过使用温度更高、成本更低的吸热和储热介质，采用超临界二氧化碳透平技术等实现更高效率的发电技术方面，仍还有较长的路要走。

二、中国太阳能发电未来发展方向

（一）光伏发电

技术持续进步是光伏发电成本下降的最大推力。光伏电池是基于半导体材料及工艺的产业技术，材料性质、器件结构、工艺技术的进步将支持电池效率在很长时间内继续提升。PERC 电池是在 P 型体材料基础上改进了电池结构，叠层电池是改变了电池结构，TOPCon 电池、异质结电池、IBC 电池等在使用 N 型材料的基础上进一步改进了电池结构，钙钛矿电池在材料、结构、制造工艺上都发生了很大变化，硅基钙钛矿叠层电池转换效率已经突破 30%。总体来看，电池技术有很多进步方向和空间，支持光伏电池产业化效率的提升和成本下降，最终大幅降低光伏组件单位千瓦成本，预计 2030 年、2045 年、2060 年组件平均价格将比 2020 年分别下降 30%、55%和 70%以上，2060 年平均价格降至 500 元/kW 左右。

成本持续下降使得光伏发电成为最经济的新增发电技术。在光伏组件效率继续提升、成本持续下降带动下，2030 年、2045 年、2060 年光伏电站投资成本将比当前水平分别下降 20%、35%和 50%左右。光伏电站单位千瓦投资下降、光伏组件衰减效率降低、使用寿命延长等驱动下，光伏发电度电成本将保持快速下降。2022 年，在中国太阳能水平面总辐射量大于 1500kW·h/m^2 的西北地区、华北北部、云南、川西等地区，光伏发电度电成本（含税和合理收益率）已普遍低于 0.3 元/(kW·h)，预计 2030 年、2045 年、2060 年中国新增光伏发电成本度电成本将分别达到 0.22 元/(kW·h)、0.18 元/(kW·h) 和 0.12 元/(kW·h)，使光伏发电成为普适性的、最具市场竞争力的发电技术。

新型储能技术进步和成本下降为光伏大规模发展提供强有力支撑。光伏发电具有日出而作日落而息、午间出力最高等典型特征，无法满足负荷晚高峰需求，以日内调节为主的化学储能能够通过 4～6h 的能量时移功能，很好地匹配光伏发电与负荷间的电力平移需求，从而为光伏发电的高比例应用提供支撑。国际可再生能源署研究提出，与光伏结合是电池储能最重要的应用场景，到 2030 年，高达 55%的电池储能都将被部署于光伏发电时移环节，如图 4-7 所示。

光伏发电将深度改变未来用能模式。一方面，随着发电侧电力现货市场推进和用电价格市场化，极低的光伏发电度电成本通过市场化手段引导负荷向光伏发电集中区域转移、向午间光伏出力高峰时段转移，改变负荷特性。另一方面，分布式光伏应用场景极其多样，在家庭、社区、工业园区、商业建筑等场景中，低成本的光伏发电结合经济的储能设备不仅可减少电费支出，还可以平滑峰谷差和参与需求响应，通过分布式光伏与储能结合改变用户用能模式。2030 年后，光伏发电、储电、储热（冷）技术进步和成本降低到一定程度，火

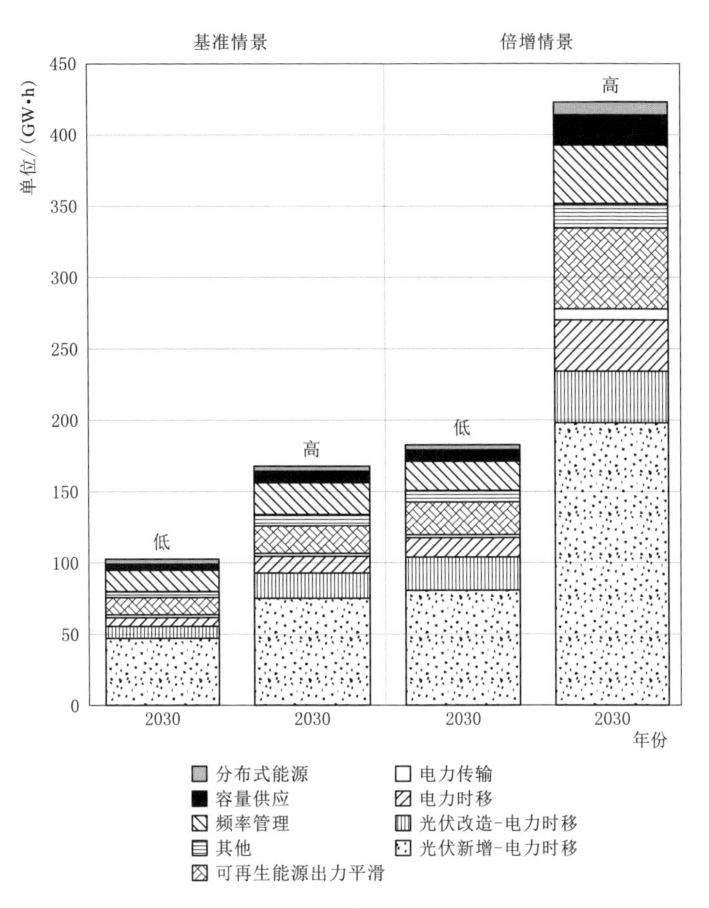

图 4-7　国际能源署预测 2030 年固定式电池储能主要用于光伏发电时移

电支撑调节电源容量达到上限，满足不断增长的负荷需求和优化尖峰负荷，尤其是夏季、冬季工商业居民制冷（热）用电负荷，将催生光伏＋储能＋终端直流用电设备、光伏＋制热（冷)＋储热（冷）等新型能源供用模式，光伏发电一定程度上将变成终端能源消费品。

（二）光热发电

中国塔式聚光集热技术路线最具发展前景。国外已投运的光热电站中，槽式光热电站占比约 76%，塔式、线性菲涅尔式光热电站的分别占比为 20%、4%。槽式技术成熟较早，专利多被欧美国家垄断，技术进步和成本下降空间有限。各类光热发电技术路线特征对比，如表 4-2 所示。大容量、高参数、连续储能发电是未来光热发电的发展趋势，塔式光热发电是最可能引起能源革命、实现大功率并网发电、并最终替代常规发电的环保经济技术路线之一，拥有广阔的商业应用前景。

表 4-2　　光热发电技术路线特征对比

技术特征	塔　式	槽　式	线性菲涅尔式	碟　式
聚光器设计制造	聚光器加工方便，成本低。在组装方面，相较槽式要简单，需要的人工较少，其中小型定日镜已实现机械臂自动化组装	同塔式定日镜相比，槽式光热发电聚光器的制作难度较大，且集热器的组装相对复杂	反射镜的镜面相对较小，加工方便，成本低	聚光器对加工工艺要求高，价格昂贵
聚光集热特性	聚光比在 300～1500 之间，聚光集热温度较高，在 565℃以上	聚光比在 30～100 之间，通常聚光集热温度在 390℃以上	聚光比在 35～100 之间，聚光集热温度多在 550℃左右	聚光比在 600～3000 之间，聚光集热温度最高，在 850℃以上
光电效率	集热系统热传递路程较短，热损耗少，系统平均光电效率较高为 14%～16%	集热系统热传递路程长，热损耗多，系统平均光电效率为 10%～14%	集热系统热传递路程长，热损耗多，系统平均光电效率为 8%～10%	集热系统热传递路程最短，热损耗最少，系统平均光电效率最高，可达到 16%～18%
适用场景	因其聚光倍数高，能量集中过程靠反射光线一次完成，方法简单有效，发电参数与火电一致，容易获得配套设备，国内产业链较为完善。具有对环境要求较低，土地利用率高等特点	为最早开发的光热发电技术，技术成熟，已完成商业化应用。聚光集热回路对场平要求较高，吸热介质多为导热油，有一定环保风险	反射镜近地安装，抗风性更好，选址更为灵活，但由于镜面平坦排列，且通过二次反射聚光，系统光热效率低于槽式集热器。目前仅有一个电站示范应用	碟式系统受设备制造技术的限制，单个抛物面反射镜规模受限，单机容量较小，一般在 5～25kW 之间，不适宜应用于大型商业光热电站
其他	整体技术难度较高，单位镜场面积投资成本较高。若比较单位集热量成本，相较于其他技术路线塔式仍然有优势	热量及阻力损失较大，技术和造价控制进步空间较小	热量及阻力损失较大，温差大，易引发吸热管破裂	聚光镜造价贵，单机容量小

与风电、光伏发电融合开发是促进光热发电规模化发展的主要方式。自 2020 年起，中国新增光热项目不再纳入中央财政补贴范围。处于示范发展阶段的光热发电成本高，每度电成本为 0.8～1.0 元，没有财政补贴支持，根本无法独立跨越示范发展阶段，通过规模化应用实现降本。在调峰、惯量等辅助服务市场尚不健全，容量市场尚未启动的市场环境下，发挥光热发电与风电、光伏发电的比较优势，用好风电、光伏发电的可调可控发展需求和成本下降空间，推动光伏＋光热、风电光伏发电基地配套光热、多能互补、风光储一体化等融合发展将成为光热发电工程规模进一步拓展的重要发展方向。

光热发电相关储换热技术将在其他行业中得到广泛应用。光热发电使用的熔融盐具有液体温度范围宽、黏度低、流动性能好、蒸汽压小、相对密度大、比热容高、储热能力强、成本较低等诸多优点，是各行业普遍认可的中高温传热储热介质。其中，二元熔盐可用于光热电站、核电和其他工业高温传热，三元熔盐可用于蒸汽温度较低的工业蒸汽供应项目。储换热技术在其他行业的广泛应用将带动光热发电系统成本下降。

三、太阳能发电发展规模与路径

（一）光伏发电

太阳能资源分布广泛，光伏发电技术普适性强，光伏发电系统部署场景灵活，对生活居住空间负面影响小，光伏发电是全球公认的未来电力装机主体。国际能源署《2050 年净零排放：全球能源行业路线图》情景建模中，光伏发电的发展速度超过任何其他清洁能源技术，到 2050 年年底将提供全球 1/3 的发电量。

随着分布式光伏、光伏建筑一体化、独立光储系统的成熟与推广，考虑钙钛矿等新一代技术助推涂料式光伏发电等颠覆性技术发展，可以认为光伏发电受场址、资源、成本等的约束很小，发展规模上没有自限，光伏发电发展多少取决于实现非化石能源消费占比目标、构建新型电力系统需要多少。在进行中长期光伏发电发展规模测算时，主要根据节点年风电太阳能电量需求，扣除受场址、资源、成本等约束，开发建设容量相对有上下限的风电和光热发电电量，再根据光伏发电利用小时数测算光伏发电发展规模。

1. 发展规模预期

近中期（当前至 2030 年），光伏发电成熟模式加速部署期。光伏发电产品技术创新高度活跃，受前一周期供应不足引发的产能扩张落地和全球光伏产业链本地化趋势影响，中国硅料、电池片、组件供应总体偏丰，市场竞争激烈促进光伏发电产品成本快速下降，成熟的集中式与分布式并举开发模式驱动光伏发电年均新增装机规模保持在 9000 万 kW 以上。到 2030 年年底，中国光伏发电累计装机容量达到 11 亿 kW 左右，理论小时数提升与利用率略有下降，使得光伏发电年利用小时数基本与目前持平。

中远期（2030—2045 年），先进光伏发电技术接替发展部署期。光伏发电产品市场，高效率化合物薄膜电池技术进入商业化阶段，市场占比逐步提高，光伏发电发展不仅追求降本增效，也对光伏发电的弱光性、发电连续性等提出更高要求，光伏制氢、光伏建筑一体化、光储直流供用电等创新模式逐步成熟，更加丰富的应用场景使得光伏发电保持蓬勃发展活力，期间光伏发电年均净增装机规模保持在 8000 万～9000 万 kW。到 2045 年，中国光伏发电累计装机容量达到 24 亿 kW 左右，多元化场景使得光伏发电利用小时数相较理论水平有所降低，年利用小时数仍保持在目前水平。期间，光伏发电成为中国第一大装机电源。

远期（2045—2060年），光伏发电与终端能源电力消费全面融合期。电力生产和消费关系发生深刻变革，最适合作为电力用户“产消者”主体的光伏发电技术，在新型电力系统构网控制、虚拟同步、精准预测、智慧集控等关键技术取得创新突破的支持下，与终端各类用电、用热（冷）、用燃料场景深度融合，形成无处不在的光伏发电应用格局。到2060年，中国光伏发电累计装机容量达到35亿kW左右，光伏发电利用小时数随着光伏系统更新和系统运行环境改善有所提升。

2. 技术趋势研判

随着太阳能光伏电池组件技术的进步和价格持续走低，光伏电池将继续朝着高效率、低成本的方向发展。同时，光伏应用将呈现规模集群化、应用场景多元化、应用产品多样化的发展趋势，其发电调度运营与大数据、云计算、物联网、人工智能储能等新兴技术有机融合。未来，光伏电池新结构、新材料、新工艺的技术创新是光伏产业升级换代的重要抓手。

中国光伏发电产业链技术创新方向主要包括制造技术、集成及运维技术和共性应用技术三大方面：一是大力发展太阳能利用基础材料与装备研制技术，包括光伏基础材料研制与智能生产技术、太阳能电池及部件智能制造技术与光伏产品全周期信息化管理技术；二是开发智能太阳能发电集成运维体系，包括智能光伏终端产品供给技术与光伏系统智能集成和运维技术；三是推广光伏发电应用示范，建设智能光伏工业园区应用示范、智能光伏建筑及城镇应用示范、智能光伏电站应用示范。

3. 布局与发展模式

2030年前，光伏发电继续集中式与分布式并举、外送消纳与就地消纳并举的既定发展模式。以沙漠、戈壁、荒漠地区为重点的大型风电光伏基地建设和水风光一体化开发，带动大型集中式光伏发电发展，使得集中式光伏新增并网装机规模保持在半数以上，主要集中在“三北”和西南地区。东中南部，出于降低电力消费支出或腾挪能源消费总量指标、完成碳减排任务等需求，户用光伏项目普及到大部分有安装条件的家庭屋顶上，工商业屋顶项目成为工业园区、厂房、政府机构、学校等的必要配备。

2030—2045年间，依靠特高压输电通道跨省跨区传输的大型光伏发电项目建设达到顶峰，光伏发电发展逐步转向以就地利用为主，就地利用方式包括电解水制氢、光储充一体化供电、光伏直流微网供电等。就地利用集中式光伏发电项目仍占有40%左右的市场份额，更多的是分布式利用。光伏发电作为灵活和低价电源将与服装、建筑、道路、家电等多方面结合，成为生产生活供用能的新形式。

2045—2060年，除已建集中式光伏发电项目原址更新换代之外，净新增光伏发电系统以分布式为主，以光伏发电为核心的终端能源电力“产销者”模式成熟，光伏发电不仅可以提供电力，通过与其他技术结合使用，成为终端实现自由用热（冷）、用燃料等二次能源的基础供应者，光伏发电全面融入终端能源消费场景中，形成用能首选光伏发电的发展局面。

（二）光热发电

光热发电尚处于示范发展阶段。在风电、光伏发电具有无可比拟的低度电成本优势，全系统电量相对盈余的竞争局面下，光热发电未来发展定位以提供电力与支撑调节能力为主，提供电量为辅。考虑光热发电成本昂贵，降本路径不明确，在容量市场、辅助服务市场没有竞争能力，中国尚未进行光热发电资源评估与规划的情景下，光热发电发展展望存在很强的不确定性，必须将技术趋势、发展布局与规模预期结合论证。

近中期（当前至2030年），光热发电主要作为大型风电光伏发电基地配建设施，通过风电光伏带动光热发电进入快速降本通道。光热发电成本高，地方财政支持难度较大，单靠自身无法规模化发展，不规模化又无法降本，进一步限制其发展规模。考虑适宜发展光热发电的主要是新疆、甘肃、青海、内蒙古以及西藏部分地区，基于该地区风电、光伏发电已经实现低价上网，可以在区域特高压外送、多能互补等大型风电光伏发电基地中持续安排一定容量的光热发电装机，通过低价的风电、光伏发电项目平衡消化光热发电的成本，充分发挥光热电站储热可控输出作用，实现风电、光伏、光热等多种可再生能源互补的平价上网就地消纳或平价远距离外送消纳。截至2023年年底，第一批、第二批以沙漠、戈壁、荒漠地区为重点的大型风电光伏基地项目中已明确配建约150万kW的光热发电项目，按照政策要求应在2025年前并网。结合面向2030年规划的特高压输电通道部署，预测2030年中国光热发电装机规模将达到1000万kW左右，年发电量400亿kW·h左右。通过风电光伏和光热一体化发展，保持光热发电产业一定的市场规模，促进光热发电降本增效，为产业后续实现市场化发展提供基本条件。

中远期（2030—2045年），光热发电支撑调节价值得到充分发挥，与风电、光伏发电解绑实现独立发展。2035年前，西北华北地区大型风电光伏基地仍需配套一定的光热发电项目，维持光热发电相对稳定的市场预期，加快降本增效。到2035年，光热发电初始投资成本较2025年下降50%以上，在较完善的电力市场中，以支撑调节能力评价，基本具备与火电机组相当的市场竞争力，可以与风电、光伏发电投资解绑，实现独立发展，发展模式仍以大容量机组、集中式布局为主，蝶式光热等适合多场景应用的光热发电技术在此阶段快速进步。

此后，光热发电在竞争中逐步替代部分退役煤电机组。到2045年，中国光热发电累计装机容量达到5000万kW左右，年发电量2000亿kW·h。

远期（2045—2060年），光热发电在适宜区域有更丰富的应用场景，适合分布式部署的光热发电技术得到广泛应用。在具备条件的西北和华北局部地区，光热发电一是替代到期退役火电机组；二是电、热、调节能力一并供应，是有热负荷的工业园区、区域新能源微能网的重要供能主体。为适应终端灵活的用电用能消费需求，蝶式发电等适合分布式部署的光热发电技术取得突破，小容量光热发电与调节装置逐步走入生产生活环境，得到广泛应用。到2045年，中国光热发电累计装机容量达到1.5亿kW左右，年发电量6000亿kW·h。

四、太阳能发电发展机制与政策建议

（一）坚持创新是第一动力，促进太阳能发电持续降本增效

降本提质增效是太阳能发电行业发展的主旋律。光伏发电方面，尽快突破高效晶体硅电池、高效钙钛矿电池等低成本产业化技术，提高光伏发电效率；集中力量解决高纯石英砂国产化替代问题，提高光伏产业链供应链保障能力；结合大型新能源基地建设，积极推动先进技术的规模化应用，带动光伏发电产业持续技术进步、成本下降、产业升级。光热发电方面，通过示范项目、科技创新项目等支持，支持高温槽式和塔式光热发电技术、光热发电与火电联合运行技术、光热储能电站技术、太阳能高温集热和化学能耦合发电技术、光热发电热电联产技术等光热发电关键性或原创性技术的研发应用，促进光热发电快速降本增效。

（二）推动城乡配电网改造升级，支持分布式光伏持续发展

适度超前规划建设有源配电网络，持续推动城市配电网和农村电网巩固提升工程，提高终端对分布式可再生能源的接入适应性。研究推动有源配电网、分布式智能电网、智能微电网等配电网新形态发展，有效提高配电网承载力，促进分布式光伏与配电网协调发展。补齐农村电网发展短板，支撑农村可再生能源开发，大幅提高农网接入分布式光伏承载力。强化配电网与数字化信息化技术融合发展，提高终端可再生能源并网运行的灵活性、智慧性。明确分布式光伏并网接入新型有源配电网相关技术标准和规范，推动分布式光伏发电长期健康可持续发展。

（三）做好资源普查和规划布局，支持和促进光热发电规模化发展

加快对包括甘肃、内蒙古、新疆、青海等重点区域光热发电建设资源进行调查评估，摸清可以集中开发建设光热发电的场址范围和建设开发规模。结合以沙漠、戈壁、荒漠地区为重点的大型风电光伏基地规划布局，抓紧研究提出配套光热发电项目的布局和建设时序，将光热发电发展落到实处，支持光热发电迈过示范发展阶段进入规模化发展阶段。

第五章

水电、核电发展路径

水电、核电作为传统非化石能源，在新型电力系统中提供清洁的基础负荷。未来水电将稳步开发，强化水电的梯级利用，凸显水电的双重价值，融合互补其他新能源，并进一步发挥小水电的作用。未来核电将提升核电站负荷响应能力，推进沿海核电机组实施热电联产，核准建设沿海地区三代核电项目，做好内陆与沿海核电厂址保护。

第一节 水电发展路径

中国水电资源70%集中在西南六省、直辖市，未来水电开发的重点区域为川、滇、藏地区，待开发水电资源主要集中于西南地区大江大河上游。未来将优化干流梯级水电站群调度运行方式，提高水电梯级利用的效率和可靠性。发挥基础保障和调频调峰的双重价值。实现风光水互补发电，提高新型电力系统的效率。以小水电为支撑，促进可再生能源电力开发和消纳。

一、中国水电发展基本现状

（一）技术路线

水电（Hydraulic power）是通过建设水电站、水利枢纽、航电枢纽等工程，利用水流的流量和落差，将水能转换成电能的生产活动。水电作为清洁能源，具有可再生、无污染、运行费用低，便于进行电力调峰的优点，水电不产生任何碳排放或污染，有利于提高资源利用率和经济社会的综合效益。从世界范围看，20世纪开始，美国和欧洲带动全世界开启水电的快速发展，如胡佛大坝和大古力大坝，到1940年，水力发电量占美国发电量的40%。20世纪60—80年代，大型水电的开发主要集中在加拿大、苏联和拉丁美洲，横跨巴西和巴拉圭的伊泰普大坝于1984年启用，发电量为12600MW，此后扩建并升级为14000MW。

2000—2017年间，全球水电装机容量增加了近500GW，增长了65%。

水电在中国能源发展史上具有极其重要的地位，就已探明的水能资源蕴藏量与可能开发的水能资源来看，中国位居世界第一位。1912年，中国大陆最早的水电站石龙坝水电站在云南省昆明市郊建成，最初装机容量为480kW。新中国成立以后，建设了部分大型水电项目，包括新安江水电站、刘家峡水电站、葛洲坝、三峡等，2000年开始，白鹤滩水电站是国家实施“西电东送”的重大工程，2022年12月20日，金沙江下游白鹤滩水电站9号机组投产发电，标志着在建规模全球最大、单机容量世界第一、装机规模全球第二大的白鹤滩水电站机组全部投产，也标志着金沙江下游水电基地全面建成。2020年，中国提出“双碳”战略，实现碳中和的前提，是首先要实现零碳的电力，因此，水电是实现碳中和的最佳电源之一，展望未来，中国水电必将在推进实现“双碳”目标中继续担任重任。

水库是一种通过利用水坝或蓄水而增加的天然或人工湖泊。抽水蓄能电站中下水库的储层[1]可以通过各种方式为储水进行准备，如控制排放现有溪流的水道或在其中建造海湾。储层还可以容纳包括碳氢化合物在内的流体，有助于生态环境的保护。此外还有一些位于地面、凸起或覆盖的罐式水库，能够不受土层下沉变形的影响，整体结构强度高，安装施工成本低。

水坝也称为大坝，是阻止水或地下水道流动的障碍物。水坝形成的水库限制了洪水泛滥，并为可用工程提供了储存水，例如灌溉系统、工业消费、人类使用和水产养殖。水坝同样可以用于收集水，在附近区域之间均匀地输送，修建水坝的主要目的是保持和储存大量的水以实现调峰。

水电站是利用水能资源发电的场所，是水、机、电的综合体，为了实现水力发电，用来控制水流的建筑物称为水电站建筑物。水电站能够为电网提供包括调峰及辅助服务在内的非常广泛的服务，还可以提供防洪、灌溉、供水、废水治理等水利服务。水电站核心装置是水轮发电机组，包括水轮机和发电机两个关键装置。水轮机是利用水流流动带动水轮转动的装置，将水流的机械能转换为叶轮的机械能，能量转换是借助转轮叶片和水流的相互作用来实现的。发电机是将水轮的机械能转换为电能的装置，大型水轮机的转速较低，通常采用多对磁极、立轴结构，主要零部件包括定子、转子、机座、电刷装置、制动器等。

水力发电的基本原理是利用水位落差，配合水轮发电机产生电力，也就是利用水的位能转为水轮的机械能，再以机械能推动发电机，而得到电力。以水位落差的天然条件，有效的利用流力工程及机械物理等，可达到最高发电量，实现廉价又无污染的电力。水电发电过程，如图5-1所示。

---

[1] 能够储集和渗滤流体的地层的岩石构成的地层叫储层。

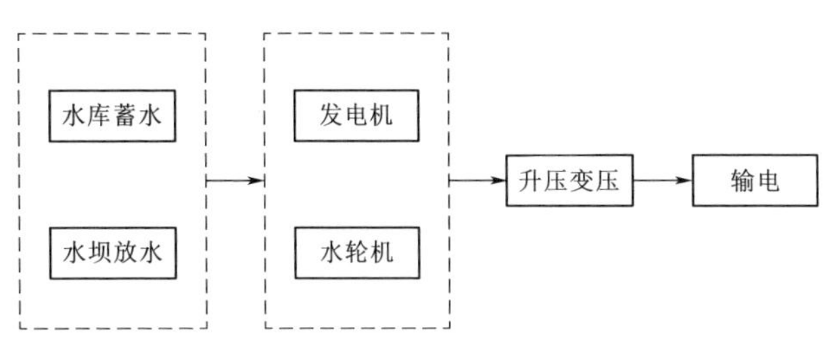

图 5-1 水电发电过程

(二) 资源情况

中国西南地区山川纵横，河流弥补且径流充沛，是中国水能资源最富集的地区，西部的青藏高原被誉为世界第三极、亚洲水塔，诸多大江大河发源此地。总体来看，中国的水电资源集中在四川、重庆、云南和西藏地区，这些地区约占中国水电资源总量的 2/3。

1. 八大水电流域

中国的水电站主要集中于金沙江、长江、雅砻江和澜沧江以及大渡河等西南地区流域的中下游，上述流域水电开发大多以超过 70%，但上游开发比例相对较小。雅鲁藏布江开发程度不足 2%，怒江开发程度为 0，如表 5-1 所示。可能的原因大致是待开发的水电站主要位于西藏、川西等海拔较高的地区，地势高峻，施工难度较大，并且在施工过程中要注重生态环境的保护，开发成本逐渐增大，就当前的投资规模来看，雅鲁藏布江的水电开发单位投资最高，红水河最低。

表 5-1　　西南八大流域水电开发情况（截止 2021 年底）

河流名称	技术可开发量/kW	已建规模/kW	在建规模/kW	已建成比例/%	单位投资/(元/kW)
金沙江	8167	4312	2258	80	13750
怒江	3633	—	—	—	—
澜沧江	3294	2135	140	69	14286
雅砻江	2881	1620	642	79	14458
大渡河	2496	1737	464	88	14186
红水河	1508	1208	160	91	8618
乌江	1158	1110	48	100	10126
雅鲁藏布江	8577	87	66	2	16549

西南地区已经建成世界上最大的区域水电系统，并呈现出独有的特征优势：①集中程度高、装机规模大。截至 2021 年年底，西南地区已经建成了金沙江中下游、澜沧江下游、雅砻江、大渡河、乌江、红水河 6 个千万千瓦级流域水电基地，累计投产装机约 130GW，形成了四川电网和云南电网 2 个水电装机超

70GW、水电占比超80%的省级电网。②巨型电站多。西南地区集中了中国大部分已建和在建巨型水电站，已建成的巨型水电站包括乌东德、白鹤滩、溪洛渡、向家坝、糯扎渡、锦屏二级等，在建巨型水电站有两河口、双江口等。③已建和待建水电总体调节性能好。截至2021年年底，西南各大流域已投产电站调节性能分布，如表5-2所示。总体来看，年调节及以上电站装机占比达到19%，57%具有季及以上调节能力。

表5-2 截至2021年年底西南各大流域水电调节能力

流域	多年调节电站装机/MW	年调节电站装机/MW	季调节电站装机/MW	年调节及以上电站装机占比/%	季调节及以上电站装机占比/%
金沙江	0	0	2880	0	59
雅砻江	100	360	330	27	46
澜沧江	1005	0	591	47	75
大渡河	0	0	790	0	46
乌江	60	300	195	43	67
南盘江/红水河	0	610	0	47	47
合计	1165	1270	4786	19	57

2. 十三大水电基地

新中国成立初期，全国水电装机容量仅36万kW，行业基础十分薄弱。1975年中国建成了首座百万千瓦级的刘家峡水电站（装机容量122.5万kW），初步奠定了中国水电开发事业的基业。1994年，三峡水电站开工建设，截至2000年年底，全国水电装机容量7935万kW，其中抽水蓄能559万kW，居世界第二位[1]。

进入21世纪，国家实施西部大开发战略，2002年国务院颁布《电力体制改革方案》(国发〔2002〕5号)，西南河流水电开发成为重中之重。在开展第三次全国水力资源复查基础上，规划描绘了中国十三大水电基地，分别为金沙江、长江上游、雅砻江、黄河上游、澜沧江干流、大渡河、怒江、南盘江红水河、东北、闽浙赣、乌江、湘西以及黄河中游北干流。十三大水电基地的规划总装机超过28576万kW，截至2021年5月，已建成装机容量为12599万kW，在建装机容量为5444万kW，筹建项目装机量为2378万kW，取消或停建项目为236.4万kW[2]。中国十三大水电基地基本信息。如表5-3所示。

---

[1] 数据来源：中国水力发电工程学会，http：//www.hydropower.org.cn/。

[2] 数据来源：中国水力发电工程学会，http：//www.bitcast.org.cn/showNewsDetail.asp? nsId=30280，截止日期为2021年5月。

表 5-3 中国十三大水电基地基本信息

序号	水电基地名称	规划总装机容量/万 kW	已建成装机容量/万 kW	在建装机容量/万 kW	筹建装机容量/万 kW
1	金沙江	7209	3072	3417	720
2	长江上游	3210.9	2521.5	213	300
3	雅砻江	3372	1470	1006	495
4	澜沧江	2581.5	1905.5	356	—
5	大渡河	2552	1725.7	398	429
6	怒江	2132	—	360	—
7	黄河上游	1554.73	1314.73	—	240
8	南盘江红水河	1208.3	1208.3	0	0
9	东北三省	1131.55	483.4	—	—
10	闽浙赣	1417	—	—	—
11	乌江	1017.5	1017.5	0	0
12	湘西	661.3	286	0	—
13	黄河中游北干流	596.8	162.8	0	434

在水电开发方面，截至 2021 年 7 月，长江上游、黄河上游、澜沧江干流、大渡河、南盘江、红水河流域已基本完成开发。截至 2020 年年底，常规水电装机规模占水能技术可开发量的 49.5%，开发程度近半。其中水能资源最为富集的十大流域中，乌江、大渡河、红水河水电资源开发程度已超过 90%，长江上游、金沙江水电资源开发程度在 80%以上，雅砻江、澜沧江、黄河上游水电资源开发程度超过 60%。

（三）发展现状

中国早期发展水电的主要目的是解决电力短缺、以小水电替代农村生活燃来等问题。随着三峡工程的竣工，中国水电建设水平迈入世界高水平行列，“十一五”至“十三五”期间，中国发展水电工程以做好生态保护和移民安置为前提，水电工程的建设进入生态环境和谐发展阶段。“十四五”时期，在“双碳”目标提出的背景下，中国的水电发展逐步迈入高质量发展的阶段。

1. 中国水电资源利用现状

总体来看，中国的水电在电力供应中一直发挥着较大的支撑作用。截止到 2021 年，中国水电发电量已达 13401 亿 kW·h，相比于 2006 年年底的 4148 亿 kW·h，年均增长 617 亿 kW·h，年均发电量占比达 17%。2020 年，中国水电设施利用小时达到 3827h，这是历史上首次突破 3800h，此后 2021 年和 2022 年水电设施利用小时又逐渐下降，其中 2022 年仅为 3412h。

截至2022年年底，中国水电装机容量达到4.1350亿kW，其中常规水电已建成装机容量为3.6831亿kW，常规水电新增装机容量达0.1378亿kW，小水电[1]约8400万kW。根据2018年复核统计，中国水力资源技术可开发量居世界首位，约为6.87亿kW，年发电量约3万亿kW·h[2]。

2. 中国水电资源利用特点

(1) 水电资源分布不均匀，东中部地区与西南地区水电利用情况差异较大。

中国云南、贵州、四川、重庆和西藏5个地区的水资源占全国的2/3。当前已建成的常规水电站主要分布在华中、华南以及西南地区，其中东部地区（北京、天津、山东、浙江以及广东等）水电资源的开发已基本完成，中部地区（安徽、江西、湖北和湖南等）开发程度至九成，位于西南地区的四川、云南和西藏仍然有较大的开发潜力。

(2) 消纳依赖外送，存在“弃水”现象。

中国大部分地区为温带大陆性气候，冬季少雨，而夏季多雨，流域内径流量存在较大的季节性差异，具有联合调度、调节能力的大型水库数量有限，对丰水期、枯水期的调蓄作用不足。水电的消纳主要依赖于“西电东送”项目，同时，由于外送线路建设滞后以及网架结构薄弱等，容易发生前文所说的“弃水”现象。

(3) 生态制约明显，环保、移民压力较大。

保护流域生态是建设生态文明的重要内容，当前中国在水电开发中仅有一步强调了环境保护的理念，在规划、设计、施工、运行等各个环节，相关部门与施工单位也都尽力做到水电开发与生态环境和谐共融。随着中国环境友好型社会的建设，水电开发生态环境保护户的要求越来越高，同时受到国际环境的影响以及个别极端环保组织的误导，水电的局部环境影响被片面夸大，一定程度上导致公众对水电存在“妖魔化”形象的错误认识。加之缺乏科学系统的评判体系，近年来水电开发的争议不断，影响了河流水电规划和环境影响评价等前期工作以及项目建设，生态环境保护问题已成为国家水电发展战略的重要制约因素。

(4) 建设成本快速攀升，经济性逐渐下降。

随着水电开发逐步向西部地区推进，新建水电工程地理位置偏远，自然条件也较恶劣，地质情况复杂，导致施工难度加大，水电工程建设成本不断增加。同时随着经济社会发展和生活水平的提高，耕地占用税等税费标准提升，征地

---

[1] 根据《绿色小水电评价标准》(SL/T 752—2020)，我国对小水电的定义为装机容量小于5万kW的小型水电站。

[2] 数据来源：国家水利部，http://www.mwr.gov.cn/sj/tjgb/slfztjgb/.

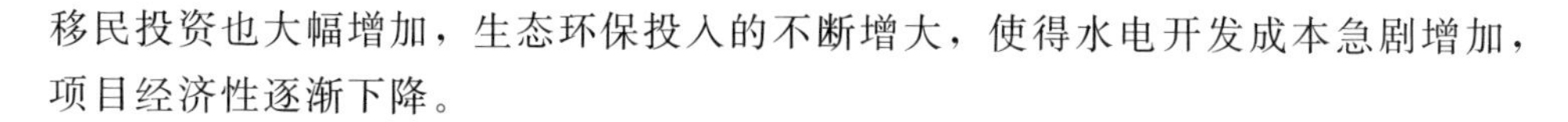

移民投资也大幅增加，生态环保投入的不断增大，使得水电开发成本急剧增加，项目经济性逐渐下降。

二、未来水电发展方向与定位

在“双碳”目标下，中国电力行业绿色低碳转型趋势明显，以化石燃料为主导的能源体系将转变为以可再生能源为主导的能源体系。中国水电流域资源丰富，相关技术储备、建设管理经验成熟，为水电未来发展奠定了良好的基础条件，水电发展前景广阔。在新时代背景下，中国水电行业的功能定位也发生了一定转变，逐步由提供电量为主转变为容量支撑为主，用以满足电力系统调峰调频需求。可根据水电行业的功能定位，将其分为“电量供应者”阶段与“电量供应者＋调峰调频者”阶段，如表 5－4 所示。

表 5－4　根据功能定位划分的水电发展阶段

发展阶段	阶　段　一	阶　段　二
水电定位	电量供应者	电量供应者＋调峰调频者
阶段特征	开发水电站，主要以为电力系统提供电量为主	发电占比保持稳定，作为调节性、支撑性电源维护电力系统安全稳定运行

（一）“电量供应者”阶段

自 20 世纪 60 年代，中国开始建设一系列大型水电站，如三峡水电站、长江三峡水电站、黄河三门峡水电站等。这些水电站的建设不仅为中国的经济发展提供了强有力的支持，也为中国的能源安全提供了保障。彼时大批水电站不断兴起，水电行业也相应地承担起“电量供应者”的角色。

1. 大力开发西南水电基地建设

中国政府高度重视能源规划，国家发展改革委、国家能源局于 2016 年印发《“十三五”能源规划》，明确要大力发展水电等可再生能源，《中华人民共和国国民经济和社会发展第十四个五年规划和 2035 年远景目标纲要》中明确将“建设雅鲁藏布江下游水电基地”列入现代能源体系建设工程。

西南地区西南横跨中国地理三大台阶，地势落差大且河流密布，作为中国的水电资源富集区，一直是中国水电开发的重要基地。中国水电资源 70％集中在西南六省、自治区、直辖市（四川省、云南省、贵州省、广西壮族自治区、重庆市、西藏自治区）。西南地区拥有雅鲁藏布江、金沙江、雅砻江、大渡河、乌江、澜沧江、怒江、南盘江、红水河 9 个水电基地，雅鲁藏布江下游拥有近 6000 万 kW 水电的开发，每年可提供近 3000 亿 kW·h 清洁的、可再生的、零碳的电力供应。0.1MW 以上水电的技术可开发容量达 414GW，占国内总技术可开发容量的 68.6％，水能资源理论蕴藏年发电量为 4450TW·h，占全国水电

75%左右。中国未来水电开发的重点区域为川、滇、藏地区，着力打造藏东南“西电东送”接续能源基地。同时，挖掘东中部地区水能资源潜力，对现有水电工程进行扩容改造，并严格控制中小流域、中小水电开发，落实生态文明建设要求。

2. 引导解决“弃水”问题

弃水是中国水电行业的一种怪象，原本应该用于发电的水，但是由于一些问题，最后没能用于发电的水就被称为弃水。弃水产生的原因大致有：①外送通道建设和水电装机投产规模不匹配，省内多生产出来的电量受到运送能力的限制，不能完全输送出去而内部需求也有限时，便产生弃水问题。②省外和省内用电接纳情况不匹配，华东和华中地区更偏好于火电而非水电，接纳水电的城市相对较少，此时也会产生弃水问题。③水电发展和电力需求增长不匹配，电力结构优化地区产业不断转型升级，电力的需求放缓，高耗电的传统企业越来越少，所以更加不平衡，此时也会产生弃水现象。

中国水电基地主要集中在西南地区，由于“十二五”期间，多个大型水电项目集中投产，水电投资超规划完成，同时经济增长进入新常态，用电增速减慢，自2014年以来，以云南和四川为代表的西南地区，出现了较为严重的弃水现象。水电水利规划设计总院发布的《2016中国可再生能源发展报告》显示，2016年四川水电弃水电量超过300亿kW·h，主要原因是市场需求不足和外送通道建设滞后。云南水电弃水严重，2016年弃水电量超过300亿kW·h，主要原因是市场需求不足及电源结构性矛盾。

为解决“弃水问题”，国家出台了一系列相关政策，如表5-5所示。一方面，要求加快水电送出通道建设，鼓励富余水电通过参与受电地区市场竞价扩大外送比例等措施；另一方面，推动建立流域统一协调的调度管理机制，打破行政区划界限和壁垒。2016年12月31日统计显示，云南省和四川省全年弃水达45.6TW·h，随着国家科学的顶层设计和强制性保障措施的实施，以及省内经济发展和跨区域多项清洁能源消纳措施的执行，两省水电弃水逐年递减，2019年12月31日，两省总弃水下降为10.9TW·h。

表5-5　中国促进水电消纳的相关政策

时间	发文单位	政策文件	相关内容
2015年3月	国务院	《关于进一步深化电力体制改革的若干意见》	要求理顺电价形成机制，完善市场化交易机制
2015年11月	国家发展改革委、国家能源局	《关于同意云南省、贵州省开展电力体制改革综合试点的复函》	同意云南省、贵州省开展电力体制改革综合试点

续表

时间	发文单位	政策文件	相　关　内　容
2017年10月	国家发展改革委、国家能源局	《关于促进西南地区水电消纳的通知》	要求加快水电送出通道建设，鼓励富余水电通过参与受电地区市场竞价扩大外送比例等措施，增加“西电东送”等
2017年11月	国家发展改革委、国家能源局	《解决弃水弃风弃光问题实施方案》	明确2017年可再生能源电力受限严重地区弃水弃风弃光状况实现明显缓解。云南省、四川省水能利用率力争达到90%左右
2018年10月	国家发展改革委、国家能源局	《关于加快推进一批输变电重点工程规划建设工作的通知》	要求加快推进青海至河南特高压直流、白鹤滩至江苏、白鹤滩至浙江特高压直流等9项重点输变电工程建设，合计输电能力5700万kW
2018年10月	国家发展改革委、国家能源局	《清洁能源消纳行动计划（2018—2020年）》	确保2018年、2019年和2020年全国水能利用率95%以上。要求加快推进雅中、乌东德、白鹤滩、金沙江上游等水电外送通道建设，重点解决甘肃、两广、新疆、河北、四川、云南等地区内部输电断面能力不足问题
2019年5月	国家发展改革委、国家能源局	《关于建立健全可再生能源电力消纳保障机制的通知》	确定各省级区域的可再生能源电量在电力消费中的占比目标，即“可再生能源电力消纳责任权重”。促使各省级区域优先消纳可再生能源，加快解决弃水弃风弃光问题

3. 积极推进流域龙头水库的建设

根据2022年水利部批复的《2022年长江流域水工程联合调度运用计划》，中国长江年均径流量为9513亿m^3，总调节库容为1160亿m^3，占全国水资源总量35%的长江水资源调节能力很有限，约为17%。长江调节能力有限，库容不充足，无法储存足够的水来发电以弥补电力缺口。

流域龙头水库建设可以缓解上述问题，修建调节性强的龙头水库，调解河流丰枯变化，能够保证水资源和能源安全。水库建成后，能有效增强流域源头“水源涵养、源水供应、削峰调洪”等水利功能。若修建的水库调节能力不足，不仅影响能源安全，同样也影响着水力发电的电能质量，因此具有十分充足调节能力的龙头水库的修建便体现出必要性。

理论上讲，建设龙头水库投资大、造价高，且建设水库需要征地、移民，建设难度大，所以这项工作进度往往滞后于实际需要。20世纪50年代，中国开始大规模开展水库建设，这一时期的代表性工程包括黄河小浪底水利枢纽、长江三峡水利枢纽等，21世纪以来，中国水利工程建设的成就显著，代表性工程包括南水北调、珠江三角洲水资源配置等。这些工程的建设不仅提高了水资源的利用效率，也有效地保障了水电的供应。此外，西南地区仍有多个未开发建设的龙头水库电站，如金沙江上游的岗托、大渡河上游干支流的下尔呷及上寨，雅砻江上游干支流的木能达、关门梁等，调节库容大且控制落差大，具有较大的开发潜力。如表5-6所示，展示了当前中国已修建成功的十大水库。

表5-6　　　　中国十大水库

序号	名　称	地　区	总库容量/m^3	面积/km^2	备　注
1	三峡水库	湖北省宜昌市	393亿	1084	防洪库容221.5亿m^3
2	丹江口水库	湖北省丹江口市	339.1亿	1022.75	平均入库水量为394.8亿m^3
3	龙滩水库	广西壮族自治区河池市	273亿	158.68	防洪库容70亿m^3
4	龙羊峡水库	青海省海南藏族自治州	247亿	383	调节库容194亿m^3
5	糯扎渡水库	云南省普洱市	237.03亿	322	调节库容113.35亿m^3
6	新安江水库（千岛湖）	浙江省杭州市	220亿	580	有效库容102.66亿m^3
7	大七孔水库	贵州省黔南布依族苗族自治州	190亿	—	流域面积1320km^2
8	小湾水库	云南省临沧市、大理州、保山市	151.32亿	193.98	调节库容98.95亿m^3
9	水丰水库	辽宁省丹东市	146.7亿	357	调节库容79.3亿m^3
10	新丰江水库	广东省河源市	139.8亿	370	调节库容64.89亿m^3

（二）“电量供应者+调峰调频者”阶段

21世纪以来，中国的水电发电产业继续保持快速发展，为更好地推进能源结构优化、促进新能源发展、支撑新型电力系统构建，实现可持续发展，水电行业的功能定位由传统的“电量供应为主”逐渐转变为“电量供应与灵活调节并重”。这种转变是由于在“双碳”目标下，水电不仅要生产大量的绿色低碳电量，还要发挥越来越重要的灵活调节和储能作用，以抵消风电、太阳能发电等新能源的间歇性和波动性的不良影响，促进新能源的发展，有效支撑新型电力系统的构建和风光蓄大型基地的发展。因此水电逐渐转向“电量供应者＋调峰调频”的角色。

中国的水电行业在调峰调频方面发挥了非常重要的作用。在业务功能上，水电调频调峰电站为电力系统运行提供良好的调频调峰服务、紧急事故备用服务等多种服务。在业务结构上，其通过调整和改变电力系统能源结构，优化资源配置，在提高业务办理效率的同时，提高电力系统业务整体服务水平，提高市场竞争力。在市场导向方面，水电调频调峰电站在当前的电力市场中占据主导地位，并随着越来越多这样调频调峰电厂的建设而使越来越多的人民、越来越多的电力企业认识到水电调频调峰的优势与重要作用，从而发挥市场导向作用引导其他电力企业、其他地区电力企业积极建设以水电厂为主的调频调峰电厂。

1. 推进水风光综合基地开发建设

风电、光伏具有随机性、间歇性和波动性。风电呈现明显的季节性，光伏则白天黑夜的波动性非常大，因此新能源发电大规模接入电网，会对电网安全和稳定造成冲击。而水电，尤其是具有年调节大水库的电站，通过优化调度和水电机组快速灵活调节，可将随机波动的风电、光伏发电调整为平滑、稳定的优质电源，有效破解风能、太阳能开发难题，通过风电、光电、水电一体化开发构成“联合电站”，建设水风光综合基地，实现优势互补，是满足能源需求和实现电力清洁化的路径。如图 5－2 所示。

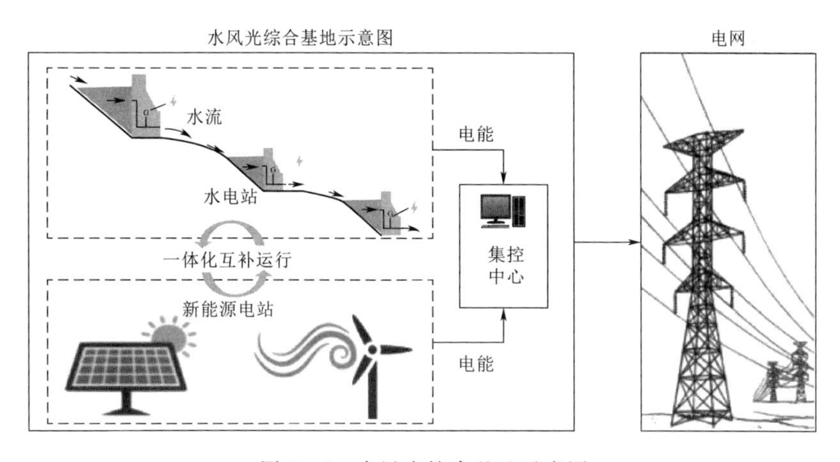

图 5－2　水风光综合基地示意图

新能源未来主要存在两种消纳方式：一是分布式就地消纳，该种消纳方式主要存在中国的东中部沿海地区，二是跨省跨区域集中消纳解决，该种消纳方式存在于新能源占比较高的三北以及西南地区。2015 年，装机 85 万 kW 的龙羊峡水光互补光伏电站全部建成并网发电，2016 年 11 月，通过该电站实现了西部地区青海省清洁能源首次跨区外销。此后其他流域也开始积极推进水风光一体化示范基地。2022 年 7 月，雅砻江水光互补项目——柯拉光伏电站开工，2022 年 11 月，装机 117 万 kW 机组的凉山州扎拉山光伏电站取得备案，12 月装机 120 万 kW 的两河口混合式抽水蓄能项目开工建设，这是全球最大的混合式抽水蓄能项目，也是全国大型清洁能源基地中首个开工的混蓄项目，该项目的开工建设，对水风光一体化综合开发具有示范效应。

水风光一体化的实质，是将流域水电基地升级改造为流域可再生能源综合基地。2022 年 6 月，国家发展改革委和国家能源局等发布的《关于印发“十四五”可再生能源发展规划的通知》中要求，在“三北”地区优化推动风电和光伏发电基地化规模化开发，在西南地区统筹推进水风光综合开发，在中东南部地区重点推动风电和光伏发电就地就近开发，在东部沿海地区积极推进海上风电集群化开发，稳步推动生物质能多元化开发，积极推动地热能规模化开发，稳妥推进海洋能示范化开发。国家能源局于 2023 年 4 月 20 日发布的《关于加强新型电力系统稳定工作的指导意见（征求意见稿）》也明确指出“研究推动风光水（火）储一体化项目作为整体优化单元参与电力系统调节和市场交易”。如表 5－7 所示。

表 5－7　“十四五”水风光综合基地[1]

综合基地名称	开　发　规　划
川滇黔桂水风光综合基地	依托水电调节能力及外送通道，重点推进金沙江上游川藏段（四川侧）和川滇段、金沙江中下游、大渡河、雅砻江、乌江、红水河等水风光基地综合开发
藏东南水风光综合基地	重点推进金沙江上游川藏段（西藏侧）、雅鲁藏布江下游等水风光基地综合开发。中长期依托西藏地区水电大规模开发，持续推进西藏主要流域水风光综合基地规划论证和统筹建设

2. 优化干流梯级水电站群调度运行方式

若风光新能源大规模增加，则季节性和日内出力波动幅度会更大，水电行业作为“电量供应者＋调峰调频者”的新角色，需要调节该种波动，对高峰负荷和低估负荷进行平衡。

梯级水电从最大化利用水能资源转化成为水能利用和灵活性调节并举，特别是在枯期，需要最大限度地发挥梯级水电的灵活性调节作用。通常梯级水电站通过改变水库的水位来改变水库的功率输出，还可以通过改变水轮机的转速来改变机组的功率输出，也可以引入储能装置，如电池、超级电容等，这种方

[1] 资料来源：《“十四五”可再生能源发展规划》，https：//www.ndrc.gov.cn/。

式可以在短时间内对功率输出进行大幅度的调整。此外，通过将多个梯级水电站联网运行，可以实现不同水电站之间的功率调度和优化，这种方式可以使得调峰调频更加高效和稳定。

梯级水电对风光灵活性需求的响应，需要将风光的季节性波动、日内波动嵌入到梯级水电的长、中、短期及实时调度建模过程中，这不仅带来了模型结构的变化，而且带来了系统规模指数级的变化，导致系统复杂程度、求解难度急剧上升，因此需要研究梯级水电在满足发电、防洪、供水、通航、生态用水等综合需求下，在不同风光新能源渗透率下的梯级水电站群水位控制方式，包括龙头水电站群的控制运行方式，季节性的梯级水电站群运行方式，旬、周梯级水电运行控制方式，以及日内和实时水电运行控制，以响应不同时间尺度的风光新能源灵活性需求。

3. 升级改造传统水电机组设备

水电站的主设备是水轮发电机，水轮发动机是将水轮机作为原动机，把水能转化为电能的发电机，是当前水电站生产电能普遍应用的一种动力设备。很多水电站经历多年运行，许多发电机设备老化，安全可靠性下降，效率偏低，迫切需要改造。随着转轮研发技术的发展，效率更高、过流量更大的新型转轮涌现，发电机绕组制造技术的进步，新材料的应用，以及通风冷却及轴承冷却系统的改善，为机组增容改造的实现提供了坚实的保证。

设备的改造应从实际出发，结合工程实际情况，选择经济、科学、合理的改造方法，对水电站水轮发电机组的设备进行改造，还必须要进行经济技术的可行性论证，在技术可行的基础上，谨慎选择设备的生产商，确保设备的安全、可靠与先进。同时，国家规定的流程和操作规范要严格遵守，设备改造工作符合国家相关规范和规定，申报和验收等相关手续要严格执行。

水电站水轮发电机组设备改造的措施包括：水轮机转轮的改造，导水机构的改造。发电机增容的改造措施包括：更新定、转子绕组绝缘，增加低昂自绕组铜线截面等。经过技术改造后不仅能够提高水能利用效率，水电站设备使用寿命也会大大增加。如表 5-8 所示。

2022 年 4 月，凤滩水电厂的机组改造完成。位于湖南的凤滩水电厂是 20 世纪 70 年代修建的世界第一空腹重力拱坝，装机容量 40 万 kW。凤滩水电厂 4 号机改造工程于 2021 年 8 月 29 日全面开工，水系统中的锈管和埋管全部换成明管，材料也换成不锈钢，采用新材料和新工艺，使得设备实现耐温和耐压等级的性能突变。增容改造后，水能利用率提高了 5.87%，发电机效率提高了 1.6%，全部改造完成后，同等水头和流量下每年可增发电量约 1.2 亿 kW·h。4 号机组增容改造的成功，实现老旧机组的充分挖潜赋能，充分发挥出水电调节的最强作用。

表 5-8　水电站设施设备的使用寿命　单位：年

设　备　名　称	经济寿命	技术寿命
机电设备	—	—
发电机、变压器	25～40	30～60
高压开关设备、辅助电气设备、控制设备	20～25	30～40
电池、直流设备	10～20	20～30
水力机械	—	—
水轮机	—	—
轴流转桨式水轮机、混流式水轮机	30～40	30～60
水斗式水轮机	40～50	40～70
水泵水轮机及蓄能泵	25～33	25～50
闸门、蝶阀、专用阀门、起重机、辅助机械	25～40	25～50
土建工程	—	—
坝体、渠道、隧洞、洞室、水库、调压室	60～80	80～150
发电厂房构筑物、汇水区、溢洪道、沉砂池、压力钢管、钢衬、道路、桥梁	40～50	50～80

4. 数字科技赋能水电发展

随着《国家能源局关于加快推进能源数字化智能化发展的若干意见》的出台，能源行业数字化智能化转型进入一个全新阶段。为了更好地解决中国能源紧缺的问题，国家大力推进水力发电基础建设，传统水电厂内经济运行依靠多台机组实现开机组合和启停计划，并列运行需要克服实时负荷及技术运行安全限制等问题。数字化驱动水电厂内经济运行，是依靠新一代数字技术实现数字技术从科学走向实践，朝向实现完整数字化价值链的方向迈进。

水电能源领域应用数字化技术，已经得到广泛使用。数字化水电站体系结构的设计是由 CIMS（computer/contemporary integrated manufacturing systems）理论实现，在高效的网络平台上，采取先进的控制系统，应用整个数据库，整合电厂管控的一体化系统，实现水电站生产管理和经营的全面设计，并融合先进的信息技术和管理思想，使水电站的管理和生产水平大幅提升，提升企业竞争力。

数字化管理信息系统可以实现了水电站各项数据的实时采集、传输、处理和分析，提供可视化的数据展示和决策支持，从而提高水电站的管理效率和数据分析能力。水电开发能够通过信息技术、网络通信技术和数字化技术，提高工程设计、建设和管理水平和效率。同时，大数据、云计算、智联网、北斗导航、“4S”、人工智能等新技术还将进一步促进设计、建设和工程运行高效化和智能化。

三、水电发展规模与路径

（一）开发规模预期

作为全球水电资源最丰富的国家，无论是发电量、用电量累计装机容量还是新增装机容量，中国均高居全球第一。《2030 年前碳达峰行动方案》中提出“因地制宜开发水电。经济推进水电基地建设，推动西南地区水电与风电、太阳能发电协同互补。”当前中国水电利用主要是常规水力发电，随着非化石能源的发展，水风光蓄一体化应用布局逐渐开展。2060 年前，中国水电发展大致经历三个阶段，一是 2020—2030 年稳步增长阶段，二是 2030—2045 年逐步放缓阶段，三是 2045—2060 年平缓发展阶段。

近中期（当前至 2030 年）。该阶段水电将不断开发，预计到 2030 年，水电装机规模将达到 4.4 亿 kW，发电量约为 1.6 万亿 kW·h，占总发电量比重约 13.3%，中国水电开发利用仍将长期国际领先。

中远期（2030—2045 年）。该阶段将经历 2035 年这个关键年份，2035 年中国将基本实现社会主义现代化，十三大水电基地将全面建成，水电成为非化石能源发电的主力，中国水电项目建设进一步提升。该阶段水电技术成熟度高，增长速度放缓，发电量年均增长率约 1.9%。预计 2045 年中国常规水电装机容量达到 5.3 亿 kW 左右，水电发电量将达到约 1.8 万亿 kW·h。

远期（2045—2060 年）。该阶段水电发展已经具备非常成熟的技术，处于平缓发展阶段。水电装机容量大约为 5.6 亿 kW，水电装机主要集中在西南地区。发电量约为 1.9 万亿 kW·h，但由于风光等可再生能源的快速发展，水电发电量占比下降。

（二）技术趋势研判

1. 强化水电的梯级利用

现有水电资源以增加电力系统辅助服务能力为主要目标的二次开发具有许多优点，包括环境影响和移民影响小、成本低、存在技术难度低、可提高水电施工企业和设备制造企业产能利用率等，但需统一规划尤其是流域梯级开发。梯级水电站是一种通过水力发电来提供清洁能源的水利设施，随着人们对可再生能源的认识不断加深，梯级水电站作为一种环保且效益显著的能源形式受到越来越广泛的关注，国家将继续支持大型水电站和流域开发，以提高水电梯级利用的规模和效益。

未来水电的梯级利用将注重并网发电和分布式能源的结合，通过将大型水电站和分布式能源系统相结合，可以实现水能的集中利用和分散利用，提高水能资源的利用效率；未来水电的梯级利用将注重智能化和高效化，通过引入先进的技术和管理手段，实现水电梯级利用的智能化调度和管理，优化水能资源的利用过程，提高水电梯级利用的效率和可靠性。

2. 凸显水电的双重价值

2022年夏季，川渝、云贵等西南地区出现限电事件，一定程度上暴露出处于转型期电力系统安全隐患在增加，即支撑能源转型过程中很难在保供、稳价及促进新能源消纳的三方平衡中找到最优解。水电固有的出力可控、成本低廉、清洁低碳等特性，恰好可能会破解能源与电力双重“不可能三角”，于是水电的双重价值得到体现。

发挥水电的基础保障价值。水电通过水库调节可实现其自身出力相对稳定可控，是可靠的基础保障性电源。水电没有燃料成本，且从能量转化的效率来看，水电的资源转化率可达88%，在所有电源品种中最高。

发挥水电的灵活调峰价值。水电在应对峰谷需求方面具有独特的优势。在电力需求高峰期，水电站可以通过增加发电量，满足用电需求；在电力需求低谷期，则可以减少发电量，避免浪费。此外，水电站还可以通过合理的调度，实现电力供需的平衡。根据国家能源局最新发布的《新型电力系统发展蓝皮书》[1]，“预计2030年抽水蓄能、压缩空气储能、电化学储能、热储能等技术满足日内调节需求；2045年可突破以机械储能、热储能、氢能等为代表的10h以上长时储能技术，实现日以上时间尺度的平衡调节；2060年才可能取得长时储能技术突破，实现电力系统跨季节动态平衡”。

3. 融合互补其他新能源

风光水互补发电。在小流域地区，可以利用风力、太阳能、水力等多种能源进行互补发电，风力和太阳能发电的波动性可以通过水电站的调节作用得到缓解，同时风能和太阳能也可以为水电站提供额外的电力供应。这样的系统可以提高电力系统的效率，同时也可以降低对环境的影响。

4. 发挥小水电的作用

小水电作为一种可再生的清洁能源，具有许多优势。在国家能源战略转型和农村电气化建设的背景下，小水电在解决无电缺电地区人口用电、促进江河治理、生态改善、环境保护、地方社会经济发展等方面做出了重要贡献，2020年，小水电发电量2400多亿kW·h，相当于2.15个三峡水电站的年发电量，分别约占水电与非化石能源发电量的25%和10%，相当于每年节约7400万t标准煤，减少二氧化碳排放1.85亿t，其开发和利用逐渐受到重视。

以小水电为支撑，开展水风光储一体化建设，可促进风、光等可再生能源电力开发和消纳，提高供电可靠性。同时也可以提高供电稳定性，小水电是本地支撑电源和重要用户应急保安电源，发展绿色小水电，可有效增强应急供电能力。因此小水电是未来发展水电不可忽略的一种路径。

[1] 资料来源：国家能源局，http://www.nea.gov.cn/。

5. 做好水电扩机增容

在水力发电站当中，涉及许多发电设备，如水轮机、各类电器设备等。进行增容改造的过程中，需要对这些设备进行改造。首先，水轮机是发电站的核心设备，需要重点关注，要立足水电站的增容目标，根据实际的增容需求，提高水轮机的水力性能和水能利用率。其次，对于电气设备，要及时更换更新老化和破损的零部件，及时采用新设备，增强其设备的整体性能。再次，局部改造能够提升的容量是比较有限的，并不能增加太多的发电容量，所以，基于部分小型水电站的实际情况来说，其水能资源较为丰富，转机容量可以大幅度扩大，这就需要对发电设备进行整机更换，这样才能切实大幅度提高发电站的发电量。这就需要对发电站的水文情况做好考察，估算理论发电容量，然后做好发电设备选型，选择与水能资源相匹配的发电机组设备，取代原来的老旧设备。最后在改造初期，新设备投入使用，还存在一段磨合期，这段时期可能容易出现运行问题。因此，就需要在这一时期加强维护管理工作，对水电站设备的运行状态做好管理和调整，逐步让更新后的设备达到最佳运行状态。

（三）布局与发展模式

《"十四五"现代能源体系规划》中明确要求因地制宜开发水电。坚持生态优先、统筹考虑、适度开发、确保底线，积极推进水电基地建设，推动金沙江上游、雅砻江中游、黄河上游等河段水电项目开工建设。实施雅鲁藏布江下游水电开发等重大工程。实施小水电清理整改，推进绿色改造和现代化提升。推动西南地区水电与风电、太阳能发电协同互补。

未来水电开发的重点区域为川、滇、藏地区，待开发水电资源主要集中于西南地区大江大河上游。工程地处偏远地区，地理环境特殊，交通条件差及输电距离远等制约因素致水电工程建设和输电成本高，加之移民安置难度大与生态环境保护的投入不断加大，电站单位造价中非设备、设施投入占比将明显加大，并带动电站单位造价的提高，加大造价管理难度。未来西南地区水电的深度开发需要相应的资金支持、外送消纳、电价核定和税收优惠等配套政策，以确保企业投资的合理收益。如表 5－9 所示。

表 5－9　"十四五"期间可能开发的水电项目

河流	"十三五"在建	"十四五"开工	"十四五"投产
金沙江	乌东德（1020 万 kW，已完工）、白鹤滩（1600 万 kW）、苏洼龙（120 万 kW）、叶巴滩（224 万 kW）、拉哇（200 万 kW）、巴塘（75 万 kW）	岗托（110 万 kW）、波罗（96 万 kW）、昌波（106 万 kW）、旭龙（240 万 kW）、奔子栏（220 万 kW）、龙盘（420 万 kW）、两家人（300 万 kW）、银江（39 万 kW）	白鹤滩（1600 万 kW）、苏洼龙（120 万 kW）、叶巴滩（224 万 kW）、巴塘（75 万 kW）、银江（39 万 kW）

续表

河流	“十三五”在建	“十四五”开工	“十四五”投产
大渡河	金川（86万kW）、双江口（200万kW）、硬梁包（111.6万kW）	丹巴（119.6万kW）、安宁（38万kW）、巴底（72万kW）、枕头坝二级（30万kW）、沙坪一级（36万kW）、老鹰岩一级（22万kW）老鹰岩二级（42万kW）	金川（86万kW）、双江口（200万kW）、硬梁包（111.6万kW）
雅砻江	杨房沟（150万kW）、两河口（300万kW）	卡拉（108万kW）、孟底沟（200万kW）、卡拉（102万kW）、牙根二级（99万kW）、愣古（264万kW）	杨房沟（150万kW）、两河口（300万kW）
澜沧江	托巴（140万kW）	如美（260万kW）、邦多（72万kW）、古水（210万kW）、古学（220万kW）	托巴（140万kW）
黄河	玛尔挡（220万kW）、羊曲（120万kW）	茨哈峡（200万kW）、宁木特（106万kW）	玛尔挡（220万kW）、羊曲（120万kW）
雅鲁藏布江	大古（66万kW）、街需（51万kW）、加查（36万kW）		大古（66万kW）、街需（51万kW）、加查（36万kW）

四、水电发展机制和政策建议

（一）考虑资源差异，灵活水电定价

2021年5月国家发展改革委发布《关于“十四五”时期深化价格机制改革行动方案的通知》，进一步深化水电上网电价市场化改革，完善抽水蓄能价格形成机制。平稳推进销售电价改革，有序推动经营性电力用户进入电力市场，完善居民阶梯电价制度。目前中国水电上网电价主要采用成本加成、落地省区电价倒推和水电标杆电价三种定价方式，此外，个别地区已开始采用市场化交易的定价方式。

水电作为一种重要的可再生能源，具有可持续性和环境友好的特点，逐渐成为全球能源转型的重要方向。然而，水电定价政策的制定需要考虑多个方面，以确保其科学性和合理性。水电站的建设和运营需要投入大量的资金、物资和能源，同时还需要考虑人力、管理等方面的成本。在制定水电定价政策时，需要全面考虑这些生产成本，并采用合理的定价方法，以保证水电站能够持续稳定地运营。同时，还需要建立科学的成本核算体系，以实现对生产成本的准确核算和控制。不同地区的水电资源状况、开发利用情况、市场供需关系等因素不同，水电资源是一种重要的自然资源，其价值应该反映在定价政策中，因此，

在制定定价政策时应该考虑这些差异。

（二）合理制定投资政策，分析水电投资的风险和挑战

水电行业作为基础能源生产供应业，发电效率高，发电成本低，机组启动快，调节容易。但为了有效利用天然水能，需要人工修筑能集中水流落差和调节流量的水工建筑物，如大坝、引水管涵等，因此工程投资大、建设周期长。

政府在水电投资方面实行了多项优惠政策，包括减免企业所得税、增值税、关税等，以鼓励企业进行水电项目的建设和运营。这些政策的实施，使得水能资源丰富的地区大力发展水电项目，提高了水电在中国能源结构中的比例。

政策的支持使得水电领域的投资不断增加，为中国的清洁能源发展提供了强有力的资金支持。推动了水电技术的不断创新和进步，提高了水电产业的整体竞争力。总体来看，中国当前关于水电投资的政策总体上有利于吸引社会资本进入，促进清洁能源的发展。政策的制定和实施符合国家能源战略转型的需要，有利于优化能源结构、提高能源保障水平以及保护生态环境。

（三）划分行政准入标准，调节市场秩序

水电受国家政策影响较大，市场化程度不高，且多以大中型项目为主，资金需求巨大，行业资产壁垒较高。此外，水力发电属于复杂的能量转化过程，对技术设备要求较高，行业内技术壁垒也较高。行政准入政策作为调节市场秩序、推动行业发展的重要手段，对于水电行业的健康发展具有关键作用。

由于水电行业属于重要的基础能源供应行业，中国政府对水电项目的投资建设采取核准制。在跨界河流、跨省（自治区、直辖市）河流上建设的单站总装机容量50万kW及以上水电站项目需要由国家发展改革委核准，其中单站总装机容量300万kW及以上或者涉及移民1万人及以上的水电站项目需要由国务院核准，其余水电站项目由地方发展改革委核准。对于一些大型流域的水电站，需要水电开发企业在流域规划阶段就参与进来。在申请项目核准前，需要完成大量前期工作，包括设计电站建造方案、制定征地移民处置方案、评估环境影响等，因此水电行业有着较高的准入壁垒。

水电行业行政准入政策的内容主要包括以下几个方面：

项目审批与备案制：中国政府对水电站建设实行严格的审批与备案制度，旨在确保项目的合法性、科学性和可行性。通过加强对项目的技术评估、环境影响评价及社会经济效益分析，有效地提高了水电项目的建设质量与投资效益。

资金管理政策：为规范水电行业的投资行为，政府出台了一系列资金管理政策，对企业注册资本、项目融资条件及资金使用范围进行了明确规定。这些政策的实施，在一定程度上保护了投资者利益，保障了水电项目的顺利实施。

技术标准与环保要求：政府对水电项目的设备选型、施工工艺及环保措施提出了明确要求。通过严格执行技术标准与环保要求，推动了行业的技术创新与绿色发展。

安全监管政策：为确保水电项目的安全生产，政府建立了完善的安全监管政策，对项目的建设、运营及维护过程中的安全事项进行全面监管。

（四）做好移民安置，保障居民日常生活

在水电的发展中，移民问题也是影响水电站建设的重要因素之一，中国已经将移民的安置工作作为进行水电建设开展的前提，正在逐步加强因水电发展而移民居民的补分和利益分享政策，按照政府制定的相关标准，制定多种补充方案，将移民后期工作与社会主义新农村建设紧密联系起来，注重对移民的长效补充，使移民能够真正享受到水电发展所带来的成果和利益。

水电行业移民安置政策的内容主要包括以下几个方面：

搬迁政策：明确搬迁范围、搬迁时间和搬迁方式等，制定合理的搬迁计划，确保搬迁过程有序进行。

补偿政策：确定补偿标准、补偿方式和补偿期限等，确保移民能够得到公正的补偿，保障移民的合法权益。

安置政策：制定安置方案，确定安置地点和安置方式等，为移民提供适宜的居住、就业和公共服务条件，确保移民在新安置地能够安居乐业。

第二节　核电发展路径

核电作为新型电力系统中提供清洁的基础负荷，在电力系统安全稳定、低碳高效支撑电源的作用将更加凸显。未来要提升核电站负荷响应能力、空冷核电技术、核新耦合清洁能源大基地规划和调度运行方法，不断优化布局，尽快启动内陆省份尤其是湖北省、湖南省和江西省的核电建设。

一、中国核电发展现状

20 世纪 80 年代以来，中国开展了从 30 万至 170 万 kW 商用核电站的建设，堆型覆盖二代压水堆、三代压水堆、重水堆、高温气冷堆及快堆等不同类型，也多次走出国门建造核电站和其他核工程。自 1991 年秦山 30 万 kW 压水堆核电站并网发电、1994 年大亚湾 100 万 kW 压水堆核电站商运开始，中国核电产业历经 40 多年的努力，已经跻身世界核能发电大国行列。继美国、法国、俄罗斯以后，中国成为又一个拥有自主三代核电技术和全产业链的国家，三代核电发展的比较优势基本形成，成为全球三代核电发展的中心。因此具备了更好地服务能源电力安全保障和应对全球气候变化的条件。

（一）中国核电在运在建业绩全球领先

中国坚持“热堆—快堆—聚变堆”三步走战略，其中压水堆核电技术占据绝对主导地位，2022年年底中国在运核电机组中除2台从加拿大引进的重水堆核电机组外，全部为压水堆机组。

根据中国核能行业协会发布《2022年全国核电运行情况》，截至2022年12月31日，中国运行核电机组共55台（不含台湾地区），装机容量为56993.34MWe（额定装机容量），位列全球第三，仅次美国、法国。2022年，中国全年核电发电量为4177.86亿kW·h，仅次于美国位列全球第二，与2021年相比同比上升了2.52%；全国累计发电量为83886.3亿kW·h，核电占全国累计发电量的4.98%。如表5-10所示。

表5-10　不同经济体低碳电力占比趋势比较分析　%

占比＼年份	2015	2016	2017	2018	2019	2020	2021
全球非化发电量占比	33.31	34.01	34.66	35.13	36.35	37.88	37.70
OECD非化发电量占比	40.98	41.69	42.76	43.36	44.98	46.99	46.93
非OECD非化发电量占比	26.95	27.86	28.46	29.08	30.25	31.68	31.70
欧盟非化发电量占比	56.61	56.06	55.29	57.99	60.10	62.53	62.40
美国非化发电量占比	32.23	34.02	36.30	35.65	36.75	38.79	38.61
中国大陆非化发电量占比	26.92	28.30	29.00	29.73	31.50	32.79	33.51
全球核能发电量占比	10.60	10.49	10.28	10.12	10.34	10.02	9.84
OECD核能发电量占比	17.95	17.81	17.62	17.42	17.82	17.18	17.05
非OECD核能发电量占比	4.52	4.63	4.66	4.75	5.06	5.14	5.15
欧盟核能发电量占比	27.16	26.32	25.74	25.97	26.45	24.61	25.29
美国核能发电量占比	19.30	19.51	19.69	19.04	19.31	19.41	18.59
中国大陆核能发电量占比	2.95	3.48	3.76	4.12	4.65	4.71	4.77
全球水电发电量占比	15.97	16.10	15.87	15.68	15.65	16.16	15.01
OECD水电发电量占比	12.93	13.08	12.99	13.09	12.93	13.61	12.85
非OECD水电发电量占比	18.48	18.52	18.07	17.59	17.57	17.90	16.42
欧盟水电发电量占比	11.52	11.74	9.87	11.67	10.98	12.35	11.90
美国水电发电量占比	5.67	6.07	6.90	6.49	6.47	6.60	5.85
中国大陆水电发电量占比	19.17	18.80	17.64	16.73	16.96	16.99	15.23
全球非水可再生能源发电量占比	6.74	7.42	8.51	9.33	10.35	11.70	12.85

续表

占比 \ 年份	2015	2016	2017	2018	2019	2020	2021
OECD非水可再生能源发电量占比	10.11	10.81	12.14	12.85	14.23	16.20	17.04
非OECD非水可再生能源发电量占比	3.95	4.71	5.72	6.74	7.62	8.63	10.13
欧盟非水可再生能源发电量占比	17.94	18.00	19.68	20.36	22.66	25.57	25.22
美国非水可再生能源发电量占比	7.26	8.45	9.71	10.12	10.97	12.78	14.17
中国大陆非水可再生能源发电量占比	4.80	6.02	7.60	8.88	9.89	11.10	13.50

中国核电安全总体水平位居国际先进行列。国务院发布的《中国的核安全》白皮书指出：中国长期保持良好核安全记录，中国核电发展“安全高效”。中国从未发生国际核事件分级（INES）二级及以上的运行事件。2020年，中国大陆地区核电站有28台机组WANO综合指数获得满分，占中国核电机组总数的60%，占世界满分机组总数的1/3。中国核电在建规模位居全球首位。2022年，中国大陆新增2台核电机组首次装料，分别是红沿河核电厂6号机组和防城港核电厂3号机组，年末在建核电机组22台。

（二）中国核电规模化发展的产业基础业已形成

一是形成了完整的产业链。中国拥有从铀地质勘查、铀矿采冶、铀纯化转化、铀浓缩、元件制造、反应堆设计制造到后处理的完整核科技工业体系。中国已形成了完整先进的核电产业链，涵盖核电工程设计与研发、工程管理、装备制造、核燃料供应、运行维护等各个环节，核电设备制造能力和核电工程建造能力世界第一。各环节自主化能力与核心竞争力不断提升，有效控制了核电建设周期和建造成本，具备支撑现代化核能规模化发展的基础。

二是不断创新发展，自主掌握了核科技核心技术。中国在自立自强目标指引下，在自主三代核电技术的自主创新、快堆技术研究及工程化推广、核燃料循环前后段技术等均取得了大量的创新成就，具有很好的基础。

三是拥有核电发展良好的工程实践和人才基础。中国拥有世界上绝无仅有的连续四十几年不间断的核电建设实践，培育形成了强大的核电工程建设能力，具备同时建造40台以上核电机组的工程建造能力。中国多所院校开设涉核相关专业，各大核电集团与有关高校建立了校企联合培养制度。随着科研和工程项目建设的批量化投产，中国积累了相当的人才基础。

四是形成了强大的核电装备制造能力。中国已建成了以东北、上海市和四川省为代表的三大核电装备制造基地。大型铸锻件制造方面，已经打造了中国一重、中国二重和上重铸锻为产业龙头的基地；大型核电设备方面建成了东方电气、哈尔滨电气和上海电气为产业龙头的大型制造基地；泵阀等主机方面，沈阳鼓风机集团、中核苏阀、上海电气凯士比核泵和大连大高阀门等形成了核级泵阀制造；数字化仪控系统方面也形成了自主化技术。核电关键设备和材料自主化、国产化方面取得了系列重大突破。中国每年8～10台套核电主设备制造能力。百万千瓦级三代核电机组关键设备和材料的国产化率已达85%以上，核电装备制造能力达到国际先进水平，在保证质量前提下具有明显的成本优势，为中国三代核电规模化、批量化建设和“走出去”奠定了坚实的基础。

（三）中国核电技术已迈入世界先进行列

当前，中国核电技术实现了二代向三代跨越，三代核电技术已步入国际先进行列，高温气冷堆与小堆技术领域自主研发成果也走在世界前列。

一是引进招标的三代核电机组AP1000、EPR等全球首堆全部建成商运，并有效实施了设计、建造、制造、运维的自主化。AP1000技术采用了非能动安全理念，利用自然界物质固有的规律（重力、自然对流、流体的扩散、蒸发、冷凝等）来冷却反应堆厂房和带走堆芯余热，保障紧急状态下反应堆的安全。由于采用了非能动安全系统，事故工况下72h内操纵员不必采取动作，降低了人为错误，提高了机组的安全性；AP1000设计简化了安全系统配置，大幅减少了安全级设备和安全厂房，取消了1E级应急柴油机系统和大部分安全级能动设备，降低了对大宗材料的需求，经济性上也有较强的竞争力。EPR总体上采用传统的设计理念，主回路、主设备、安全系统、辅助系统及其他主要系统参考成熟的有运行经验的设计方案，安全性的提升主要通过以下几个方面来实现：①增大压力容器、稳压器、蒸汽发生器等主设备的水装量和主系统热惯性，延长事故情况下操纵员的允许不干预时间，减少人因失误；②采用双层安全壳，最大限度地防止放射性物质进入环境；③专设四列独立的安全系统，考虑单一故障和预防性维修，确保在极端的情况下至少还有一列安全系统可用；④在安全系统的供电和冷源两个方面，通过“多样性”设计提高机组的安全性；⑤设计多项严重事故缓解措施，降低堆芯熔化概率和早期放射性大量释放的概率。AP1000首批机组核岛装备国产化率从31.5%提高到了72%，反应堆压力容器、蒸汽发生器等核岛关键设备国产化供货任务全部完成。EPR核岛压力容器、蒸汽发生器、稳压器、汽轮发电机组等关键设备也实现了国产化。

二是中国华龙一号自主三代核电技术已建成示范并开始批量建设。华龙一号技术是中核集团和中国广核集团共同研发并融合形成的中国完全自主知识产权三代核电技术。华龙一号与CAP1400均按照第三代核电技术的要求设计建造，安全水平达到国际公认的最高核安全标准。华龙一号以“177组燃料组件堆芯”“多重冗余的安全系统”和“能动与非能动相结合的安全措施”等技术改进为主要技术特征，采取成熟可靠经验证的核电技术，具备完善的严重事故预防与缓解措施，双层安全壳具有抗商用大飞机撞击能力，首堆已在福清、防城港建成，出口巴基斯坦的华龙一号机组也已投运。“国和一号”（CAP1400）是中国16个国家科技重大专项之一，是中国三代核电自主化的标志性成果。国家电投作为牵头实施单位具有完全自主知识产权。“国和一号”累计形成知识产权成果7000余项，形成新产品、新材料、新工艺、新装置、新软件590项，关键设备、关键材料实现了自主化设计和国产化制造，设备整体国产化率达到90%以上。目前，“国和一号”技术研发工作已经完成，示范工程正在按计划推进。中国自主三代核电技术拥有自主知识产权，具有完整的产业链与强大的核电工程建设能力，主要设备制造基于国内成熟的装备制造基础，有利于保证工程进度，降低建设成本。未来，中国将主要建设以华龙系列和国和系列为主的三代核电机组。

（四）中国核电选址布局及相关进展

中国建立了完善的核动力设施选址流程和法规标准，并积极进行了全国核电厂址的前期工作，通过初步可行性研究、初步排除颠覆性因素的核电厂址分布于沿海和内陆地区。福岛核事故后，国家核安全局、能源局、海洋局和地震局等四部委组织实施了厂址安全复核，支撑中国核电规模化发展需要。未来随着核电技术进步和前期工作的逐步深入，未来支撑中国核电高质量发展的厂址资源厚度还将增大。

二、核电在新型电力系统的定位与前景

（一）核电发展特点

1. 核电单位电量碳排放很低，是仅次于生物质发电碳排放的发电品种

国际测算核电单位碳排放约12g CO_2当量/(kW·h)。根据中国生态环境部环境规划院编著的《中国产品温室气体排放系数集2022》，核能是所有清洁能源中生命周期碳排放最低的一种，每千瓦时核电平均仅排放12.20（11.90～12.40）g CO_2当量，如表5-11所示，可在未来低碳转型中实现对退役煤电的规模化发电替代。未来，还可通过核能综合利用改造、高温气冷堆技术批量化建设、超高温气冷堆研发应用，实现在城市供暖、工业供热等领域的低碳替代。如图5-3所示。

表5-11　生态环境部发布的不同能源碳排放当量

能源形式	CO_2 排放当量/[g/(kW·h)]	能源形式	CO_2 排放当量/[g/(kW·h)]
核电	12.20（11.90～12.40）	多晶硅光伏电站	92.83（13.30～92.83）
水电	13.57（3.50～47.30）	煤电	930（880～1150）
风电	27.48（12.51～51.55）	天然气发电	390
单晶硅光伏电站	76.25（18.43～87.30）		

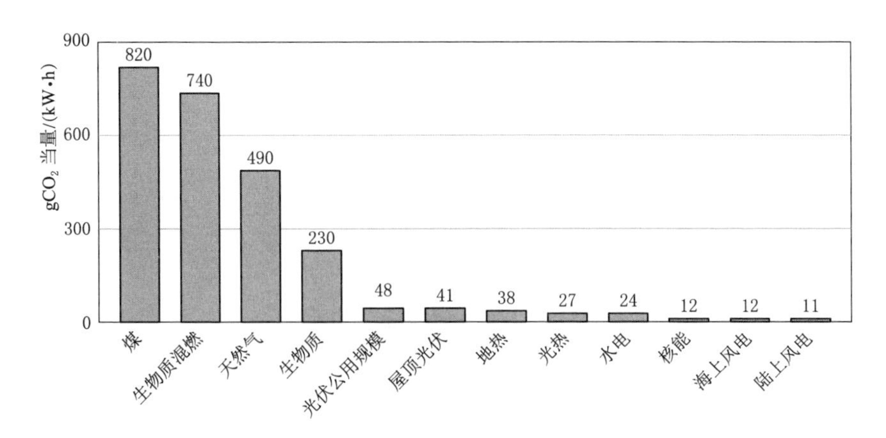

图 5-3　同能源形式全生命周期平均碳排放（IPCC，2105）

2. 核电单位电量原材料消耗较低

根据美国能源部相关报告，同等发电量核电原材料消耗仅略高于天然气发电，远低于新能源原材料消耗，如图 5-4 所示。

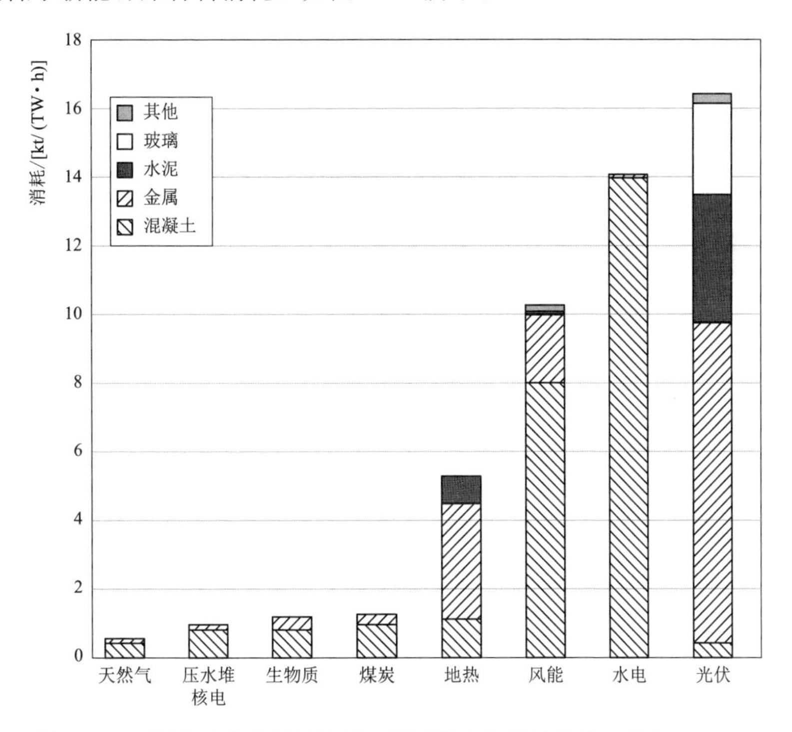

图 5-4　不同发电品种材料消耗（资源效率和材料消耗）（DOE，2016）

核燃料能量密度高，理论上是其他能源形式的 10 倍以上。天然铀和燃料组件易贮存，燃料组件运输量低，不易受到地缘政治和气候现象的干扰和影响，易于以较低成本建立储备体系。国际上通常把全球性铀资源视为“准国内资源”，把发展核能作为提高能源供应自给率、保障能源供给安全的重要战略选择。

由于新能源的能量密度低，用以支撑新能源能量利用的金属材料将大幅增加。锂、铜等金属矿产是新的石油——能源金属矿产资源成为全球能源成功低碳转型的关键所在。国际能源署（IEA）发布的一份报告预测，要满足 2030 年关键矿产需求，全球电池和矿产供应链需要扩大 10 倍。与化石能源市场供需情况类似，全球能源金属矿产资源供需错配严重，消费大国资源并不丰富，需要国际合作、大量进口。尽管中国新能源所需金属矿产资源量和产能在全球的占比不低，但资源生产、进口和运输回国等环节仍然受到国际地缘政治的深刻影响。如表 5－12 所示。

表 5－12　　不同能源资源的能量密度（WNA，2018）　　单位：MJ/kg

种　类	热值	种　类	热值
氢气（H_2）	120～142	硬黑煤（澳大利亚和加拿大）	25
甲烷（CH_4）	50～55	次烟煤（IEA 定义）	17.4～23.9
甲醇（CH_3OH）	22.7	次烟煤（澳大利亚和加拿大）	18
二甲醚-DME（CH_3OCH_3）	29	褐煤/褐煤（IEA 定义）	<17.4
汽油/汽油	44～46	褐煤/褐煤（澳大利亚，电力）	10
柴油染料	42～46	木柴（干）	16
原油	42～47	天然铀，LWR（普通反应堆）	500
液化石油气（LPG）	46～51	天然铀，在 LWR 中，带有 U 和 Pu 回收	650
天然气	42～55	天然铀（FNR）	28000
硬黑煤（IEA 定义）	>23.9	在轻水堆中浓缩至 3.5%的铀	3900

3. 电力的系统成本较低

根据经合组织相关报告，同等规模发电装机中，核电系统成本仅略高于具有较好负荷调节特性的煤电、气电。相比利用小时数较低的新能源而言，其接入系统和调峰成本极低。根据中国国家电网能源研究院成果，新能源占比达到 15%后，系统成本（不含场站成本进入快速增长临界点）超过 15%以后占比每增加 10%度电系统成本将增长 8 分钱以上。预计全国 2030 年电力供应成本将较 2020 年提高 18%～20%。如图 5－5 所示。

4. 单位装机土地使用量最少

根据 Brook & Bradshaw 报告，即便考虑一并燃料开采和发电设施，同等装机规模核电土地使用最低，如图 5－6 所示。

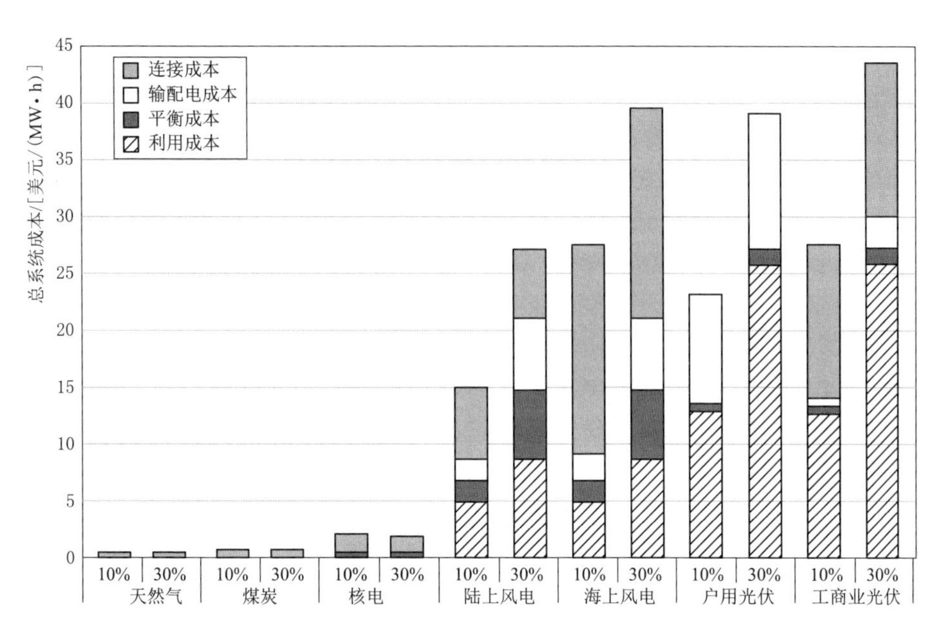

图 5-5　可调度电力和可再生发电的电网级系统成本比较（OECD，2018）

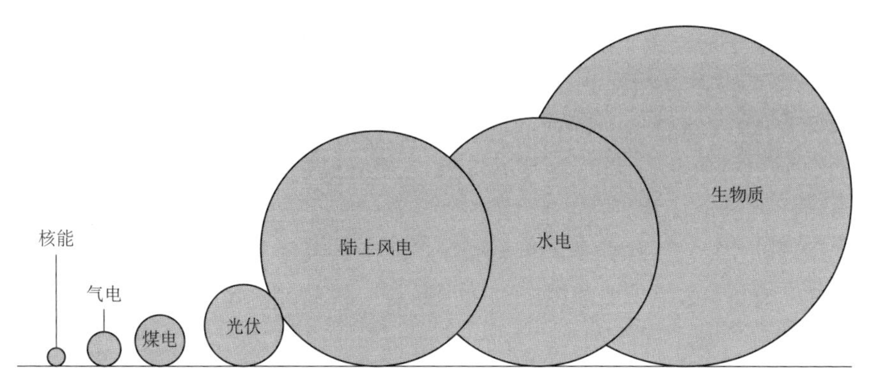

图 5-6　不同电源每单位千瓦土地使用对比（Brook & Bradshaw，2015）

5. 核电是一种可靠的可调度低碳发电技术

随着波动性和随机性高的新能源发电装机占比逐步升高，未来低碳乃至零碳电力系统急需灵活性负荷调节资源。整体来看，大型水电和抽水蓄能是主力的可调节电源，在部分具备配置碳捕集、利用、封存技术（CCUS）地质资源的地区，化石能源发电机组可以作为系统重要的灵活性电源，电化学储能、需求侧相应技术是系统中辅助的负荷调节设施。核电既可在中国碳达峰前为系统基荷提供长期稳定的发电出力，未来碳达峰后可以在设计范围内按照其负荷响应能力为系统提供必要的负荷调节空间。并且和水电不同，不会受到丰枯水季节性气候变化的影响，是一种在跨区域电网送受端可靠的可调度低碳发电技术。

6. 核电是一种经济的低碳转型电源

根据国际能源署核能署（OECD－NEA）和国际原子能机构有关成果，即便新一代核电技术的造价有所升高，在多数地区，它的成本也比脱碳的化石能源具有竞争力，如图5－7所示。

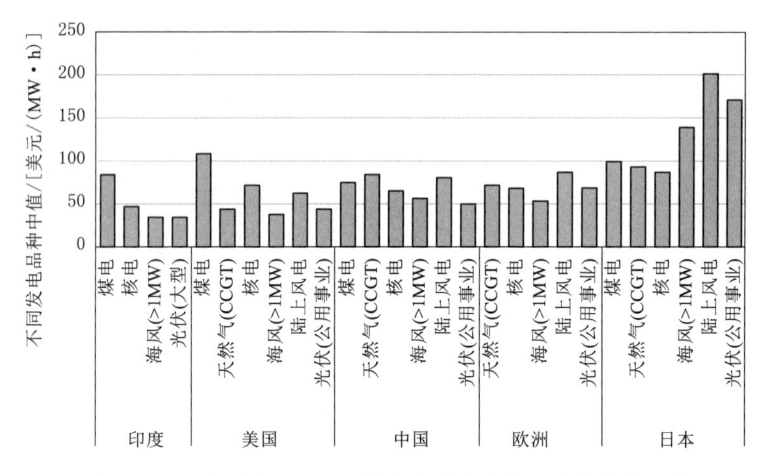

图5－7　部分国家和地区不同发电品种中值平准化电价比较

7. 核电水资源消耗虽不低，但具备较大的节水空间

裂变核电厂与煤电、气电一样，均属于热电厂的一种，工艺过程中存在一定的水消耗。但未来一方面随着煤电发电量下降，发电水耗总量总体将减少；另一方面核电采取中水回用、间接空冷等方式可以进一步降低度电水耗，如美国亚利桑那州Palo Verde核电站3台百万千瓦机组每天利用了6770万加仑（约25.7万t）城市中水；采用间接空冷技术的煤电机组耗水量仅为0.2m^3/(s·GW)以下，仅为湿冷技术耗水的1/4左右，核电采取间接空冷也将产生规模化节水绩效。如图5－8所示。

（二）新型电力系统下核电发展前景

核能的以上特征表明，核能作为一种清洁低碳、安全经济的可控电源，在降低煤炭消费、有效减少温室气体排放、缓解能源输送压力等方面具有独特的优势和发展潜力，发展核能是保障能源安全、降低碳排放、优化能源结构、改善生态环境的重要途径。

主要国际机构报告认为，实现碳中和核能不可或缺。2018年联合国政府间气候变化专门委员会发布的1.5℃报告提出，其中到2050年，核能发电量将比今天的水平平均增长2.5倍。联合国欧洲经济委员会进行技术评估后指出，如果不考虑核电，全球气候目标将无法实现。国际能源署最新能源展望一改近五

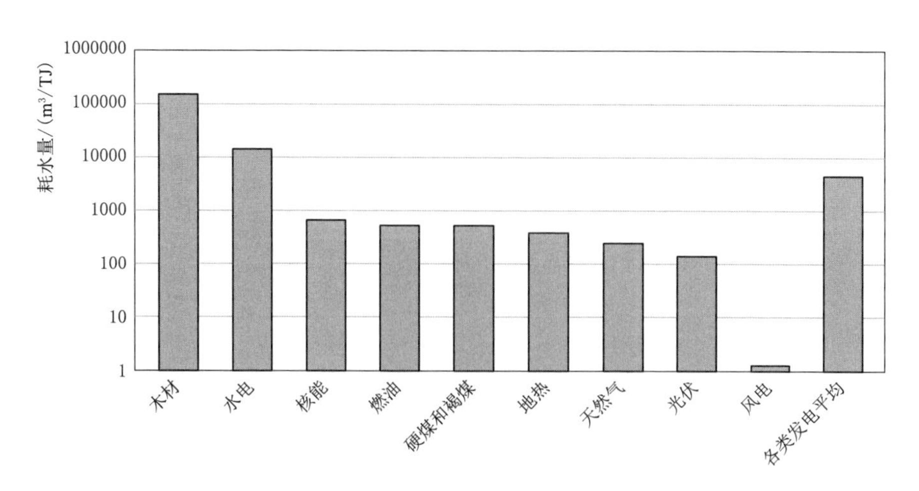

图 5-8　2008—2012 年不同电源单位电力和热能的耗水量比较（Mekonnen 等，2105）

年看淡核电前景的做法并指出，核能在未来电力系统中不可或缺。

中国"十四五"能源发展规划提出，在确保安全的前提下，积极有序发展核电。中国每年将开建 6～8 台核电机组，亦即 1000 万 kW 左右的装机容量。根据有关机构测算，到 2035 年中国在运核电将达到 15000 万 kW。到 2060 年核能发电占比达到西方发达国家水平。

核电既是当前东部沿海地区内低碳转型的主要本地电源，有效助力煤电减量化发展；也是满足占比约 40%～60%的基础电力负荷需求的主力低碳电源之一。核电机组可以向系统提供转动惯量，以增加克服供给或需求的瞬间扰动而电网安全稳定运行的能力。在设计范围内，提供必要的负荷响应，以部分满足系统灵活性需求；在东部沿海和西部地区支撑新能源消纳和外送。通过回收部分自身的冷端余热和核能综合能源利用方式，部分满足区域供热、供水等需求，为建筑、工业等减碳提供低碳解决方案；评估燃煤供热机组或燃煤锅炉关停场址建设核能设施的可行性，结合小型模块式反应堆、微堆等技术研发和部署，利用模块式建造的小快灵优势以及便于运输等优势，以及存量供热、供电、供水等基础网络，探索为社会提供电力工业用地、存量基础设施低碳再利用解决方案。

三、核电发展的布局

习近平总书记在生态环境保护大会指出，要积极稳妥推进碳达峰碳中和，坚持全国统筹、节约优先、双轮驱动、内外畅通、防范风险的原则，落实好碳达峰碳中和"1＋N"政策体系，构建清洁低碳安全高效的能源体系，加快构建新型电力系统。各地区经济发展水平、能源资源禀赋和生产消费结构、生态环境条件差异比较大，全国统筹、交替推进降碳十分必要。核电布局应充分考虑这一应对气候变化差异性区域政策的需要。

（一）2030年前核电发展布局

当前至2030年，中国在运核电主要布置在沿海经济发达省份。虽然从碳排放角度看，沿海地区用能量、化石能源消费以及碳排放总体排位靠前。其中，广东、福建、浙江等省份核电发电占比较高，其碳排放排名显著低于其GDP和火电装机规模排名，核电、可再生能源发电等非化石能源发电对这些区域碳排放总量控制有重要贡献。而山东、江苏等钢铁、化工、水泥等高碳排放工业发达、本地化发电装机以火电为主，碳排放排名依旧靠前。如表5－13所示。在2030年前这些经济发达省份要实现碳达峰，需要加大核电建设、继续推动核电基荷运行，以减少化石能源消费和碳排放；在新能源（尤其是海上风电）占比逐步提高的过程中，核电作为电力系统安全稳定、低碳高效支撑电源的作用将更加凸显。值得注意的是，中国煤炭等化石能源和新能源资源多位于西部地区，为支撑这些区域大规模新能源外送消纳，这些碳排放大省继续建设了相当规模的煤电，如沙戈荒大基地配套建设的煤电装机占比近50%，未来这些区域碳减排和电力结构调整压力将大幅增加。

表5－13　中国沿海核电省份地区经济发展、高碳行业发展情况

核电装机省份	2022年排名						2017年排名
	地区生产总值	火电装机规模	电煤消费总量	重点化工产量	钢铁产量	水泥产量	碳排放测算量
广西	19	18	21		6	9	19
海南	28	29	28		30		29
广东	1	2	4	6	9	1	7
福建	8	14	13		11		18
浙江	4	8	7	3	20	6	11
江苏	2	4	3	2	2	3	4
山东	3	1	2	1	3	4	1
辽宁	18	12	16	9	4		6

（二）2030年后核电发展布局

2030年碳达峰后，碳减排相对压力较大的区域（如内陆省份和沿海省份内陆地区）将需要继续或启动投产核电机组。中国实现总体碳达峰之后，各地将陆续进入碳排放总量下降阶段，电能量供应市场结构调整压力增大。根据国家电网能源研究院相关研究，如果内陆2亿kW的核电厂址资源不能开发，将加大火电和新能源开发力度。2030年后至2060年，新能源（尤其是三北地区新能源）将逐步接替煤电成为电能量市场的主力，前期用以支撑大规模新能源外送消纳的煤电也需要逐步减少市场规模，需要寻求能够提供系统安全稳定的低碳电源，如核电。

湖北湖南江西启动建设内陆核电势在必行。考虑到湖北、湖南、江西等中部地区煤炭等一次能源产能低、新能源发展潜力低、CCUS 地质潜力比较差，在兼顾能源低碳转型和能源安全保障方面难度可能是国内最大的一个区域。华中电网还是联系东西南北的电网枢纽，是西电东输的关键区域，未来从外部引入电力的输电通道规划和建设也将非常困难。如不在区内尽早规划建设核电，能源转型和安全保障困难极大。

四、相关政策建议及展望

中国“3060”双碳目标已经确定，坚持“统筹发展安全，以新安全格局保障新发展格局”，需要充分考虑到能源低碳转型中因结构调整带来的系统性技术风险，需要进一步平衡新型能源体系建设中不同能源电力品种所受到的制约因素和其贡献，从本土资源禀赋、自主可控技术、产业发展国际话语权等维度，合理组织系统要素配置、技术创新、资源储备研究。在核能发展方面，建议如下：

坚持“积极安全有序发展核电”。坚持采用最先进的技术、最严格的标准、提升自主可控能力，持续提升技术水平，推动核电行业发展。

坚持系统思维，优化推进国内核电建设。对照国家以及各省市实现双碳目标，进一步研究 2060 年核电中长期发展规划规模、发展节奏，以及布局优化，尽快启动内陆省份尤其是湖北省、湖南省和江西省的核电建设。

坚持“创新引领”，开展新型电力系统下核电技术及商业模式创新研究。按照“热堆—快堆—聚变堆”三步走战略，鼓励行业加大核能技术力度，在尽快补齐核电行业技术短板和基础科学研究短板、提升自主可控能力的同时，提升产业竞争力；研究风光水核储一体化清洁能源基地建设所需要的核能新技术，如提升核电站负荷响应能力、空冷核电技术、核新耦合清洁能源大基地规划和调度运行方法。

坚持底线思维、极限思维，做好资源保障。充分利用国内国际两种资源、两个市场，加大资源开发和储备，加强核电产业的国际合作，提升铀资源安全保障水平。

第六章
传统火电转型发展路径

以煤电为主的传统火电一直是中国电力供应和碳排放的主体。由于中国资源禀赋以及经济结构等原因，在新型电力系统建设过程中，火电仍将发挥着重要作用。如何在确保能源和电力安全稳定供应的前提下，稳步完成煤电转型并推动气电发展，是建设“清洁低碳、安全高效”的能源体系的重要环节，是新型电力系统建设的重要任务之一。

第一节　煤电转型发展路径

新型电力系统建设过程中，虽然煤电机组的容量占比将逐渐下降，但其保障电力供应的基础作用依旧凸显；煤电机组具有较好的调节能力，可以作为电力系统灵活调节资源以促进新能源消纳；煤电机组在电力系统中还发挥着应急保障作用，有助于应对自然灾害等突发事件，保障电力系统安全稳定运行。煤电转型并不单纯意味着退煤，需要对煤电机组进行节能改造、灵活性改造和供热改造，通过改造、延寿、改为备用和容量替代等方式，使煤电向基础保障性和系统调节性电源的方向转型。

一、中国煤电发展基本情况

（一）中国煤电发展现状

近年来，中国在加速煤电机组改造、严格合理控制煤电规模、推动煤电机组成本疏导等方面出台了一系列政策，推动了煤电转型发展。本节从煤电的装机和发电量情况、地区差异、煤电改造、成本等方面梳理中国煤电发展现状。

1. 装机和发电量情况

在装机增长速度方面，近年来中国煤电装机增长速度逐渐放缓，如图 6 - 1

所示，2022年，中国煤电装机容量为11.24亿kW，较上一年增加1.38%，2017—2022年，煤电装机容量年增长率最高为3.78%，年均增长率为2.69%。

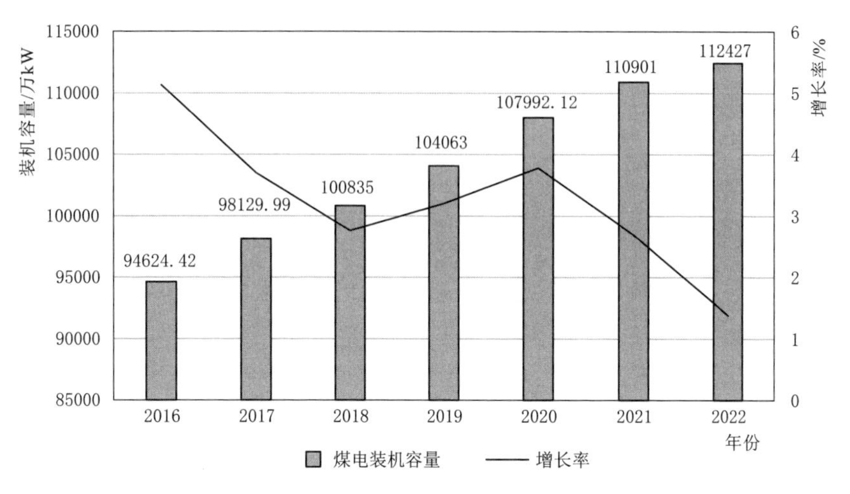

图6-1　2016—2022年煤电装机容量及增长率[1]

在发电量方面，如图6-2所示，煤电发电量占总发电量比重逐年减少，但煤电依然是主要电源，2022年，煤电发电量为5.08万亿kW·h，占总发电量的58.4%。

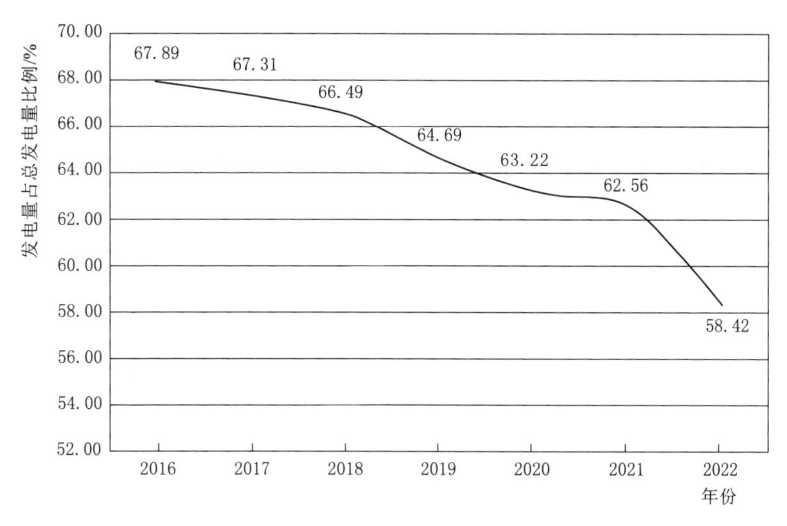

图6-2　2016—2022年煤电发电量占总发电量比例[1]

[1] 数据来源：中国煤炭工业协会，《2022年中国燃煤发电报告》，2022。

在利用小时数方面，如图 6-3 所示，煤电机组平均利用小时数近 5 年变化并不明显，近两年有小幅度增长。2021 年中国经济稳定恢复并快速增长，用电需求量增大，煤电年利用小时数较 2020 年增加 263h；2022 年，受经济恢复加快、2 月多次出现大范围雨雪天气、7—8 月又出现极端高温少雨天气等多种因素影响，用电量增加，煤电利用小时数为 4594h，较 2021 年也略有增长。

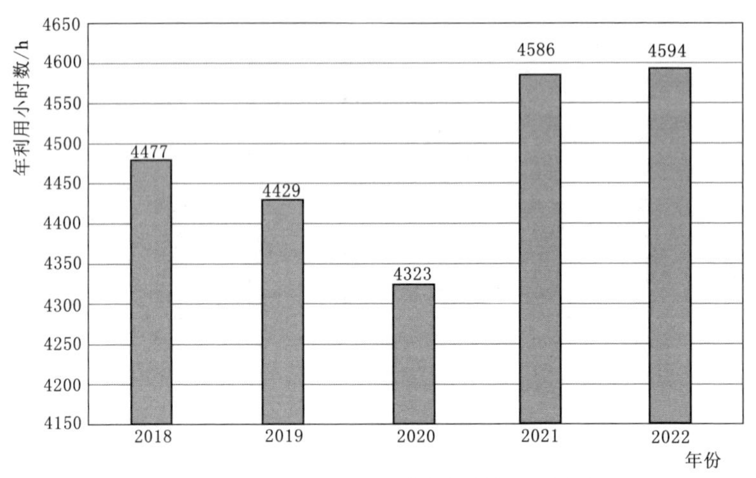

图 6-3 2018—2022 年煤电年利用小时数❶

在煤电核准量方面，煤电核准量在 2017 年下降幅度较大，2020 年有较大增幅，2021 年增幅有所下降，但 2022 年增幅达 2021 年的近 5 倍，如图 6-4 所示。2022 年煤电装机核准量前八名的省份为广东、江苏、安徽、江西、河南、河北、浙江和广西，新增核准装机占全国比重为 77.88%，如图 6-5 所示。

在煤电装机质量方面，新增煤电机组装机质量大幅提升，新核准的煤电项目多是 100 万 kW 级的大型先进燃煤发电机组，66 万 kW 以上的煤电项目占核准项目的 70%以上，这些机组效率更高，可以实现污染物的超低排放。

2. 煤电发展的地区差异

由于资源条件、经济发展水平、负荷结构、历史遗留等原因，不同省份煤电发展情况差异较大。

不同省份煤电装机结构有所差异，东南沿海地区煤电机组以 60 万 kW 和 100 万 kW 为主，30 万 kW 机组占比较小，例如江苏省百万千瓦机组占比达 37.53%，部分省份则尚未有百万机组，部分北方省份有较大比例的 30 万 kW 机组，自备电厂也占有一定比例。

❶ 数据来源：1. 电力工业统计资料汇编，2018、2019、2020、2021 统计快报。
2. 中国电力企业联合会 . 中国电力行业经济运行报告，2022。

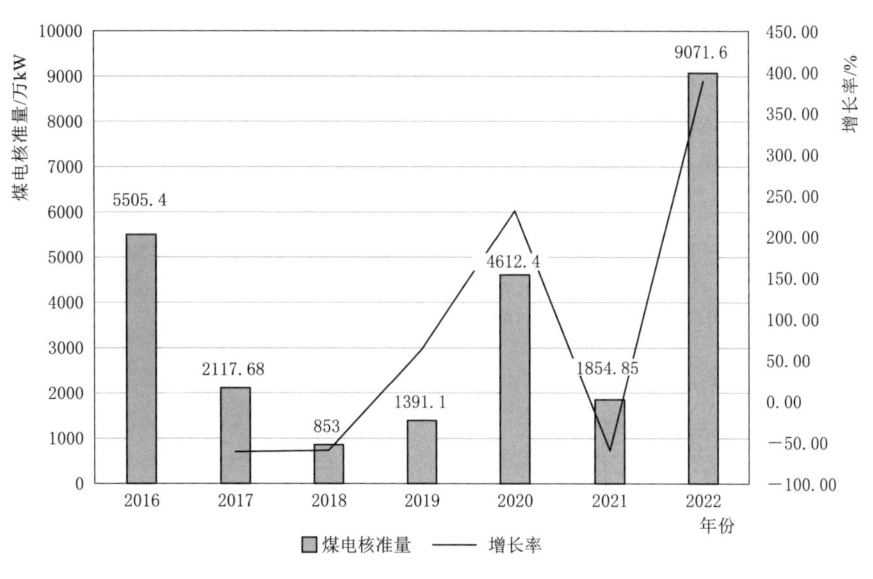

图 6－4　煤电核准量及增长率[1]

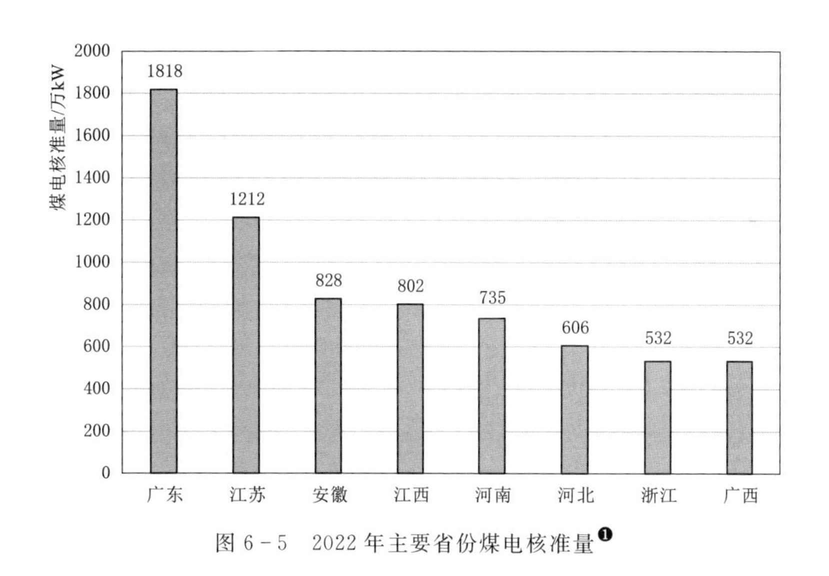

图 6－5　2022 年主要省份煤电核准量[1]

南北方供热机组占比差异明显，北方煤电承担供热任务，热电联产机组占比较高，如吉林省热电联产机组占比达 68%，南方省份则以纯凝机组为主，如江苏省热电联产机组仅占比 5%。冬季热负荷需求限制了供热煤电机组的退出，也降低了系统的调峰能力，供热机组占比较高的省份对机组供热改造的需求更

[1] 数据来源：《中国电力部门低碳转型 2022 年进展分析》，2023。

加迫切，如进行热电解耦改造或对纯凝机组进行背压式改造，在增强机组供热能力的同时，提升调峰能力。

由于煤电机组结构及技术特性等原因，各地煤电机组供电煤耗有所差异，例如山西省小机组比例较大，大容量、高参数煤电机组比重较小，供电煤耗较高，2021年为316.5gce/(kW·h)，而山东省2021年煤电机组供电煤耗为289.4gce/(kW·h)❶。

3. 煤电退出及改造情况

落后煤电产能淘汰加快。中国部分省份已在“十三五”期间对落后煤电进行了淘汰或改造，如宁夏在“十三五”期间，淘汰落后产能煤电机组59.2万kW，实现超低排放机组288.6万kW。2022年广东、江苏、陕西、安徽、河北、湖北分别淘汰落后产能煤电机组4.3万kW、30万kW、9.8万kW、30万kW、33万kW、3.6万kW，截至2022年年底，中国累计淘汰落后煤电已超过1亿kW❷。

供电煤耗逐年下降。2021年《全国煤电机组改造升级实施方案》中要求2025年全国火电平均供电煤耗降至300gce/(kW·h)以下，近年来，煤电机组平均供电煤耗逐年下降，如图6-6所示，2022年火电平均供电煤耗下降至301.5gce/(kW·h)，较2015年减少13.5gce/(kW·h)，下降4.29%。

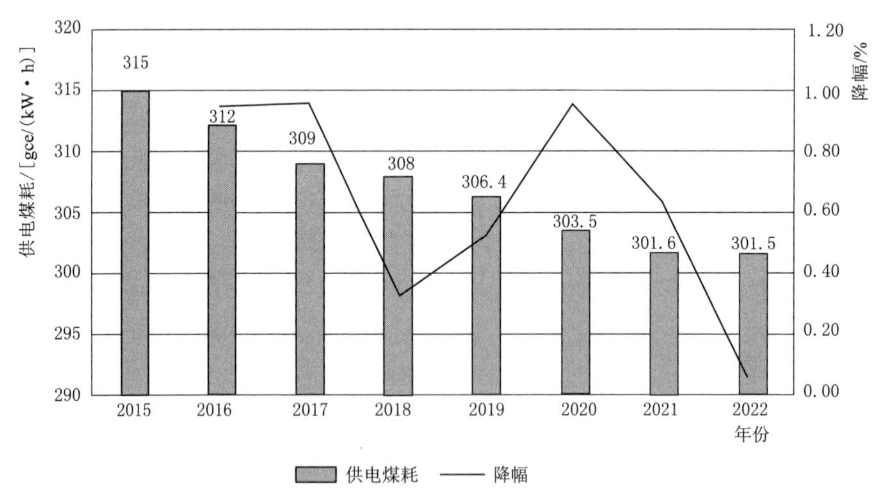

图6-6　2015—2022年供电煤耗变化❸

❶ 吴迪，康俊杰，王可珂，等. 我国典型5省煤电发展现状与转型优化潜力研究[J]. 中国煤炭，2023，49(5)：18-29.

❷ 中能传媒能源安全新战略研究院，《能源发展回顾与展望(2022)——煤电篇》，2023。

❸ 数据来源：中能传媒能源安全新战略研究院(中能传媒研究院)，《我国电力发展与改革形式分析(2023)》，2023。

低碳发电技术发展迅速，煤电清洁低碳发展加快。煤电机组低碳发电技术主要包括碳捕集、利用、封存技术（CCUS）和燃煤耦合发电技术等。近年来CCUS技术得到快速发展，如国家能源集团于2023年6月投产50万t/年CO_2捕集及综合利用示范工程项目，该项目也是亚洲最大煤电CCUS项目。煤电可以耦合生物质、生活垃圾、污泥、光热等发电，提高生物质、污泥的利用率，减少生活垃圾，促进光热发电发展，燃煤耦合氨气发电也可降低燃煤电厂的碳排放。

煤电灵活性改造不断推进。灵活性改造是增强煤电调峰能力和快速响应能力的有效方式，近年来，中国积极推动煤电机组进行灵活性改造，“十三五”期间由于灵活性改造处于初始推广阶段，激励机制相对不足，灵活性改造进展缓慢。“十四五”期间，随着激励政策的不断完善，煤电灵活性改造加速进行，系统调峰能力得到增强，根据《全国煤电机组改造升级实施方案》，“十四五”期间预计增加系统调节能力3000万～4000万kW，实现煤电机组灵活制造规模1.5亿kW。

4. 成本现状

燃煤机组成本包括初始投资和运营维护成本，运营维护成本包括燃料费、材料费等，不考虑碳排放成本，煤电度电成本约在0.40～0.45元/(kW·h)，单位装机容量越大，度电成本相对越低。在煤电各项成本中，燃料成本占比约66%～71%。考虑碳排放成本后，煤电成本将有所增加，根据《中国煤电成本分析与风险评估》报告，当碳价为50元/t，50%免费配额时，全国度电成本将增加14.3%，若碳配额不变，碳价增加到100元/t时，煤电成本将提高47.9%，度电成本提高0.128元。

此外，灵活性改造后的煤电是一种较好的灵活性资源，据中电联《煤电机组灵活性运行政策研究（摘要版）》，煤电灵活性改造单位千瓦调峰容量成本约在500～1500元之间，低于抽水蓄能（单位千瓦投资建设成本为5600元）和电化学储能（单位千瓦投资建设成本为2300～2500元），且煤电年利用小时数高，实际的度电成本更加有优势。

（二）中国煤电发展主要问题

全球能源领域正呈现多元化、清洁化、低碳化转型发展趋势，煤电转型是应对气候变化的重要任务，中国要力争在2030年实现碳达峰、2060年前实现碳中和目标，目前正处于煤电转型的关键时期，加快新型电力系统建设、实现煤电向支撑性和调节性电源的转变已成为中国能源转型的重要任务之一。但目前中国煤电转型发展在政策机制和技术等方面仍存在问题。

1. 煤电企业经营困难，可持续发展能力不足

近两年，中国过半煤电企业处于亏损状态。一方面，由于煤炭市场需求量

大、国内主力煤矿严格按核定产能生产、国际进口量减少、运输困难等，煤价较以往时期有了很大涨幅，价格一直在高位波动。如 2021 年 9 月末，山西大同 5500 大卡动力煤坑口价达到 1400 元/t，后在国家政策干预下煤价才逐渐下降。另一方面，新型电力系统建设过程中新能源占比逐渐增大，边际成本低的新能源高比例参与电力市场将一定程度上降低市场出清价格并挤压煤电发电量，煤电机组发电空间受到压缩，在发电量下降和发电成本增加的情况下，煤电机组的合理收益难以得到保障。

2. 中国煤电机组现有规模较大，退出任务艰巨

煤电机组具有可靠性和经济性，在中国长期承担基础保供角色，在不影响能源安全的前提下，煤电如何稳步转型尤为重要。中国煤电机组存量大、占比高，且地区发展差异大，煤电的退出路径十分关键，退煤过快会影响能源安全，对国民经济和人民生活产生不良影响，退煤过慢又会对环境造成影响，难以实现双碳目标。

同时，煤电退出使煤电企业面临投资成本无法全部收回和人员安置问题，煤电转型过程中煤电机组的盈利能力可能下降，这会导致煤电机组资产价值下降。根据 IEA 相关研究，发展中国家电力部门近 70%的电厂投资者尚未收回超过 1 万亿美元的投资成本，由于多地政府已承诺实现净零排放，这部分成本可能无法收回。煤电是否在其经济寿命结束前退役，是决定其投资能否收回的关键，中国煤电机组平均年龄较低，转型过程中面临着投资成本无法收回的风险。

3. 市场机制尚不健全，煤电机组转型成本疏导困难

煤电转型成本包括燃料成本和转型过程中的额外成本。对于燃料成本，煤炭价格波动将直接影响煤电成本，从而影响煤电企业转型积极性。对于煤电转型过程中的额外成本，煤电企业转型的路径和方式不同，转型成本也会有所差异。根据《中国煤电成本分析与风险评估》报告，提前退役导致煤电机组成本提高 10%左右，而灵活性改造导致成本提高 30%左右。电力市场是煤电机组获取收益的主要途径，在转型过程中，煤电机组成本上升，但由于中国电力市场机制尚不健全，煤电机组成本疏导困难。如电能量市场中煤电机组面临低电量、低电价的双重压力；辅助服务市场仍存在辅助服务品种不全、参与主体不完备、分摊机制不合理等问题；同时，大部分省份容量补偿机制缺乏，无法激励充足的发电投资。

4. 清洁低碳技术发展尚不成熟，改造成本较高

清洁低碳技术是实现煤电低碳发展的关键，CCUS 技术可实现化石燃料利用过程的 CO_2 近零排放，可以在保障能源安全的前提下，降低碳排放总量。燃煤耦合生物质发电技术又称农林生物质与燃煤混燃发电，是指在传统燃煤发电项目中采用农林剩余物作为燃料替代部分燃煤的发电方式。但 CCUS 技术和燃

煤耦合发电技术目前应用还非常有限，关键技术有待进一步突破，且 CCUS 成本普遍较高，例如，在现有技术条件下，煤电示范项目安装碳捕集装置后，捕集每吨 CO_2 将额外增加 140～600 元的运行成本，导致发电成本大幅增加。

二、未来煤电发展规模测算

（一）情景设置

根据全球能源监测相关数据，以 40 年为煤电生命周期，推演中国在役煤电的常规退出路径，如图 6－7 所示。结果表明，从 2045 年开始，中国现役煤电机组的服役时间普遍达到设计寿命，开始加速退出。

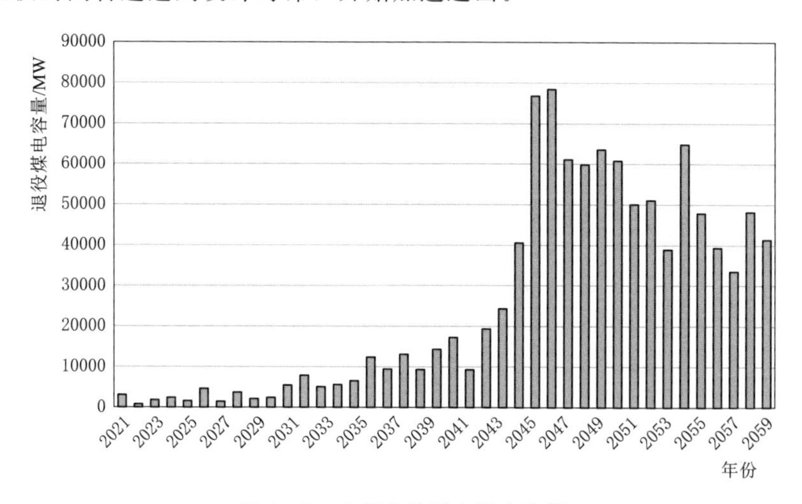

图 6－7　中国在役煤电退出路径

根据当前的发展阶段和发展目标，划分基准情景（S1）、保守转型情景（S2）、积极转型情景（S3）三个情景，运用 LEAP 模型对中国煤电的发展趋势进行分析。模型以成本净现值最小为目标函数，考虑供需平衡、资源潜力、各类电源年可开发上限、可再生能源发电目标等约束条件，同时考虑各类机组的容量可信度、最大可利用率、效率、寿命、现有装机容量、投资成本、固定运维成本、变动运维成本等因素。

基准情景（S1）基于电力行业历史发展趋势，根据现有的发电技术组合，预估未来电源结构变化情况，并作为比较的基础。预测该情景下 2030 年、2045 年、2060 年全社会用电量为 12 万亿 kW・h、14.5 万亿 kW・h、15 万亿 kW・h。

保守转型情景（S2）考虑双碳目标及构建新型电力系统背景下，不同的政策规划和实施程度会对未来能源发展产生诸多影响。煤电作为中国电力系统的主体电源，转型存在较大难度，转型速度较为缓慢，同时，新能源出力的随机性、波动性造成电力系统的综合调节能力不足，新能源发展低于基准情景。该情景下 2030 年、2045 年、2060 年全社会用电量与基准情景相同。

积极转型情景（S3）下中国能源转型取得积极成效，在役煤电加速退出，新能源成本进一步降低，以电代煤、以电代油、以电代气的步伐加快，在工业设备、建筑供暖和交通部门等领域电能替代力度加大，该情景下 2030 年、2045 年、2060 年全社会用电量分别为 12.3 万亿 kW·h、15.3 万亿 kW·h、16 万亿 kW·h。

（二）不同情景电源结构测算

1. 基准情景

基准情景下，2030 年总装机容量为 36.5 亿 kW，煤电装机容量及发电量迎来峰值，装机达到 13 亿 kW，年发电量 5.7 万亿 kW·h。新能源装机 16.8 亿 kW，其中，风电及太阳能发电装机 15 亿 kW，年发电量达到 2.7 万亿 kW·h。2045 年总装机容量为 61.1 亿 kW，其中煤电装机容量下降至 10 亿 kW，年发电量下降至 3.4 万亿 kW·h。风电、太阳能发电逐渐成为新型电力系统中的主要电源，装机容量突破 40 亿 kW，年发电量达到 6.3 万亿 kW·h。2060 年总装机容量为 75.3 亿 kW，改造后的煤电机组装机容量为 4 亿 kW，年发电量为 0.6 万亿 kW·h。风光发电装机达到 60 亿 kW，年发电量 9.3 万亿 kW·h。基准情景下，各类电源装机容量及发电量情况，如图 6－8、图 6－9 所示。

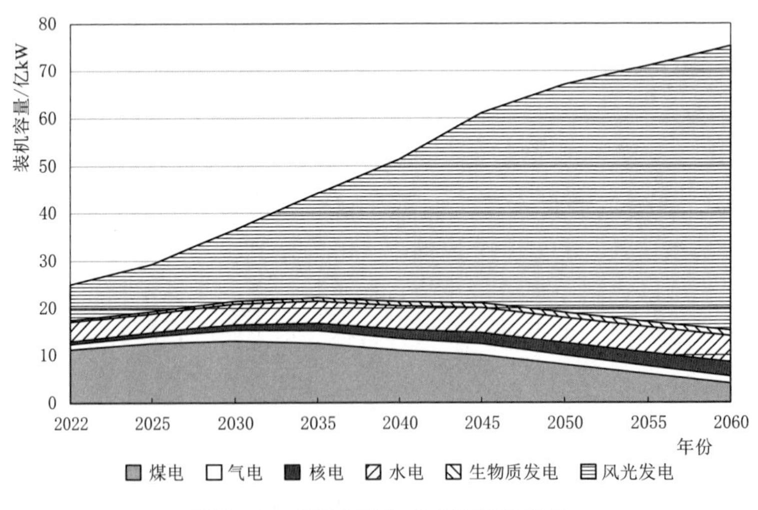

图 6－8　基准情景各类电源装机容量

2. 保守转型情景

保守转型情景下，2030 年总装机容量 36.7 亿 kW，其中煤电装机 13 亿 kW，年发电量 5.8 万亿 kW·h。风电及太阳能发电装机 15 亿 kW，年发电量达到 2.7 万亿 kW·h。2045 年总装机容量 40.8 亿 kW，煤电装机容量 11.6 亿 kW，较基准情

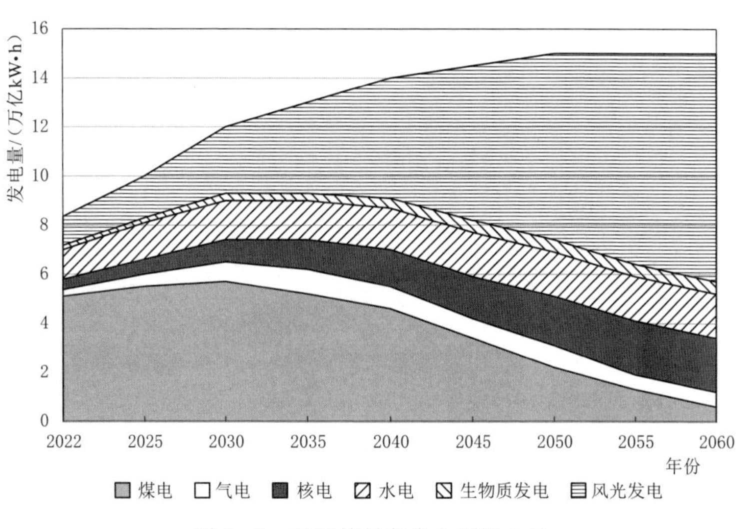

图 6-9　基准情景各类电源发电量

景高 1.6 亿 kW，年发电量 3.9 万亿 kW·h，较基准情景高 0.5 万亿 kW·h。风电、太阳能发电装机容量 25.6 亿 kW，年发电量 6 万亿 kW·h。2060 年总装机容量 69.3 亿 kW，煤电装机容量 6.6 亿 kW，较基准情景高 2.6 亿 kW，年发电量为 1.4 万亿 kW·h，较基准情景高 0.8 万亿 kW·h。风光发电装机容量 52.3 亿 kW，年发电量 8.7 万亿 kW·h。保守转型情景下，各类电源装机容量及发电量情况，如图 6-10、图 6-11 所示。

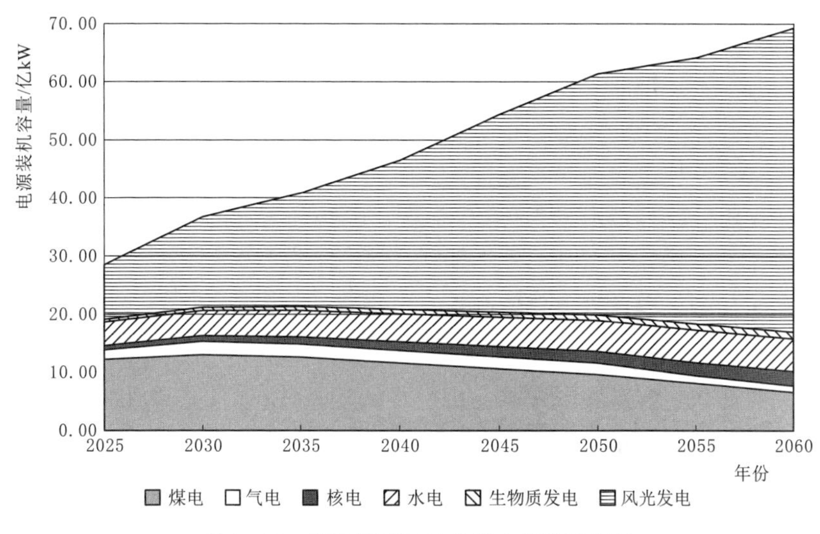

图 6-10　保守转型情景各类电源装机容量

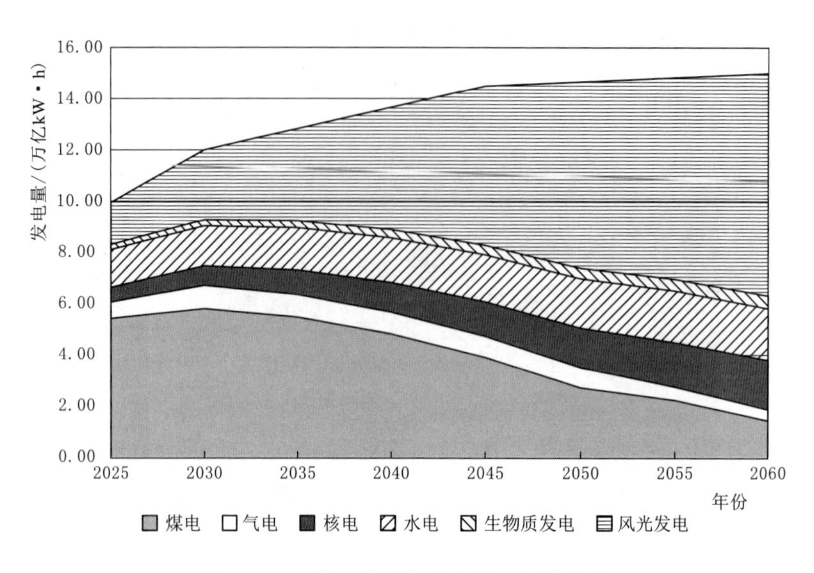

图 6－11 保守转型情景各类电源发电量

3. 积极转型情景

积极转型情景下，2030 年总装机容量 37.8 亿 kW，煤电装机达峰容量 13 亿 kW，年发电量 5.8 万亿 kW·h，较基准情景提高 0.1 万亿 kW·h。新能源装机 18.3 亿 kW，其中，风电及太阳能发电装机 16.4 亿 kW，年发电量达到 2.8 万亿 kW·h。2045 年总装机容量 64.4 亿 kW，其中煤电装机容量下降至 8.4 亿 kW，较基准情景降低 1.6 亿 kW，年发电量下降至 2.5 万亿 kW·h，较基准情景降低 0.9 万亿 kW·h。风光发电装机容量 44.7 亿 kW，年发电量 7.6 万亿 kW·h。2060 年总装机容量 78.2 亿 kW，其中煤电装机 3.6 亿 kW，较基准情景降低 0.4 亿 kW，年发电量 0.5 万亿 kW·h，较基准情景降低 0.1 万亿 kW·h。风光发电装机 63.5 亿 kW，年发电量 10.2 万亿 kW·h。积极转型情景下，各类电源装机容量及发电量情况，如图 6－12、图 6－13 所示。

（三）不同情景煤电发展规模对比

各情景下煤电均在 2030 年迎来装机及发电量峰值，装机达到 13 亿 kW，S1、S2、S3 情景下的发电量分别为 5.7 万亿 kW·h、5.8 万亿 kW·h、5.8 万亿 kW·h；2045 年，随着新型电力系统转型加速推进，可再生能源快速发展，煤电装机分别下降至 10 亿 kW、10.6 亿 kW、8.4 亿 kW，发电量下降至 3.4 万亿 kW·h、3.9 万亿 kW·h、2.5 万亿 kW·h；2060 年，煤电装机分别为 4 亿 kW、6.6 亿 kW、3.6 亿 kW，发电量下降至 0.6 万亿 kW·h、1.4 万亿 kW·h、

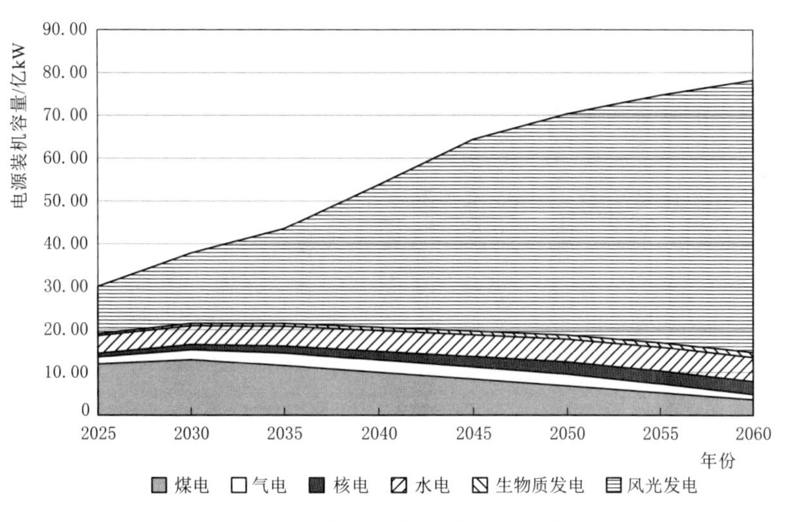

图 6-12　积极转型情景各类电源装机容量

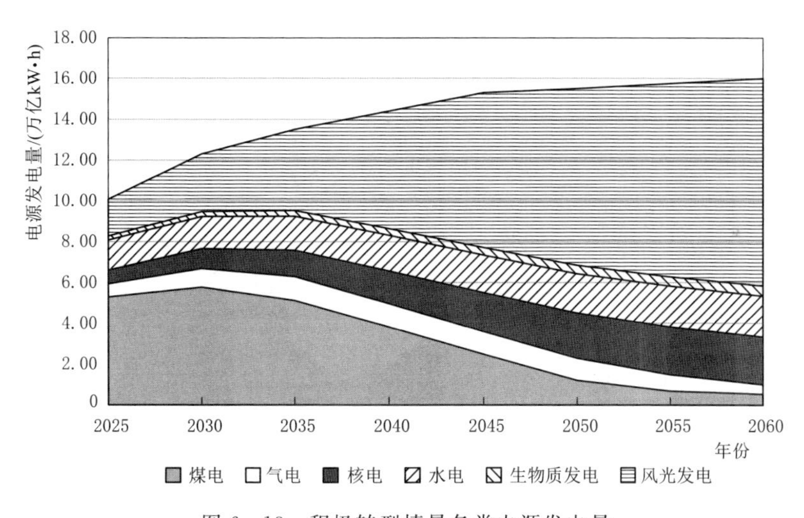

图 6-13　积极转型情景各类电源发电量

0.5 万亿 kW·h。各情景结果如图 6-14、图 6-15 所示。

三、新型电力系统中煤电转型路径

（一）全国层面煤电定位演变及转型路径

“双碳”目标下，煤电的定位和功能发生了变化，由主体性电源向调节性、支撑性电源过渡，但过渡并非一蹴而就，受制于资源禀赋和成本约束，燃煤发电在一段时期内仍要继续发挥电力、电量主体的作用。综合考虑中国能源发展

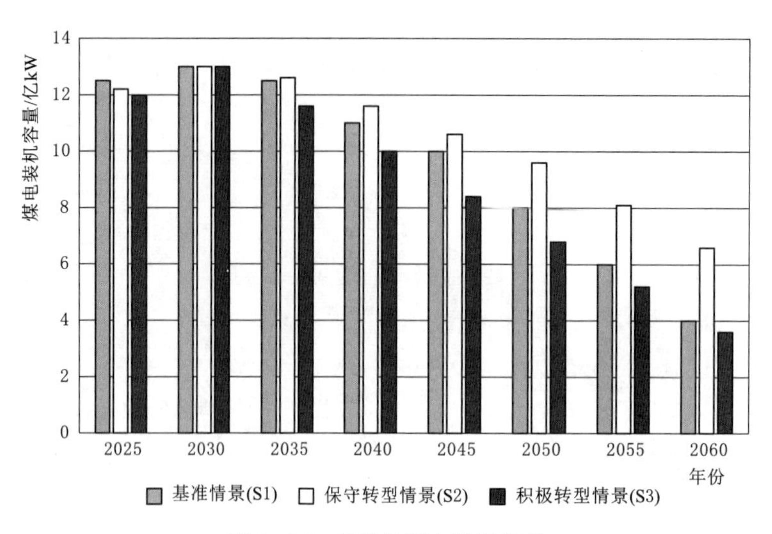

图 6-14　分情景煤电装机容量

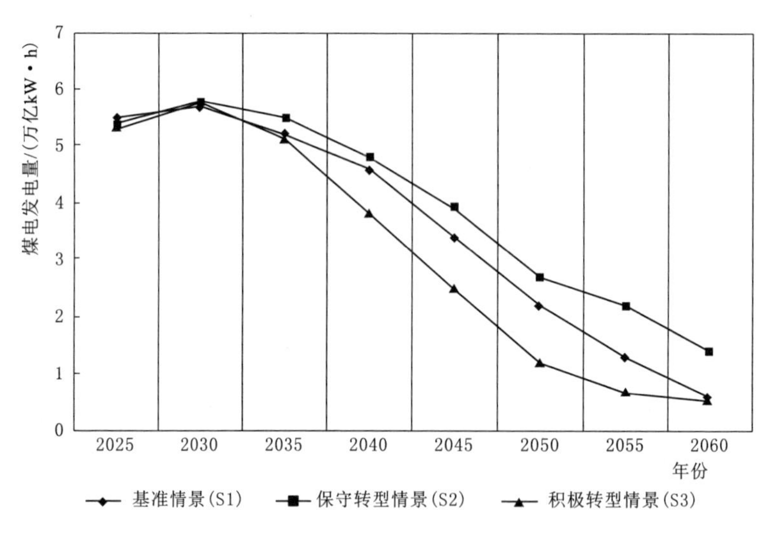

图 6-15　分情景煤电发电量

现状及未来规划，以 2030 年、2045 年、2060 年为构建新型电力系统的重要时间节点，分三个阶段探究煤电定位及特性，如表 6-1 所示。

表 6-1　分阶段煤电定位及特征

发展阶段	近中期 (当前至 2030 年)	中远期 (2030—2045 年)	远期 (2045—2060 年)
煤电定位	基础保障性为主，系统调节性为辅	基础保障性和系统调节性并重	系统调节性电源

续表

发展阶段	近中期（当前至 2030 年）	中远期（2030—2045 年）	远期（2045—2060 年）
阶段特征及路径	①煤电装机仍保持增长趋势，增量煤电实行容量替代； ②严格合理控制煤电发电量，使得发电量逐步达峰； ③存量煤电进行灵活性改造，逐步淘汰落后机组； ④煤电逐步适应新能源发展，系统调节和高峰电力平衡功能进一步凸显	①煤电进入加速低碳转型阶段，作为调节性、支撑性电源维护电力系统安全稳定运行； ②部分煤电机组转为应急备用机组； ③“煤电＋CCUS”、燃煤耦合生物质发电等技术产业化推广，加快推动电力系统近零碳排放	①新能源成为装机主体电源，未改造煤电机组完全退出，煤电掺烧生物质耦合 CCS 为电力系统提供负排放； ②完成改造的煤电机组与其他灵活性资源共同承担系统灵活调节任务

1. 近中期（当前至 2030 年）

近中期煤电定位为基础保障性为主，系统调节性为辅。在此阶段煤电仍作为电力安全保障的“压舱石”，装机容量仍会保持一定规模的增长，因此，需要控制煤电的新增装机容量，增量煤电机组以实现容量替代为主。存量煤电需要因地制宜进行“三改”，灵活性改造以增加系统调峰调频能力、供热改造降低发电负荷提高供热能力、节能改造提高发电效率降低燃料消耗。为优化煤电产能，逐步淘汰落后机组。逐渐控制并降低煤电发电量，煤电发电量逐步达峰，新能源逐步成为发电量增量主体。

2. 中远期（2030—2045 年）

中远期煤电定位由基础保障性为主，系统调节性为辅转变为基础保障性与系统调节性并重。当前，中国在役煤电机组平均服役年限约为 12 年，2035 年后，一部分机组将达到经济寿命，煤电低碳转型加速，采取延寿、退役煤电转为应急备用机组等措施，保障煤电加速退出期的电力供应安全。同时，对于退役煤电可进行同步调相机改造。支撑以新能源为主体的电力系统。为实现碳中和目标，煤电 CCS、BECCS 进入示范应用、产业化推广阶段。此阶段新能源成为主体电源，煤电作为调节性、支撑性电源维护电力系统安全稳定运行。

3. 远期（2045—2060 年）

2045 年后，新型电力系统建设进入巩固完善期，电力供应结构以清洁非化石能源发电为主，煤电在新型电力系统中成为系统调节性电源。服务中国 2060 年前实现碳中和目标，在役煤电机组 100％加装碳捕集装置确保电力近零排放，存量煤电与其他灵活性资源共同承担系统调节责任。

（二）典型区域煤电定位演变及转型路径

中国幅员辽阔，由于不同区域的资源禀赋、经济发展水平、用电特性、热力供应与采暖需求等存在差异，煤电在电力系统中发挥的作用也有较大差异。华东、华北地区工商业发达、人口密集、用电需求较大，高度依赖本地煤电和外来电，煤电占据主体地位；风电、太阳能等清洁能源发电主要集中在电力需求较低的西北、东北地区，供给能力充足，但输送清洁能源比例偏低。华中、南方地区煤电装机占比较低，电力需求较高，自身供给能力较强，煤电主要发挥安全保障和灵活性调节保障作用。

煤电转型要与区域特点及发展战略相结合，为探究不同区域煤电的角色定位演变与特征，需要选取不同省份进行具体分析。本节选取了三个典型省份进行分析，分别是位于华北地区、煤炭资源丰富的送端省份山西省，位于西北地区、新能源装机高占比的送端省份甘肃省，位于东南沿海地区、煤电装机容量占比较高的受端省份江苏省，典型省份的电力供需特征，如表 6－2 所示。

表 6－2　典型省份电力供需特征[1]

特征		山西省	甘肃省	江苏省
电力供应	资源禀赋	煤炭资源丰富	风能资源丰富，日照时数长，水资源禀赋较强	海上风电和核电开发条件优越
	电源结构	电源结构以火电为主。2022 年，山西全省火电装机占比 64.92%。新能源占比 33.23%	电源结构以新能源为主。2022 年，全省新能源装机占比 51.52%，火电占比 32.99%	新能源装机迅速增长，煤电装机增速缓慢。2022 年，江苏省新能源占比 31.26%，火电占比 64.71%
	发电量结构	火电发电量占比较大。2022 年，山西全省火电发电量占比 85.77%	2022 年，甘肃省火电发电量占比 57.54%，风电光伏发电量占比 26.63%	火电发电量占据主导地位，2022 年，江苏省火电发电量占比 82.4%
	煤电机组特性	①热电联产机组占比超过 50%；②小容量机组占比较大，近年煤电机组平均利用小时数呈上升趋势	①热电联产机组占比较大；②近年煤电机组年利用小时数呈现增长的趋势	①热电联产机组较少；②1000MW 以上燃煤机组占比较大，煤电机组年利用小时数呈现稳步下降的趋势
电力需求	电力需求特性	省内用电量逐年增长，电力外送比例较大	全省用电量逐年增长，新能源外送电发展迅速	全省用电量逐年增长，外来电规模较高；负荷呈现峰值高、增幅大、持续长的特点

典型区域的煤电转型路径设计不仅要考虑构建新型电力系统“三步走”阶段发展特征，还要考虑区域资源禀赋和能源结构等，基于对山西省、甘肃省、江苏省电力供应结构特点的分析，对各省的煤电定位与转型路径进行分析，如表 6－3 所示。

[1] 数据来源：中国电力统计年鉴 2022，山西省 2022 年国民经济和社会发展统计公报，甘肃省工信厅，江苏能源监管办。

表 6-3　典型省份煤电定位与转型路径

省份	发展阶段	近中期（当前至2030年）	中远期和远期（2030—2060年）
山西省	煤电定位	基础保障性电源	支撑性、调节性电源
	阶段特性	①煤电装机容量及发电量占比较大，仍起到保障基础负荷和尖峰负荷作用； ②小容量煤电机组及热电联产机组占比较大，机组平均煤耗较高； ③煤电灵活性调节作用逐渐凸显，促进新能源消纳； ④外送电仍以煤电为主	①煤电进入加速退出期，非煤电力对煤电替代作用逐步增强； ②外送电力中可再生能源将占较大比例，煤电配合可再生能源送出； ③煤电机组逐步完成改造，保留部分完成CCS、BECCS改造机组进行灵活性调节并提供负碳贡献
	转型路径	①严格合理控制新增容量，增量煤电实行容量替代； ②优化存量煤电，推动机组灵活性改造、供热改造； ③CCS、BECCS技术进入应用示范阶段	①加速机组灵活性改造； ②未改造机组加速退役； ③热电解耦技术、CCS、BECCS改造技术大规模应用
甘肃省	煤电定位	支撑性电源	调节性电源
	阶段特性	①系统内新能源占比较大，煤电主要发挥灵活性调节作用； ②新能源持续快速发展，煤电机组加速退出； ③热电联产机组占比较大	①充分发挥西北互济优势，实现不同区域与周边省份的协同优化，更大范围促进新能源消纳； ②逐步形成“风光水火储”一体化电源基地； ③煤电机组逐步完成改造，保留部分完成CCS、BECCS改造机组进行灵活性调节并提供负碳贡献
	转型路径	①严控新增容量； ②对30万～60万kW的煤电机组进行灵活性改造； ③推进热电解耦改造，CCS、BECCS技术进入示范应用阶段	①30万kW以下煤电机组退出或转应急备用； ②30万kW以上机组逐步完成CCS、BECCS改造
江苏省	煤电定位	基础保障性电源	支撑性、调节性电源
	阶段特性	①煤电装机容量占比较大，主要发挥基础保障性作用； ②大容量煤电机组占比较高； ③海上风电及核电发电量增长，具有发展潜力； ④相比其他省份，气电占有较大比重； ⑤负荷峰值高，需求响应潜力大； ⑥外来电量占有较大比重	①海上风电及分布式光伏取得了较大发展，煤电机组灵活性改造逐步完成，煤电向支撑性、调节性电源转变； ②气电代替煤电发挥一部分调峰作用，同时通过需求响应可降低部分尖峰负荷； ③随着外送通道进一步投产，外来电量进一步增长
	转型路径	①增量煤电实行容量替代； ②60万kW以上机组进行灵活性改造； ③逐步退出落后机组	①未改造机组加速退役； ②60万kW以上机组逐步完成CCS、BECCS改造

山西省作为煤炭产销及电力输出大省，推动其实现煤电转型发展是响应国家碳中和、碳达峰目标的必经之路。在山西省能源结构中，煤电装机和发电量占据主体地位，高耗能小机组及热电联产机组占比较大，机组平均煤耗较高。作为“西电东送”、“北电南送”重要电力送端省份，外送电中煤电占比较高。根据山西省“十四五”规划，到2025年，电力外送能力将达到5000万～6000万kW，外送电量将进一步增加。山西省电力外送规模扩大有助于缓解华东、华中等区域的电力供应紧张局面，加快电力外送基地建设有助于优化电网布局结构，形成风火互济、特高压交直流混联、含较大比例可再生能源的外送型电网。近中期，由于煤炭资源的优势，煤电仍作为基础保障性电源在山西省的电力结构中占据重要地位。因此，要限制新增煤电项目，严控煤电装机；优化存量煤电，推动机组运行灵活性和燃料灵活性改造；推动“上大压小”的方式进行产能替代；推动热电解耦技术的应用，采取集中供热等方式，在保证热负荷需求的同时实现能源高效利用；CCS、BECCS技术进入示范阶段。中远期和远期，山西省煤电向支撑性、调节性电源转变。继续推动煤电机组灵活性改造，增加系统调峰能力，加快淘汰高耗能机组和未经灵活性改造的机组；大规模应用热电解耦技术，推广低碳改造技术，保留CCS、BECCS改造后的煤电机组，实现近零排放。

甘肃省太阳能、风能资源丰富，是中国重要的沙漠戈壁荒漠大型风电、光伏发电基地建设区域之一。作为“西电东送”战略的重要输送走廊，加快外送通道建设，充分利用大电网互联优势，风光水火打捆发电，提升新能源消纳水平。按照规划，到“十四五”末，甘肃新能源发电装机将超过8000万kW。在省内用电需求增长有限的情况下，需要加快特高压外送通道建设，实现省内新能源在全国范围内优化配置。近中期，煤电作为支撑性电源，保障电力系统安全稳定，充分发挥新能源的优势，加快外送通道建设，提升新能源外送占比；严控新增煤电装机，对煤电机组进行灵活性改造，提高系统调峰能力；推进热电解耦技术的应用，缓解热电机组调峰与供热之间的矛盾；CCS、BECCS进入示范应用阶段。中远期和远期，甘肃省煤电逐渐向调节性、辅助性电源转变，30万kW以下煤电机组加速退出或转应急备用，30万kW级以上低耗能机组适当延寿，存量煤电机组进行CCS、BECCS改造。

江苏省作为经济大省、用电大省，最高用电负荷连续六年超过1亿kW。在江苏省电源结构中，煤电装机占比较大，大容量高参数机组较多，可再生能源发展潜力较大。为保证煤电转型过程中的电力可靠供应，一方面需要加快海上风电、核电、气电等替代能源发展，另一方面外来电接纳能力应进一步提升，特高压等跨区输电通道进一步优化，优化外来电结构，提升可再生能源占比，提升电力资源组织和调度能力以保证最大限度的增加高峰时段供给能力。近中期，煤电仍作为电力供应主体，在电源结构中具有基础保障性作用，同时，考虑煤电新增装机和发电受到限制，外来电的作用将进一步凸显。为满足负荷增长需要，可通过容量替代适当新增 60 万 kW 级以上煤电机组；由于大容量高参数机组占比较大，优先对 60 万 kW 级以上机组进行灵活性改造，提升系统的调节能力，同时，逐步退出 30 万 kW 级及以下煤电机组。中远期和远期，江苏省海上风电、核电快速发展，通过需求响应降低尖峰负荷，煤电逐渐向支撑性、调节性电源转变，同其他灵活性资源一同参与电力系统调节。在此阶段，应加速退出未经节能改造、灵活性改造的煤电机组，现有的应急备用机组适时转为战略备用，对 60 万 kW 级以上机组进行 CCS、BECCS 改造。

四、煤电转型政策建议

（一）建立煤、电产业联动机制，缓解煤电运营压力

燃煤成本是煤电企业成本构成的主要部分，是影响煤电企业盈利的关键因素，建立煤、电价格联动机制，煤电企业用煤成本向下游合理传导，有助于缓解高煤价下煤电企业的运营压力，降低市场风险。在签订电力中长期交易合同时，设置与中长期煤价挂钩的相关条款；根据煤炭价格的浮动及时调整电力基准价，疏导煤电企业由于煤价上升增加的成本；加强市场监管，加强煤、电中长期合同履约监管，加强期货现货市场联动监管和反垄断监管，保证市场健康稳定运行。

（二）完善市场机制设计，丰富煤电获利场景

由于新能源机组的高比例接入，电力现货市场价格呈现下降趋势，煤电企业面临着电价下行和发电量减少两方面的挑战。随着电力现货市场的开展，为了充分反映电力真实的时序信号和位置信号，需进一步扩大现货市场价格上下限，扩大电价浮动范围，根据市场情况调整价格上下限，充分发挥价格信号的引导作用，引导发电侧调峰发电和用户侧错峰用电。

辅助服务市场机制的设计完善，可以充分实现灵活机组的价值，提升煤电等灵活性资源的获利方式和盈利水平。需要在中长期时间尺度和短期时间尺度科学分析和预测电力系统调节需求，合理分配调节资源，根据系统调节需求做好调节资源的中长期规划和短期运行计划；拓展市场化辅助服务品种，新增转动惯量、爬坡、调相、稳控切机、快速切负荷等辅助服务品种；逐步实现辅助服务市场与现货电能量市场的联合出清，实现系统的运行优化。完善市场竞争机制，区分机组调节性能的差异，体现优质调节机组的市场竞争优势，为完成灵活性改造的煤电机组创造良好的市场条件，激励煤电机组进行灵活性改造，加快煤电转型进程。制定差异化补偿或分摊标准、优化分摊系数，体现灵活性差异，实现辅助服务费用的合理分摊和疏导。

建立容量补偿机制，按照市场主体为电力系统提供安全保障容量的能力，给

予差异化补偿，引导可用发电容量的投资预期和资源配置，保障发电容量的长期充裕和系统安全可靠性；探索建立容量市场，燃煤发电机组可以通过签订容量合同、容量拍卖等方式收回固定成本，确保发电资源的长期充裕性。考虑碳价值，实现容量市场与碳市场的衔接，根据碳市场中的碳价值，对不同类型发电资源全生命周期的排放量进行测算，在容量市场中加以考虑，体现电力的绿色价值。

（三）支持燃煤电厂与风光储联合发展

2021 年 3 月初国家发展改革委、国家能源局发布的《关于推进电力源网荷储一体化和多能互补发展的指导意见》中指出，“源网荷储”一体化和多能互补是提升可再生能源开发消纳水平和非化石能源消费比重的必然选择。随着新型电力系统的建设，风光装机的增加将给煤电带来更大的竞争压力。煤电企业可投资建设风电、太阳能和储能，利用存量煤电项目的调节能力推动新能源发展，在源侧实现对风光出力不稳定的平抑，并联合提供调频等辅助服务。

（四）推动煤电企业向综合能源服务商转变，创新“源网荷储”一体化商业模式

2023 年 7 月 11 日，中央深化改革委会议审议通过了《关于深化电力体制改革加快构建新型电力系统的指导意见》，强调要深化电力体制改革，推动电力商业模式创新。煤电企业可以创新商业模式开展多种服务，从单一发电服务商转型为综合能源服务商，探索与分布式光伏、分散式风电、储能、电动汽车充电站、数据中心等的有机联动，因地、因企制宜，横向构建智能供电、气、水、热等多能互补系统，形成区域综合能源服务平台，纵向加快源网荷储一体化低碳清洁发展。

（五）鼓励煤电技术创新，提升智能化水平

推进燃煤电厂在环保、能效、灵活性方面的改造，因地制宜、因厂施策、一机一策，推进煤电行业实现清洁高效、灵活低碳的高质量发展，加大绿色金融对煤电节能环保改造资金的支持；提升煤电领域的智能化水平，以数字化智能化技术加速发电清洁低碳转型。

第二节　天然气发电发展路径

中国气电的装机及发电量占比均较小，发展仍处于起步阶段。近年来，在环保目标及碳排放约束下，气电的灵活性、清洁性等优势逐步凸显，气电将在能源转型过程中扮演重要的过渡角色。有序推动气电因地制宜发展将更好地发挥气电对于可再生能源的保障和促进作用，产生协同减排效益。

一、中国气电发展基本情况

（一）中国气电发展现状

中国燃气发电开始于 1960 年左右，发展速度较为缓慢，2000 年燃气机组规模达到600万kW，在总装机中占比仅为1.88%，主要分布在沿海发达地区。近年来，在国家政策引导下，推进“西气东输”，加快天然气开发利用，统筹天然气管网及生产基地建设，注重近海天然气开发、引进国外液化天然气等措施使得天然气发电得到进一步发展。2020年中国天然气发电装机规模达到1亿kW，占发电总装机容量的比例超过5%。本节主要从气电的装机及发电情况、地区差异、成本等方面梳理中国气电发展现状。

1. 装机和发电量情况

装机容量近年增速较快但占比较低，发电量有所增加但占比低。如图6-16所示，自2016年以来，中国气电装机稳步增加，到2022年末，气电装机达11485万kW，2016—2022年气电装机年均增长率为8.24%，比煤电年均增长率（3.23%）高5个百分点，年均新增装机697.38万kW，气电装机占比在4.5%左右。

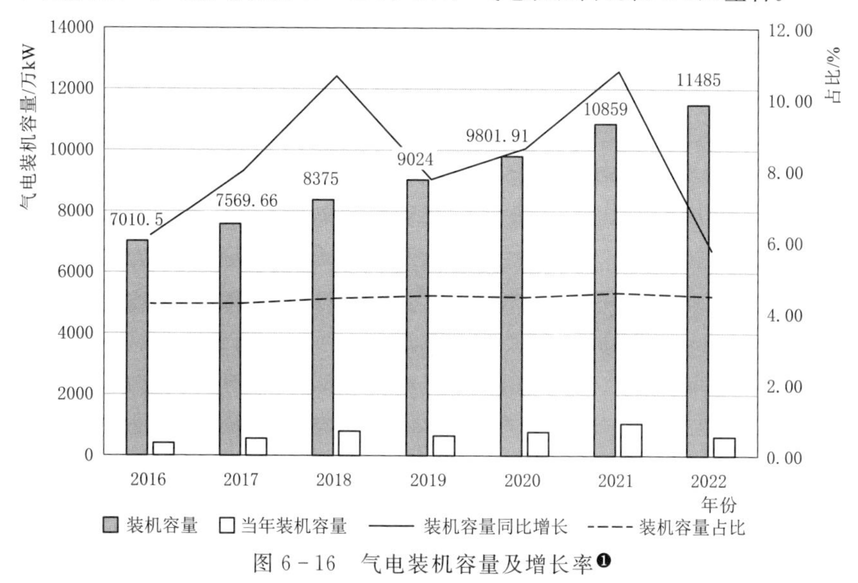

图6-16　气电装机容量及增长率❶

气电发电量虽有所增加，但占总发电量比例较低。如图6-17所示，2022年气电发电量为2726亿kW·h，占总发电量的3.36%。2016—2022年间，气电发电量占比在2.4%～3.4%之间，2017年低至2.4%。

受系统调峰及燃料供应影响，气电年利用小时数较低。由于气电燃料成本较高，天然气机组以参与电力系统调峰和供热为主，气电年利用小时数在3000h以下。如图6-18所示，2018年天然气发电设备平均利用小时数为2767h，2020年下降到2618h，低于煤电（4340h）和水电（3827h）。2022年天然气发电设备平均利用小时数为2429h，达到历史新低。

❶ 数据来源：中国电力企业联合会，《中国电力行业年度发展报告2022》，2022。

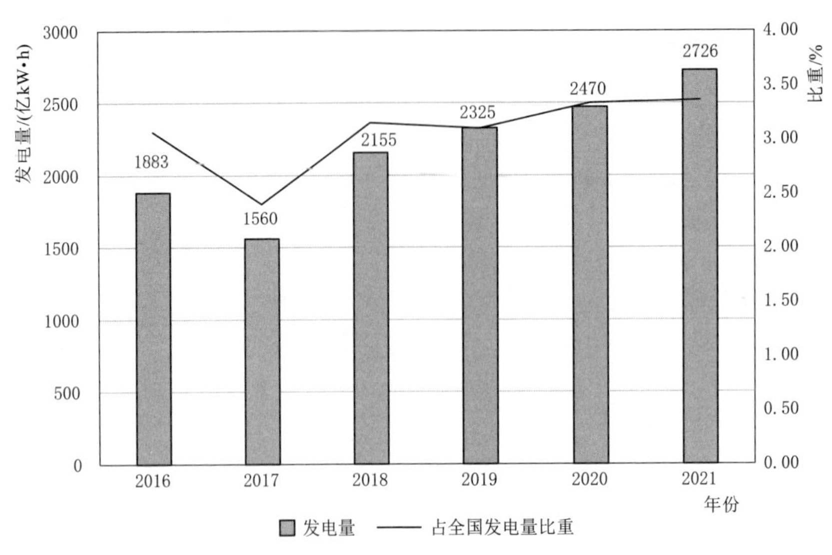

图 6－17　气电发电量及占全国发电量比重❶

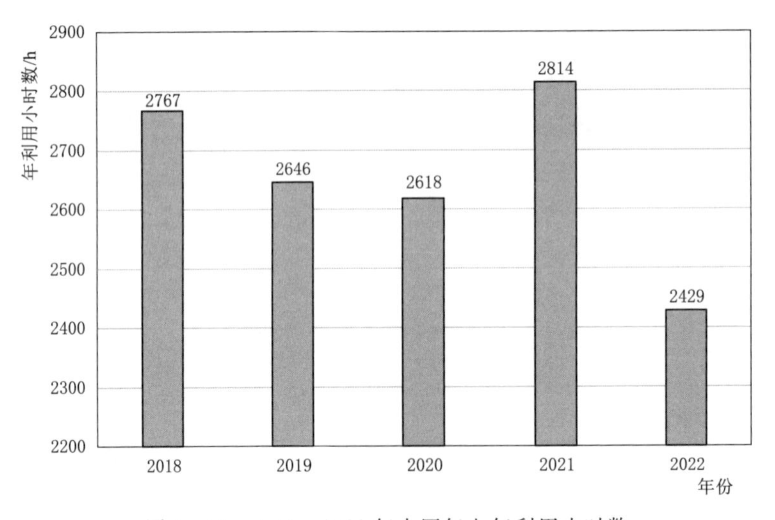

图 6－18　2018—2022 年中国气电年利用小时数

2. 地区差异

由于气源、经济发展水平、政策等原因，中国各地区气电发展呈现较大差异。图 6－19 为 2021 年年底中国部分地区气电装机情况，天然气发电机组主要集中在经济发达的长三角、珠三角等沿海地区和京津地区，广东、江苏、浙江、

❶ 数据来源：中国电力网，2021 年中国燃气发电报告，2021。

北京、上海五省（直辖市）气电装机容量合计约占全国气电容量的74%。从机组类型来看，北方的气电机组以热电联产机组为主，南方的气电机组类型则较为多元，包括热电联产机组、调峰电站以及分布式气电。

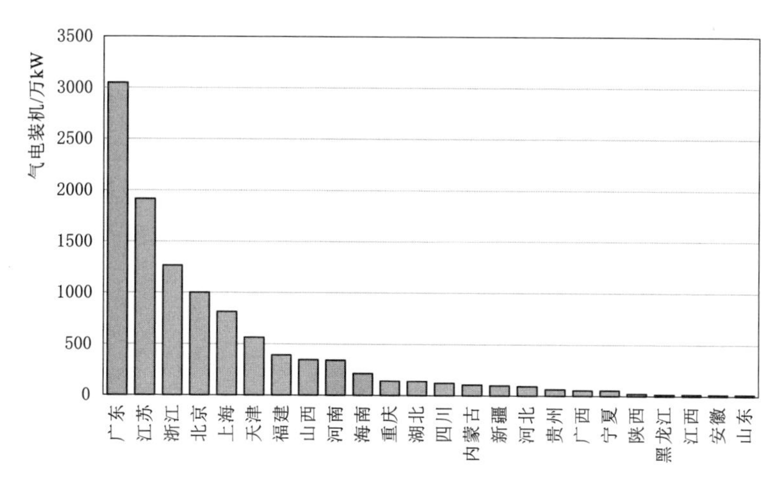

图6-19　2021年年底中国部分地区气电装机情况❶

3. 运行特点和低碳技术现状

气电机组灵活性较高，由于成本较高，一般承担尖峰负荷调峰和日启停调峰。硬煤煤电机组热启动时间为2～3h，冷启动时间为4～10h，爬坡速率为1.5%～6%/min，而气电机组启动时间相对较短，爬坡速率较高。燃气单循环机组热启动和冷启动时间均小于0.1h，爬坡速率为8%～15%/min，燃气联合循环机组热启动时间为0.5～1.5h，冷启动时间为2～4h，爬坡速率为2%～8%/min。

气电CCUS部署发展缓慢。由于燃气电厂烟气CO_2相较于煤电碳浓度更低，分离难度更大，成本降低更困难，所以气电CCUS部署在中国发展相对缓慢。2023年7月，中国首套燃气2000t/a CO_2捕集装置在华能洋浦热电联产项目投入运行，而煤电CCUS项目已经开始发展万吨级的CO_2捕集装置。据《中国二氧化碳捕集利用与封存（CCUS）年度报告（2021）》，煤电CCUS减排量于2025年达到600万t/a，2040年达到峰值，为2亿～5亿t/a，随后保持不变；而气电CCUS的部署才逐渐展开，预计到2030年气电CCUS部署达到峰值后保持不变，当年减排量为0.2亿～1亿t/a。

4. 成本现状

气电度电成本较高，考虑碳排放会进一步增加气电成本。天然气发电成本

❶ 数据来源：国家能源局。

主要为初始投资和运营维护成本，与煤电相比，气电燃料成本在总成本中的比重更高，燃料成本占比为总成本的70%以上，气电度电成本受燃料价格影响更大。据中电联统计，中国典型地区的天然气发电成本约0.55～0.75元/kW·h，高于煤电度电成本。考虑碳排放成本时，气电的成本会有所增加，但相较于煤电，气电度电碳排放量更低，可参与碳市场出售碳配额。

（二）中国气电发展主要问题

天然气发电作为一种高效、环保、灵活的发电方式，是中国优化电源结构的重要部分，对推动构建清洁低碳、安全高效能源体系具有积极作用。但目前天然气发电在规模、政策、气源、价格、技术等方面也存在着一些问题。

1. 气电总体规模偏小、分布不均衡，系统调节和保供作用不明显

在新型电力系统中，气电主要作为调节性电源发挥作用，缓解新能源出力波动性和随机性给电力系统带来的风险，促进新能源消纳。目前中国气电装机规模总体占比依然偏低，较小的装机规模导致气电发挥的系统调节作用和保供作用不明显。在分布上，气电与绿电的匹配度不高，支撑作用有限。受区域供需特点、资源禀赋、基础设施、政策支持以及财政补贴等多重因素影响，中国气电项目主要集中在经济较为发达、环境要求较高的珠三角、长三角和京津地区，占比达到了全国气电装机的80%左右，西部四川、重庆等天然气资源富集地区的气电也有较好的发展势头。而中国的新能源主要集中在风光资源丰富的“三北”地区，与气电的分布情况匹配程度不高。

2. 气价偏高，气源不稳定

气价偏高和气源不稳定，是长期制约中国天然气发电产业发展的瓶颈，气电度电成本较高，燃料成本占比达七成以上，与其他电源相比，气电在价格上缺乏竞争力。随着电力市场建设的推进，气电的竞争压力不断加大。除了气价较高外，气源的稳定性也影响着天然气发电的发展，燃气发电需要大量连续稳定的天然气供应，而在天然气供应紧张时期，燃气电厂成为短供甚至断供的主要对象，影响了气电的收益，对投资主体产生消极影响。

3. 政策不够明朗，产业定位不够清晰

天然气发电涉及天然气、电力、环保等多领域问题，政策尚存在不够协调、不够统一的问题，缺少针对天然气发电的政策，导致气电发展缓慢。气电作为多元利用天然气的方式之一得到了天然气产业政策的支持；电力政策以有序发展天然气发电为主，也存在下调天然气发电上网电价，压缩计划发电小时数等问题；环保政策对气电发展的态度较为模糊；在多能互补、源网荷储一体化等政策中，气电与其他电源协同发展时所处的地位和作用也缺乏明确的定位和政策指引。政策上的不确定性和差异性影响了市场主体对气电投资的信心，给气电发展造成了一定的阻碍。

4. 气电的环保、灵活性价值难以体现，经济性较差

中国从 2011 年开始，先后在北京、上海、天津、重庆等十余个省（直辖市）建立了碳交易市场，但相比欧美等国 40～50 美元/t 的碳价，2022 年碳市场碳排放配额（CEA）年内成交均价仅为 55.3 元/t，市场活跃度较低，天然气发电难以通过碳市场获得足够的收益。按照气电度电气耗 0.19m^3、碳排放强度 411g/(kW·h)、煤电度电煤耗 300g/(kW·h)、碳排放强度 798g/(kW·h) 计算，以欧洲 20～30 欧元/t 的碳价计算，折合成各自的综合燃料成本，两者大体相当，说明若碳交易市场充分发展，燃气发电的环境价值得以充分体现，气电燃料价格高导致的运营发展压力将得到一定程度的缓解，在市场中的竞争力将进一步提升。

气电具有负荷调节范围宽、响应快速、变负荷能力强的特点，能在多种应用场景下发挥重要的调节和支撑作用，是当前及未来一段时期中国提升电力系统灵活性的重要电源之一。而目前中国的电力辅助服务市场机制尚未完全建立，辅助服务品种较为单一，价格机制还需进一步完善，费用分摊机制有待完善，导致气电的灵活性价值难以充分实现。

5. 气电核心技术尚未实现自主化

目前大型燃气轮机制造技术基本被美国、日本等国垄断，中国自主研发的燃气轮机基本都是 5 万 kW 以下的轻型燃气轮机，且尚未形成完整的产业链，燃机燃烧室、高温透平叶片等关键零部件和关键材料仍需要依赖进口，导致燃气电厂的设备购置及运维成本较高，燃气发电成本下降空间有限，燃气发电的价格竞争力的提升仍有待核心技术的进一步突破。由于在技术层面缺少话语权，整机检修维护也高度依赖原厂商，燃气发电企业面临着较长的维修周期和较高的维修费用，对电厂的运营产生了较大影响。

二、未来气电发展规模测算

结合前述电源发展规模的测算结果，对未来气电发展规模进行情景分析，各情景下的气电装机规模及发电量，如图 6-20、图 6-21 所示。

基准情景下，由于气电在环保性、低碳性、灵活性等方面相较于燃煤发电优势突出，在推动中国电源结构由高碳能源向低碳能源转变中具有重要作用。在有计划、有步骤实施煤电退出时期，气电替代小容量煤电是实现碳减排的有效手段，因此，气电装机容量和发电量逐年增加，2030 年气电装机 2.3 亿 kW，发电量 0.8 万亿 kW·h，至 2035 年，气电装机及发电量迎来峰值，装机容量 2.7 亿 kW，发电量 1 万亿 kW·h。随着风光等新能源发电成本优势凸显，由于燃料成本昂贵、气源有限等因素影响，气电发展到达峰值。在电力系统中，气电作为灵活性电源仍将发挥重要作用。2045 年气电装机下降至 2.4 亿 kW，发

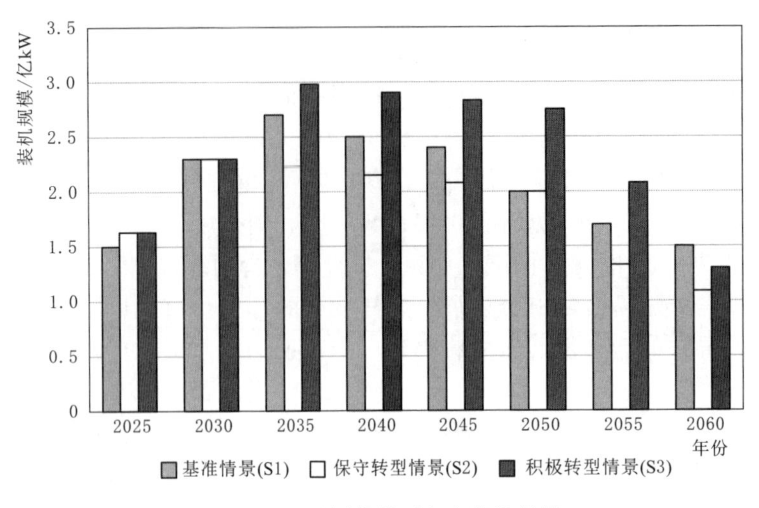

图 6－20　不同情景下气电装机规模

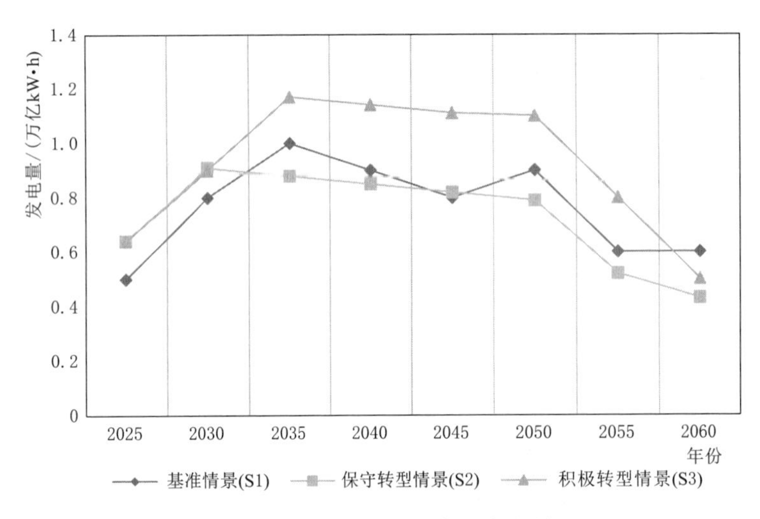

图 6－21　不同情景下气电发电量

电量 0.8 万亿 kW · h。为实现碳中和目标，气电装机及发电量进一步下降，2060 年气电装机容量 1.5 亿 kW，年发电量与煤电持平达到 0.6 万亿 kW · h。

保守转型情景下，新能源发展速度放缓。近中期，煤电小规模缓慢退役，存量煤电较基准情景较多，因气电较煤电更清洁，且风电光伏由于随机性波动性较强，近期发展放缓，为促进低碳转型，气电在达峰前装机容量及发电量上升，2030 年达到装机及发电量峰值，较基准情景提前 5 年，气电装机 2.3 亿 kW，发电量 0.9 万亿 kW · h。2045 年气电装机 2.1 亿 kW，发电量 0.8万亿 kW · h。2060 年气电装机容量 1.1 亿 kW，较基准情景低 0.4 亿 kW，发电量 0.4 万亿 kW·h，较基准情景低 0.2 万亿 kW·h。

积极转型情景下，能源结构转型加速，全社会电气化水平有效提升。近期，由于电力需求扩大、煤电加速退出，各类电源装机迅速提升，气电迎来跃升发展。至 2035 年，气电装机容量及发电量迎来峰值，装机 3 亿 kW，较基准情景提高 0.3 亿 kW·h，年发电量 1.2 万亿 kW·h。随着绿色低碳转型的深入推进，气电装机容量及发电量逐渐下降，2045 年装机容量下降至 2.8 亿 kW，较基准情景高 0.4 亿 kW，年发电量 1.1 万亿 kW·h，较基准情景高 0.2 万亿 kW·h。2045 年后，为实现碳中和目标，气电机组加速退出，2060 年气电装机容量 1.3 亿 kW，年发电量 0.5 万亿 kW·h。

三、新型电力系统中气电发展路径

（一）新型电力系统中气电定位

在新型电力系统中，气电由于其低碳清洁、灵活高效等优势，将具有如下定位。

发挥灵活性调节作用，支撑可再生能源发展。气电在灵活性调节方面具有调节范围宽、响应速度快等多重优点，随着新能源比例的持续增加，需要进一步发挥气电的调节作用。在用电高峰时段或新能源出力不足时快速提高出力水平，满足尖峰负荷需求；在用电低谷时段或新能源出力较大时迅速压低出力甚至停机，为新能源消纳提供更多空间。

发挥低碳、节水、占地小等优势，作为能源转型的过渡电源。相比于煤电，气电在碳排放、投资、占地、用水等方面均具有一定优势。受制于资源、燃料成本等因素，虽然中国气电大规模发展的可能性较低，但在减排目标的约束下，仍需要发展一定规模的气电，在系统支撑及供热等方面作为过渡能源，替代部分煤电。

与风—光—氢等能源横向联合发展，实现多能联供。随着新能源和氢能的不断发展，未来可通过多能耦合方式促进协同减排，随着电力系统对长周期电力电量调节的需求更加迫切，气电掺氢将是一种重要的长周期调节方式。

（二）分阶段气电定位及发展路径

1. 全国层面气电定位演变及发展路径

气电在新型电力系统中将承担灵活调节、清洁热源、多能联供等作用，在新型电力系统建设过程中，气电将成为化石能源转向可再生能源的重要过渡能源。综合考虑中国能源发展现状及未来规划，分近中期（当前至 2030 年）、中远期（2030—2045 年）、远期（2045—2060 年）三个阶段分别探究气电定位及发展路径，如表 6-4 所示。

表 6-4　分阶段气电定位及发展路径

发展阶段	近中期（当前至2030年）	中远期（2030—2045年）	远期（2045—2060年）
气电定位	系统调节为主，多能联供为辅	系统调节为主，系统支撑和多能联供为辅	系统调节与多能联供并重
发展路径	①装机容量和发电量处于上升阶段； ②气电替代部分煤电实现碳减排； ③配合多种资源参与系统调节； ④推动分布式气电发展	①容量和发电量达到峰值； ②继续担任灵活性调节电源，担任煤电的补充性支撑电源； ③探索气电与风—光—氢耦合发展； ④气电CCS/CCUS技术进入示范推广阶段	①装机容量及发电量均逐渐下降； ②继续担任灵活性调节电源； ③风—光—气—氢耦合发展逐渐成熟； ④气电全部加装CCS/CCUS

（1）近中期（当前至2030年）。

气电应有序发展，装机容量和发电量均处于上升阶段，在资源条件允许的地区通过气电替代小容量煤电机组实现碳减排。在此阶段，风光等可再生资源将大规模并网，气电具有可靠性高、调节范围大等特点，适合配合其他灵活性资源进行系统调节，为新能源大规模接入提供灵活性支持，探索建设发电、供热、调峰一体化协调发展。

（2）中远期（2030—2045年）。

在此阶段，中国电力安全保供形势仍然严峻，一方面，电力需求持续增长；另一方面，为实现双碳目标，煤电在经历“控容减量”的平台期后进入“减容减量”阶段，电力安全保供压力较大。因此，气电在此阶段经历容量和发电量的双重达峰，不仅需要担任灵活性调节电源，在部分气电资源较好、电力需求较大的地区，气电需要担任煤电的补充性支撑电源。同时也应继续探索多能联供，促进天然气与风、光、氢联合发展，通过气氢联合实现长周期系统调节。气电CCS/CCUS技术进入示范推广阶段。

（3）远期（2045—2060年）。

由于可再生能源的高速发展以及电力系统转型的加速，全新形态的电力系统全面建成，气电装机容量及发电量均逐渐下降。一方面，气电仍然担任灵活性调节资源，另一方面，随着氢能技术的进步，风—光—气—氢耦合功能形式不断发展成熟。在此阶段气电机组全部完成加装CCS/CCUS装置。

2. 典型省份气电定位演变及发展路径

由于各地区资源禀赋、电源结构、负荷特性等存在差异，气电在中国不同区域承担的作用和发展路径不尽相同。东部地区经济发达，电价承受能力较高，可加快气电发展速度，实现对煤电的部分替代，如广东、江苏、浙江等省份；

西部地区是新能源大规模并网的主要地区，也需要气电发挥灵活调节作用，配合新能源发展。本节以甘肃省和江苏省为例，分析气电在不同类型省份的发展路径。

基于前文对两省电力供需现状的分析，对气电发展路径做出如下分析，如表 6－5 所示。

表 6－5　　典型省份气电分阶段发展路径

省份	发展阶段	近中期（当前至 2030 年）	中远期和远期（2030—2060 年）
甘肃省	气电定位	调节性电源	调节性电源
	阶段特性	①冬季供热需求较高，煤电机组中热电联产机组占比较大； ②发电结构中新能源占比较高，灵活性资源需求较大	①新能源装机容量和发电量占比持续增多，煤电机组继续退出； ②多种灵活性资源协调发展，通过西北地区资源互济促进新能源进一步消纳
	发展路径	①提升新能源占比，推动气电发展，建设陇东和东南部多能互补综合能源开发区； ②鼓励储气设施建设，保障气电调峰能力； ③加强天然气管网互通互联建设，提高管网输送能力； ④在河西走廊、陇东地区推动天然气调峰电站建设，在兰州等用能大地区鼓励发展分布式气电； ⑤有序推进供热“煤改气”工程，因地制宜发展天然气热电联产、提高能源利用效率	①推动天然气与氢能基础设施融合发展、智能化综合能源体系建设； ②分布式气电得到较好发展
江苏省	气电定位	支撑性、调节性电源	支撑性、调节性电源
	阶段特性	①存量气电具有一定规模，气电逐渐成为主体发电能源之一； ②负荷峰值较高，调峰需求较大	①气电的灵活调节作用进一步凸显； ②气电装机容量和发电量达峰后逐步下降
	发展路径	①在负荷中心合理规划调峰气电布局； ②推动集中式气电与分布式气电协同建设； ③加强沿海输气管道建设； ④加快推动天然气管网建设； ⑤推动沿海 LNG 接收站建设，提升天然气战略储备能力； ⑥有序推动“煤改气”项目建设	①天然气机组装机容量先实现达峰，后逐步退出，存量天然气机组全部完成 CCS/CCUS 改造； ②推动天然气与氢能基础设施融合发展、智能化综合能源体系； ③分布式气电得到较好发展

甘肃省可再生能源资源禀赋较强，拥有风电、光伏等大型新能源基地，随着跨省跨区特高压通道的建设，亟须通过多种配套设施促进新能源消纳以及“西电东送”战略的实现。近中期，甘肃省新能源占比将继续提升，为提升系统调节能力，需要进一步推动气电发展，建设陇东和东南部多能互补开发区，推动天然气调峰电站建设，同时为促进气电发展，需要鼓励储气设施建设、加强天然气管网互通互联，提高管网输送能力。由于甘肃省位于中国西北部，冬季供暖需求较高，为更好地满足供热需求，可以推进供热“煤改气”工程，因地制宜发展天然气热电联产项目。最后，可在兰州等用能较大地区推进分布式气电示范项目，分布式气电可在负荷中心就近实现能源的梯级利用，具有能效高、清洁环保、削峰填谷等优点。中远期和远期，新能源占比持续增多，随着煤电灵活性改造的完成以及储能技术的进步，多种灵活性资源协调发展。推动气电与氢能联合发展，建设智能化综合能源体系，实现长周期、季节性调节。此外，随着技术进步，分布式气电取得较好发展，与大电网实现合作共赢。

江苏省经济较为发达，经济发展对电力需求较高，负荷峰值较高，用户电价承受度较高。同时，江苏省已有气电机组的规模较大，新能源占比相对西北地区省份较低，适合在能源转型期间发挥气电对煤电的替代作用，满足电力需求。近中期，江苏省需进一步推进气电建设，科学有序推动气电项目发展以及“煤改气”项目建设，除推进集中式气电建设外，重点推动天然气供应条件好的产业园区、楼宇，建设天然气分布式示范项目，推动天然气冷热电三联供。为保障天然气战略储备及供应，加强沿海输气管道建设，保障海外来气规模，加快实现天然气管网建设，实现跨省市互联互通，同时推动沿海 LNG 接收站建设。在电力调峰方面，需在负荷中心合理进行调峰气电建设，同时加强电力应急调峰储备能力建设，鼓励分布式气电配置黑启动运行能力。中远期和远期，气电的灵活调节作用进一步凸显，装机容量和发电量达峰后，为实现碳中和目标，退出部分气电，剩余气电需全部完成 CCS/CCUS 改造，分布式气电得到较好发展，随着技术水平进步，气电与氢能得到联合发展。

四、气电发展政策建议

（一）明确产业定位，制定支持政策

为了充分发挥气电作为重要调节性电源的作用，推动新型电力系统建设，需要从国家政策和顶层设计层面，明确气电的产业定位和区域布局，协调各领域的政策导向，制定相应的支持政策。

（二）加强国际合作和产业链协作，保障气源供应，协调天然气和电力两个系统

天然气的对外依存度仍然较高，对于进口天然气需要将长协与现货统筹协调，加强与出口国的合作。对于发电用天然气，规定天然气保底量，专气专用，保障气源稳定供应。气电产业的上下游衔接机制尚不完善，需要对天然气长协价格进行管控，从源头上控制气电发电成本，建立气、电价格联动长效机制，有效疏导气电机组发电成本。构建产业生态圈，实现产业上中下游的有效合作，缓解高气价下气电企业的运营压力。应建立供气和发电计划的长效协调机制，确保燃气发电及天然气供气的安全运行和经济调度。

（三）完善气电参与电力市场机制设计，实现气电的灵活性价值和容量价值

气电作为调节性电源，其价值更多体现在负荷高峰时刻的顶峰、备用等作用。目前的电力市场机制未能提供足够的价格信号反映其顶峰、备用价值，导致气电的价值难以合理实现。

实现气电的灵活性价值和容量价值需要电能量市场、辅助服务市场和容量市场的共同作用。燃气发电机组可以通过电能量市场获得边际电量成本补偿，通过容量补偿回收投资成本，通过辅助服务市场补偿机组调节成本和实现灵活调节价值。

电能量市场方面，初期天然气机组基数电量可以以政府授权差价合约方式形成中长期合约，基数电量外电量以报量报价方式参与电能量市场竞价，逐步实现全电量参与现货交易，接受现货价格波动。完善现货市场价格上下限，发挥电力现货市场的价格发现功能，反映市场供需情况，使气电等优质灵活性资源可以通过提供峰时电量获得收益。

优化气电机组参与辅助服务市场的机制，制定差异化补偿或分摊标准、优化分摊系数，体现灵活性资源的差异性，实现辅助服务费用的合理分摊和传导。优化辅助服务、现货市场运行补偿机制，保障气电机组因强制调开或保供电需求时，获得相应的补偿。

建立容量补偿机制，初期气电机组以容量补偿方式回收容量成本，成熟期参与容量市场竞价，通过提供有效容量获得容量市场收益，实现电能量市场和容量市场联合收益，支撑天然气发电向基础性调节性电源转变。

（四）加快碳市场建设，体现气电环境价值

目前中国碳市场建设仍处在初级阶段，市场活力较低，碳价远低于欧洲等国的水平，气电的环保价值难以体现。加快全国碳排放权交易市场建设，通过控制总量、增加有偿拍卖配额比例、引入更多市场主体等方式，提高市场活力，形成长期稳定的碳价信号；在碳现货交易基础上，探索碳期货、碳期权等衍生品多元化交易，管控市场风险，保证市场有序健康发展。通过碳市场体现气电的环境价值，有助于保障气电合理收益，促进气电发展。

（五）加快技术创新，加速多能互补融合发展

技术瓶颈是制约气电成本的重要因素，制定相应的创新支持政策，加快实现气电核心技术自主化，重点针对重型燃气轮机进行技术创新，加强对关键零部件及材料的研发，减少对国外技术的依赖，降低气电机组的运维成本。对于分布式气电，需要推动多能互补发展，建设综合智慧能源系统。

第七章

储能、氢能发展路径

习近平总书记在党的二十大报告中明确指出，“推动经济社会发展绿色化、低碳化是实现高质量发展的关键环节”“积极稳妥推进碳达峰碳中和、深入推进能源革命，加快规划建设新型能源体系”。

新型能源体系的系统形态，将由以绿电为核心的新型电力系统、氢能等新的二次能源系统以及化石能源零碳化利用系统构成。其中，绿电为核心的新型电力系统的构建，伴随着绿电成为电力供应及终端能源消费主体的全过程，亟需提升传统电力系统的灵活性以保障绿电的大规模消纳应用，储能、氢能是提升电力系统调节能力的重要手段，将在未来能源发展转型过程中发挥重要作用。

第一节　抽水蓄能发展路径

构建新型电力系统是推动可持续发展、构建新型能源体系、实现碳达峰碳中和目标的重要举措。抽水蓄能作为新型电力系统的重要组成部分，具有保障电力持续可靠供应、保障电网安全稳定运行、促进新能源高效消纳三大作用，是目前技术最成熟、应用最广泛、经济性最优的灵活性调节电源，在能源清洁低碳转型发展过程中充当着重要角色。

一、中国抽水蓄能发展情况

自《国家发展改革委员会关于进一步完善抽水蓄能价格形成机制的意见》（发改价格〔2021〕633号）及《抽水蓄能中长期发展规划（2021—2035年）》发布以来，抽水蓄能进入前所未有的高速发展阶段，截至2023年11月底，中国已建抽水蓄能装机容量5004万kW，在建抽水蓄能装机容量15013万kW，总计规模突破2亿kW，位居世界首位。已纳入规划的抽水蓄能站点资源总量约8.23亿kW，重点实施项目4.3亿kW，规划储备项目3.03亿kW。同时还有接

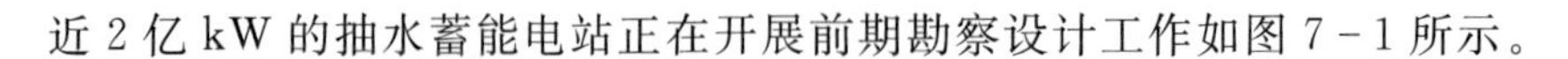

近2亿kW的抽水蓄能电站正在开展前期勘察设计工作如图7-1所示。

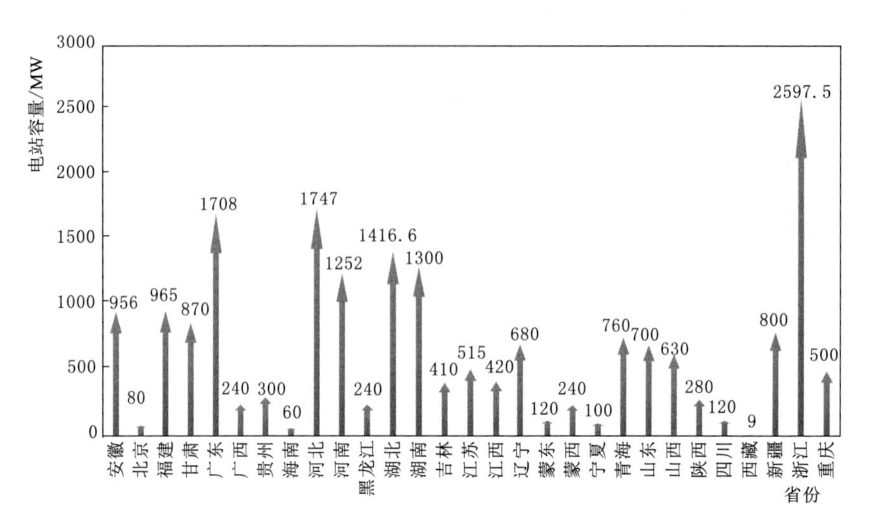

图7-1　截至2023年11月全国各省在运抽水蓄能电站容量汇总

二、抽水蓄能的功能作用

抽水蓄能电站利用水作为介质，在电力负荷低谷时，利用多余电能抽水至上水库转化为势能，电力负荷高峰期，通过放水至下水库发电将储存的势能再转化为电能，从而实现电能的储存和管理。此外，抽水蓄能还具备调峰、调频、调相、事故备用、黑启动等基础功能如图7-2所示。

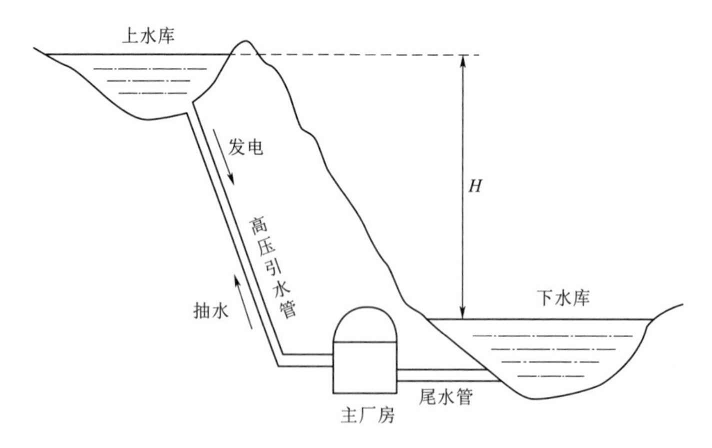

图7-2　抽水蓄能原理图

（一）抽水蓄能在传统电力系统中作用的发展

抽水蓄能可将电力系统负荷低时的多余电能，转变为电力系统负荷高峰时期的高价值电能；可在系统中发挥调频、调相等功能，起到稳定电力系统的周波和电压的作用；还可通过灵活启停运行为系统中其他电源提高运行效率提供重要支撑。随着发展阶段和社会需求的不同，抽水蓄能在电力系统中发挥的主要作用也各有侧重如图 7－3 所示。

01	02	03	04	05
最早建设抽水蓄能时期	**用电负荷快速增长阶段**	**全面服务电网稳定运行**	**提高负荷中心电网频率和电压支撑能力**	**提高清洁能源消纳水平**
避免电力系统中火电、核电等电源需要反复变化出力运行带来的弊端，提高电力系统运行的安全性与经济性	新型储能出现之前，抽水蓄能是电力系统中唯一的填谷电源，在平抑负荷曲线，保证系统调节能力方面起着极为重要的作用	提升用电质量，提高电网运行的平稳性，有效地减少电网拉闸限电次数，减少对企业和居民等广大电力用户生产和生活的影响	抽水蓄能启动时间短、调节速率快，更靠近负荷中心，同时可以配置在特高压线路落点，有效保障系统安全稳定运行	“十三五”以来，我国新能源不断发展，接入电力系统比例不断提高，抽水蓄能对新能源消纳具有重要作用

图 7－3　传统电力系统中不同阶段抽水蓄能作用发展

1. 配合火电、核电优化运行

抽水蓄能调峰填谷的作用避免了电力系统中火电、核电等电源需要反复变化出力运行带来的弊端，提高了电力系统运行的安全性与经济性。

抽水蓄能机组启停灵活，容量大，不仅可以减少火电机组参与调峰启停次数，还能有效减少电力系统的备用容量，提高火电机组负荷率并在高效区运行，降低机组的燃料消耗；通过增加高效、低煤基荷机组在低谷时段的发电量，来替代低效、高煤耗机组在高峰时段的发电量，从而实现电力系统火电机组的节能。

核电适宜长期稳定带基荷运行，大规模发展核电将给以煤电为主的电力系统调峰带来极大压力。建设适当规模的抽水蓄能电站与核电配合运行，可解决核电在基荷运行时的调峰问题，提高核电站的运行效益和安全性。广州抽水蓄能电站对大亚湾核电站的调节是当前中国抽水蓄能与核电配合运行的成功范例。

2. 调节负荷峰谷差

抽水蓄能电站具有适应负荷快速变化的特性，从抽水工况到满负荷运行一般只有 2～3min，可以快速大范围调节出力。随着经济社会的不断发展，全社会用电力需求快速增长，同时，受产业结构、用电负荷特点等因素影响，社会用电负荷峰谷差不断增大。在新型储能出现之前，抽水蓄能是电力系统中唯一的填谷电源，在平抑负荷曲线，保证系统调节能力方面具有容量大、响应时间短的特点，为调节电力系统负荷峰谷差方面起着极为重要的作用。

3. 提高供电质量

抽水蓄能电站对于提高电力系统安全稳定运行水平，保证供电质量具有重要作用。首先，抽水蓄能电站启停灵活、反应快速，具有在电力系统中担任紧急事故备用和黑启动等任务的良好动态性能，可有效提高电力系统安全稳定运行水平；其次，抽水蓄能电站跟踪负荷迅速，能适应负荷的急剧变化，是电力系统中灵活可靠的调节频率和稳定电压的电源，可有效地保证和提高电网运行频率、电压稳定性，更好地满足广大电力用户对供电质量和可靠性的更高要求；再次，抽水蓄能电站利用其调峰填谷性能可以降低系统峰谷差，提高电网运行的平稳性，有效地减少电网拉闸限电次数，减少对企业和居民等广大电力用户生产和生活的影响。

4. 提高负荷中心电网频率和电压支撑能力

抽水蓄能电站启停迅速，运行方式灵活，是实现高度智能化电网调度的可靠保证，是坚强智能电网建设的重要有机组成部分。系统发生大功率缺失后，为了保障频率稳定、控制潮流在运行限额内，需要及时增加发电出力。相比煤电、气电，抽水蓄能机组启动时间短、调节速率快，可在1min左右从停机开至满发；相比常规水电，抽水蓄能电站更靠近负荷中心，大幅增发不影响系统稳定，且支撑系统电压的作用更强。在特高压电网的受电端、中间落点，甚至起点建立适当规模的抽水蓄能电站，可以充分发挥抽水蓄能电站独有的快速反应特性，有效防范电网发生故障的风险，防止事故扩大和系统崩溃。综上，抽水蓄能是电力系统中最优先调用的应急电源，能够有力保障系统安全稳定运行。

5. 提高清洁能源消纳水平

“十三五”期间，中国风光等清洁能源快速发展，接入电力系统比例不断提高，新能源的随机性、波动性对电能质量形成挑战。抽水蓄能可以在一定程度上迅速弥补风电等新能源发展造成的无功和不确定性等问题，维持电力系统的电压和周波稳定，为新能源消纳提供有力的促进作用。

（二）抽水蓄能在新型电力系统中的功能作用

2020年9月，习近平总书记在第七十五届联合国大会一般性辩论上发表重要讲话提出碳达峰碳中和目标。2021年3月15日，习近平总书记在中央财经委员会第九次会议上作出构建新型电力系统的重要指示，党的二十大报告强调加快规划建设新型能源体系，为新时代能源电力高质量发展提供了根本遵循，指明了前进方向。2023年6月，国家能源局发布《新型电力系统蓝皮书》，为对新型电力系统的内涵特征、功能定位、转型目标、重点任务等作了较为明确的阐释，为抽水蓄能在新型电力系统中的科学健康发展起到了重要的指导作用，为抽水蓄能未来发展路径的明晰打下了坚实的基础。

新型电力系统是以交流同步运行机制为基础，以大规模高比例可再生能源发电为依托，以常规能源发电为重要组成，以坚强智能电网为平台，源网荷储协同互动和多能互补为重要支撑手段，深度融合低碳能源技术、先进信息通信技术与控制技术，实现电源侧高比例可再生能源广泛接入、电网侧资源安全高效灵活配置、负荷侧多元负荷需求充分满足，适应未来能源体系变革、经济社会发展，与自然环境相协调的电力系统。新型电力系统是一个涉及全社会各环节的开放的复杂的系统，其构建需要统筹发展与安全，保障电力持续可靠供应，保障电网安全稳定运行，促进新能源高效消纳。抽水蓄能作为新型电力系统的重要组成部分，在“两保一促”方面发挥着重要作用，如图7-4所示。

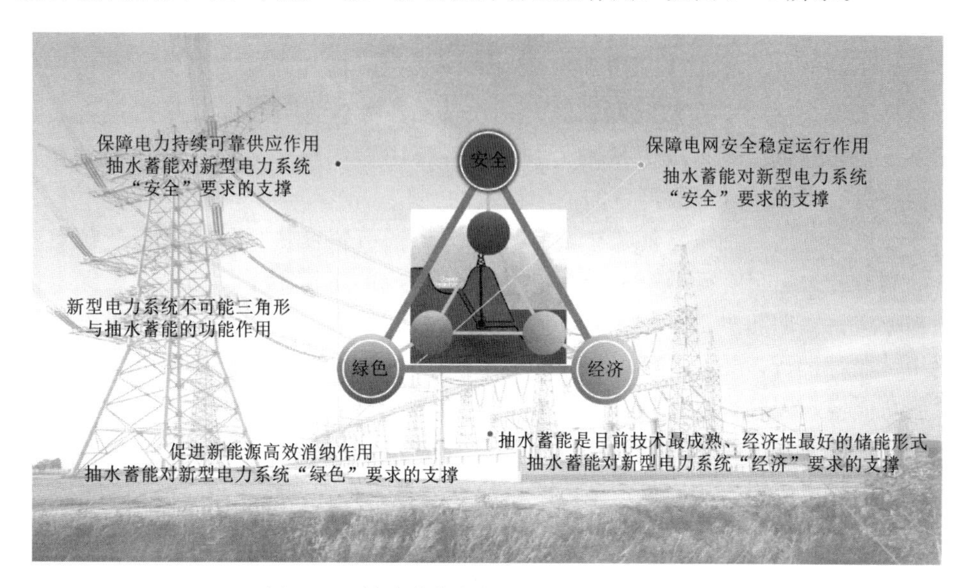

图7-4 抽水蓄能在新型电力系统中的作用

1. 抽水蓄能保障电力持续可靠供应作用

抽水蓄能在电力系统中发挥保障电力供应的作用主要分为两个方面，一是抽水蓄能机组可以作为顶峰电源在重要时刻出力，保障系统电力供应；二是在系统中配置一定容量的抽水蓄能能够明显改善系统的电力电量平衡。

在各种重大场合，抽水蓄能在电力系统中保供生力军作用显著，2022年，抽水蓄能圆满完成冬奥会、全国两会、党的二十大、上海进博会等一系列保电任务；全年抽水蓄能机组随调随启，发电、抽水电量同比增加20%，发电、抽水启动次数同比增加6%、16%，有效发挥了电力保供生力军作用；迎峰度夏期间，华中、华东等单位积极应对南方地区最高温度、最少水电、最大负荷、最长时间四最叠加挑战，持续高强度、大负荷运行，在极端情况下有力保障了电力安全可靠供应。

在新能源规模快速增长的同时，电网中的电力净负荷曲线逐渐向“鸭型曲线”转变。光伏无法提供有效电力容量支撑，风电置信容量偏低等客观条件使得电力系统未来的电力电量平衡问题愈发严重。在系统中配置一定容量的抽水蓄能能够明显改善系统电力平衡问题，同时，通过对新能源电量的充放，能够有效改善系统电量不足问题。

2. 抽水蓄能保障电网安全稳定运行作用

在新型电力系统中，电网结构日趋复杂，电力电子设备广泛应用，交流电网薄弱，系统扰动易引发交直流、送受端电网连锁反应，波及范围可能扩大到跨区电网。电力系统由以同步机为主向电力电子化转变，出现了5～300Hz中频带涉网稳定新问题。新能源的大规模接入将带来系统转动惯量持续下降，风电属于弱转动惯量，光伏为零转动惯量，一次调频整体性能显著降低，大功率缺失极易诱发全网频率稳定问题。此外，在特高压直流电网中，如果出现直流闭锁事故，会在负荷侧造成大量电力缺口，容易引起频率和电压振荡，将对交直流混合运行系统带来极为严重的破坏性影响。

在调频方面，抽水蓄能机组启停时间短、调节速度快，具有双倍于额定容量的调节能力，可有效应对新能源出力波动造成的供需不平衡问题，确保系统频率稳定。在调相方面，抽水蓄能有发电调相、抽水调相等多种调相工况，可进相、滞相运行，具备灵活、快速、宽幅无功调节能力，更可以通过自动电压控制功能实现无功自动跟踪调节，可有效缓解新型电力系统中日益复杂无功平衡问题，确保系统电压稳定，同时一定容量抽水蓄能机组调相运行，可以释放负荷中心火电机组备用容量，为电力供应保障提供坚强支撑。

3. 抽水蓄能促进新能源高效消纳作用

双碳目标下，中国风光新能源锚定2030年总装机容量至少将达到12亿kW的目标快速发展。但与此同时，风光新能源的快速发展为电力系统的安全稳定运行带来了严峻的挑战。

在绝对数量急速增长的同时，中国新能源资源与能源需求在地理分布上存在巨大差异，风电、光伏发电等新能源电源远离负荷中心，必须远距离大容量输送，新能源发电集中开发和集中接入的特点非常明显。风电受当地风力变化影响，发电极不稳定，对系统冲击非常大。相关研究表明，以新能源最大消纳为目标进行生产模拟测算，2030年同步机组出力占总负荷之比大于50%、80%的累计时段将分别达到全年时长的100%和约61%；2060年同步机组出力占负荷之比大于40%、50%的累计时段仍达全年时长的84%和53%，即系统仍以交流同步运行机制为基础，因此新能源消纳过程中，系统需要相当数量的同步机组运行作为支撑，考虑到碳排放约束下，中国火电机组逐渐减量减容的大趋势，抽水蓄能作为重要的同步机组，在系统中稳定运行可为新能源消纳提供基础支撑作用。

此外，抽水蓄能还可以直接为新能源消纳提供支撑，如新能源基地配套建设抽水蓄能电站，可以充分发挥抽水蓄能与风电、光伏运行的互补性，利用抽水蓄能电站既平滑风电、光伏发电出力，减小其随机性、波动性，提高输电线路的经济性，又可以平衡风电发电量的不均衡性、参加电网运行调频的优点，减少风电、光伏对电网的冲击，解决当前风电、光伏开发送出困难的实际问题。见表 7-1。

表 7－1 不同阶段抽水蓄能功能作用对比

发展阶段	传统电力系统	新型电力系统
抽水蓄能功能作用	①配合火电、核电优化运行； ②调节负荷峰谷差； ③提供供电质量； ④保障特高压输电安全； ⑤提高清洁能源消纳水平	①保障电力持续可靠供应； ②保障电网安全稳定运行； ③促进新能源高效消纳

综上所述，从开始为了配合火电、核电优化运行进行开发，到逐步以调节系统负荷峰谷差为主，到提高供电质量，以及保障特高压安全稳定运行和促进新能源消纳，抽水蓄能作为电力系统中重要的清洁灵活性调节电源，随着经济社会的不断发展，电力工业的不断进步等外部条件的改变，在电力系统中发挥作用的侧重点也不断变化。在新型电力系统中，由于供给侧风光新能源高比例接入、负荷侧从单一受电逐渐向双向能量流动转变、电网侧在以同步交流运行机制为基础的同时不断发展分布式电网，抽水蓄能的功能定位更加复杂，运行场景更加丰富，作用发挥更加充分。

三、抽水蓄能在新型电力系统构建不同时期的发展

构建新型电力系统是一项复杂的系统性工程，需要同时考虑电力安全稳定、新能源比例不断提高、系统成本合理三个方面的协调，需要处理好火电机组清洁转型、风光等可再生能源有序渗透、电网协调互济能力建设、灵活性资源合理配置等方面的关系。科学规划新型电力系统的构建路径是实现碳达峰、碳中和目标的基础，也是新型电力系统中各主体发展的边界和指南。

进入“十四五”以来，国家相继发布了《抽水蓄能中长期发展规划（2021—2035）》、《氢能产业发展中长期规划（2021—2035 年）》《“十四五”可再生能源发展规划》（发改能源〔2021〕1445 号）等文件，但都局限于本行业领域，亟须国家主管部门组织开展构建新型电力系统实现路径的研究工作，加快编制新型电力系统建设的中长期规划，以指导电力行业其他规划的制定和滚动调整，达到优化配置资源的目的。在此形势下，2023 年 6 月，国家能源局组织发布《新型电力系统蓝皮书》，对新型电力系统的内涵和特征、三个发展阶段及显著特点、总体架构与重点任务进行了明确。

抽水蓄能作为电力系统中重要的清洁灵活性调节电源，其开发容量和布局与煤电未来减量减容的进程、新能源在电力系统中渗透比例和其他灵活性资源配置的方案均存在紧密联系，加之本身建设周期长、投资规模大，更应加强规划引领、充分考虑自身开发与新型电力系统建设需求的衔接，结合蓝皮书对构

建新型电力不同阶段的分析，抽水蓄能在各时期的发展重点也应有所侧重。

按照党中央提出的新时代“两步走”战略安排要求，锚定2030年前实现碳达峰、2060年前实现碳中和的战略目标，基于中国资源禀赋和区域特点，以2030年、2045年、2060年为新型电力系统构建战略目标的重要时间节点，制定新型电力系统“三步走”发展路径，即加速转型期（当前至2030年）、总体形成期（2030—2045年）、巩固完善期（2045—2060年），如图7-5所示。

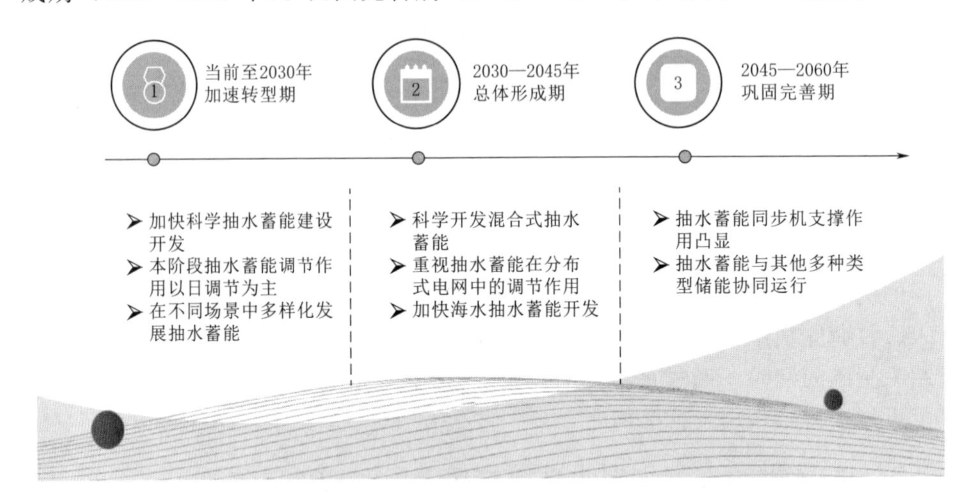

图7-5　抽水蓄能在新型电力系统构建不同时期的发展侧重

（一）加速转型期

当前到2030年为新型电力系统加速转型期，本阶段新型电力系统电源结构转型提速，煤电装机和发电量仍将适度增长，发挥电力安全保障的“压舱石”作用；风光新能源开发建设高速展开，开发模式上采取集中式和分布式并举的形式，不仅加快沙漠、戈壁、荒漠地区为重点的大型风电光伏基地建设，同时分布式风电、光伏也全面发展；电力系统仍将以交流电技术为基础，保持交流同步电网实时平衡的技术形态，全国电网将维持以区域同步电网为主体、区域间异步互联的电网格局，同时分布式电网在配电网层面就地消纳新能源的作用日益显著。

本阶段新能源逐步成为发电量增量主体，推动新能源成为发电量增量主体目前，中国新能源发电量占比已超13%，研究分析表明新能源渗透率占比达到15%～20%时，将会给电力系统的安全稳定运行带来严峻挑战。新能源电力生产因在时间上较难与实际电力需求相匹配，在安全保障上，需要电力系统以及管理方式发生重大改变。需要大力提高系统整体灵活性，对包括“源网荷储”在内的系统灵活性进行投资。

1. 加快科学抽水蓄能建设开发

截至2022年年底，中国煤电装机容量超过11.24亿kW，占发电总装机容量25.64亿kW的43.83%，煤电发电量50770亿kW·h，占总发电量86941亿kW·h的58.40%，火电单位发电量CO_2排放约824g/(kW·h)，总排放量约为41.83亿t，约占能源活动CO_2排放量101亿t的41.41%，约占CO_2总排放量116亿t的36.06%，减排压力巨大，需要在确保供应安全的情况下有序减量减容。风光装机容量7.58亿kW，仅占技术可开发总量57亿kW的13.30%，发电量11900亿kW·h，仅占总发电量的13.69%，装机及发电量具有巨大的提升空间，需要在电网中加速渗透。系统灵活性资源严重缺乏，抽水蓄能、燃气发电等灵活调节电源装机容量为16064万kW，占总装机容量的6.3%，尤其是抽水蓄能作为绿色清洁的灵活性调节电源，装机容量4579万kW，仅占总装机容量的1.79%，远远落后于欧洲、日本等发达国家4%～8%的水平，需加快科学开发建设。中国幅员辽阔，抽水蓄能站址资源丰富，但整体开发规模相对落后，因此，本阶段抽水蓄能发展重点任务为大力加快开发建设，不断提高抽水蓄能运行装机容量。

2020年12月，国家能源局领导组织开展了新一轮抽水蓄能中长期规划资源站点普查工作，普查资源站点1529个，总装机规模16.04亿kW，主要分布在南方、西北、华中、华东等区域。2021年，中国投产抽水蓄能电站490万kW，2022年，中国投产抽水蓄能电站940万kW；截至2021年年底，中国抽水蓄能电站核准在建总规模6153万kW，截至2022年年底，中国抽水蓄能电站核准在建总规模1.21亿kW。仅2022年，中国新核准抽水蓄能电站48座，总装机规模6889.6万kW。截至2023年11月，中国抽水蓄能电站在运装机容量5004万kW，核准在建装机容量15013万kW，总计规模突破2亿kW。

2. 本阶段抽水蓄能调节作用以日调节为主

在新型电力系统加速转型期，系统风光新能源高速发展。其中，风电间歇性、波动性强，出力预测精度不高，出现突发波动时极易造成供需不平衡。光伏日出上网、日落下网，是不可调节的可再生能源，用电早高峰来临时光伏强度还不足，晚高峰来临前光伏受日落影响出力迅速下降，午间日照最强时段往往处于用电低谷，与“双峰”负荷需求不匹配，造成明显的电力平衡缺口，对系统净负荷曲线影响极大。

《新型电力系统蓝皮书》指出，本阶段储能应多应用场景多技术路线规模化发展，重点满足系统日内平衡调节需求。作为提升系统调节能力的重要举措，抽水蓄能结合系统实际需求科学布局，2030年抽水蓄能装机规模达到1.2亿kW以上。目前开发的抽水蓄能电站大多为纯抽水蓄能电站，满发利用小时数大多以5～6h为主，主要充分日调节作用，主要原因即日调节抽水蓄能电站可以更好地匹配光伏电源出力特点，充分缓解系统填谷调节压力。

3. 在不同场景中多样化发展抽水蓄能

目前，以压缩空气储能、电化学储能、热（冷）储能、火电机组抽汽蓄能等日内调节为主的多种新型储能技术也在快速发展。系统友好型“新能源＋储能”电站、基地化新能源配建储能、电网侧独立储能、用户侧储能削峰填谷、共享储能等模式，在源、网、荷各侧开展布局应用。

抽水蓄能也应充分考虑多元化发展，在不同的应用场景中，开展多种探索。一是加强中小型抽水蓄能的开发，中小型抽水蓄能具有站点资源丰富、布局灵活、距离负荷中心近、与分布式新能源结合紧密等优势，是抽水蓄能开发的重要补充。二是因地制宜开发混合式抽水蓄能，中国常规水电开发程度高，站址资源丰富，利用合适的水电站址，通过增建可逆机组开发混合式抽水蓄能电站可以缩短建设周期，利用现有基础设施，节省工程量和建设投资。混合式抽水蓄能电站使用常规水电上、下水库，调节容量大，连续发电或抽水运行时间长，可以进行周、旬、季调节，同时还能通过提高平均运行水位和发电水头优化常规水电站水库调度运行方式，进而提高水能利用效率。三是探索海水抽水蓄能的开发和应用，大规模海上风电的并网消纳需要就近配置相应的灵活性调节资源，根据2017年发布的《关于发布海水抽水蓄能电站资源普查成果的通知》（国能新能〔2017〕68号）显示，中国东部沿海5省和南部沿海3省的近海及所属岛屿区域的海水抽水蓄能资源达到4208.3万kW，拥有较好的开发前景。

（二）总体形成期

2030—2045年为新型电力系统总体形成期，本时期用电需求在2045年前后饱和，大型清洁能源基地开发完成，电源低碳、减碳化发展，新能源逐渐成为装机主体电源，煤电清洁低碳转型步伐加快；电网稳步向柔性化、智能化、数字化方向转型，大电网、分布式智能电网等多种新型电网技术形态融合发展；本时期要求规模化长时储能技术取得重大突破，满足日以上平衡调节需求，新型储能技术路线多元化发展，满足系统电力供应保障和大规模新能源消纳需求，提高安全稳定运行水平。以机械储能、热储能、氢能等为代表的10h以上长时储能技术攻关取得突破，实现日以上时间尺度的平衡调节，推动局部系统平衡模式向动态平衡过渡。

1. 科学开发混合式抽水蓄能

本阶段风电、太阳能电源发展规模进一步增大，电力系统对调蓄容量需求越来越高，与此同时受到煤电机组有序减量减容影响，电力系统中长时储能手段成为稀缺资源。

混合式抽水蓄能电站属于抽水蓄能电站的一种开发形式。利用已建的常规水电站站址资源，进行混合式抽水蓄能电站开发，可以弥补纯抽水蓄能电站装机容量不足的问题，特别是在纯抽水蓄能电站开发建设制约因素较多的区域，更是具有重要的意义。已有纯抽水蓄能电站受到水源、地形、地质等站点资源限制和影响，无法满足 10h 以上长时储能的要求。应合理选择现有常规水电站布局混合式抽水蓄能电站开发，主要考虑的条件包括一是其他长时储能技术的成熟度及产业应用情况，二是布置混合式抽水蓄能电站应与水利资源利用、水库调度、兴利通航等其他条件综合考虑，三是充分考虑混合式抽水蓄能电站开发形式选择，选择泵站还是可逆式机组、选择已有厂房改造还是新增水工设施。四是充分考虑煤电转型后的利用，煤电作为长周期调节手段使用，可以同时满足电能供应和系统调节作用，而且能够规避其调节时间较长的不足，因此混合式长周期抽蓄电站开发应结合上述条件经济性综合考虑。

此外，考虑到抽水蓄能开发建设周期长的特点，对于确有开发需求的区域应及早规划，尽快开发，确保建设后在系统中发挥更充分的作用。

2. 重视抽水蓄能在分布式电网中的调节作用

在总体形成期，新型电力系统中分布式能源并网增多、柔性配电装备推广应用，电动车辆充电桩规模化建设、储能技术快速发展，使得配电网的功能从“无源电网”发展为“有源电网”，配电网也具有了高深透率的非线性、脆弱化、低短路容量比等特性，挑战了配电网的传统优化运行、故障分析、保护控制。

小型抽水蓄能电站具有工程位置灵活、投资少、见效快、对输电线路要求较低以及能够较好解决个别单位和部门峰荷需要等优点。结合加速转型期对于小型抽水蓄能开发建设的探索，未来在中国分布式能源的大规模开发利用和智能电网的快速发展的情况下，小型抽水蓄能在总体形成期将迎来更广泛的应用前景。

科学配置小型抽水蓄能可以独立协调各种分布式电源，解决分布式能源和微电网系统供电质量差、可靠性低等问题。结合实际应用场景建设小型抽水蓄能电站，能够服务新能源就地就近开发利用消纳。可以充分发挥抽水蓄能在有功、无功调节方面的快速响应特性和储能功能，低发高吸，实现电力流的双向灵活流动；随时调节无功出力，保持配电网的电压稳定，减小分布式电源对配电网的影响；推动多种能源互联互通、互济互动，以清洁和绿色方式保障电力充足供应。此外，小型可变速机组在分布式电网形态中的配置也是服务小型局域电网，充分发挥灵活性调节作用的重要补充。

3. 加快海水抽水蓄能开发

中国海上风能资源非常丰富，离岸 200km 范围内，中国近海和深远海风能资源技术开发潜力约 22.5 亿 kW。截至 2022 年，中国海上风电累计并网装机容量已突破 3000 万 kW，持续保持海上风电装机容量全球第一。《“十四五”可再生能源发展规划》提出加快推动海上风电集群化开发，重点建设山东半岛、长三角、闽南、粤东和北部湾五大海上风电基地。

海水抽水蓄能电站作为抽水蓄能电站的一种新型式，具有选址方便、水源充足、水位变幅小等优点，是一项能够实现大规模和长时间电能存储的储能技术。结合加速转型期的探索，在新型电力系统总体形成期，应重点考虑海水还从水蓄能电站开发，除了能对大型海上风电基地发挥调节作用外，考虑到沿海核电、潮汐能、潮流能、太阳能等新能源的开发，配套建设海水抽水蓄能电站不仅可以满足远离能源基地、能源资源条件匮乏的沿海地区用电需求，优化电源结构，而且对于沿海及海岛地区构建安全、稳定、经济、清洁的能源供应体系具有重要作用。

因此，在新型电力系统加速转型期应大力加强海水腐蚀、微生物附着、上水库海水渗漏等问题的技术攻关，积极筛查比选可开发站址，充分发挥海水抽水蓄能的支撑作用。

（三）巩固完善期

2045—2060 年，新型电力系统进入巩固完善期，新能源逐步成为发电量结构主体电源，电能与氢能等二次能源深度融合利用。煤电等传统电源转型为系统调节性电源，提供应急保障和备用容量，支撑电网安全稳定运行。交直流互联的大电网与主动平衡区域电力供需、支撑能源综合利用的分布式智能电网等多种电网形态广泛并存，共同保障电力安全可靠供应，电力系统的灵活性、可控性和韧性显著提升。

储电、储热、储气、储氢等覆盖全周期的多类型储能协同运行，能源系统运行灵活性大幅提升。储电、储热、储气和储氢等多种类储能设施有机结合，基于液氢和液氨的化学储能、压缩空气储能等长时储能技术在容量、成本、效率等多方面取得重大突破，从不同时间和空间尺度上满足大规模可再生能源调节和存储需求。多种类储能在电力系统中有机结合、协同运行，共同解决新能源季节出力不均衡情况下系统长时间尺度平衡调节问题，支撑电力系统实现跨季节的动态平衡，能源系统运行的灵活性和效率大幅提升。

1. 抽水蓄能同步机支撑作用凸显

新型电力系统具有高比例可再生能源、高比例电力电子设备的双高特征，系统转动惯量持续下降，调频、调压能力不足，大规模新能源并网需要主动提高支撑能力，可以通过配置储能或者再系统中整体加强支撑手段才能提高系统安全稳定运行的能力，随着煤电等传统电源转型为调节性电源，交直流互联的大电网中同步机比例急剧降低，抽水蓄能机组作为清洁灵活同步运行机组，可以为同步电网提供系统稳定运行支撑。

2. 抽水蓄能与其他多种类型储能协同运行

在新型电力系统巩固完善期，抽水蓄能与其他多种储能形式在容量和时长方面形成科学搭配，在时间和空间上形成合理布局，共同满足可再生能源调节和存储需求，为系统解决短时、日内、跨周、跨季节等平衡问题。

从目前的发展现状看，其他类型储能主要包括电化学储能、飞轮、压缩空气、氢（氨）储能等。各类储能电站大多具有建设周期短，选址简单灵活的优点，但目前经济性尚不理想。其中，电化学储能规模通常为10～100MW级，响应速度在几十至几百毫秒、能量密度高、调节精度好，但规模化发展受到安全环保的制约，主要适合分布式调峰应用场景，通常接入中低压配网或新能源场站侧，在技术上适合频繁快速调节环境。压缩空气储能以空气为介质，具有容量大、充放电次数多、寿命长的特点，但目前效率相对较低，压缩空气储能是与抽水蓄能最为类似的储能技术，对于沙漠戈壁荒漠等不适宜布置抽水蓄能的地区，压缩空气储能的布置能够有效配合大型风光基地新能源的消纳，发展潜力较大；氢能作为可再生能源规模化高效利用的重要载体，其大规模、长周期储能的特点能够促进异质能源跨地域和跨季节优化配置，是未来国家能源体系的重要组成部分，具有广阔的应用前景。

未来使用中，应着重考虑抽水蓄能与其他类型储能的协同运行，根据各自技术特点的差异，结合区域电力系统的实际需求，以安全稳定、清洁能源消纳等边界条件为约束，结合不同储能形式固定成本与边际成本之间的关系进行合理使用调度，达到理想的经济效果。

四、抽水蓄能科学发展的配套政策

新型电力系统发展面临多方面挑战，新能源发电出力具有随机性、波动性，电力电量时空分布极不均衡，带来供应安全挑战；抵抗扰动、弱支撑性，大规模代替常规电源带来安全稳定运行挑战；低边际运行成本、高系统成本，对采取灵活调节和安全稳定支撑措施促进新能源消纳提出了更高要求，需要多技术、多行业、多系统协调实现，带来经济性和体制机制挑战。

从“两保一促”的要求来看，抽水蓄能作为能够同时满足这三项要求的重要资源，应在发展不同阶段制定科学的配套政策，以保证行业的健康有序发展，有力发挥支撑新型电力系统的构建与发展。2023年7月，中央全面深化改革委员会二次会议审议通过了《关于推动能耗双控逐步转向碳排放双控的意见》、《关于深化电力体制改革加快构建新型电力系统的指导意见》，未来关于碳排放控制、电力体制改革将进一步加快进度。

未来影响抽水蓄能发展方向的政策主要包含两个方面，一是电力体制改革将进一步与构建新型电力系统相适应，抽水蓄能的价格政策将直接收到电力体制改革的影响，包括电价政策、电力市场发展等；二是在双碳目标约束下，抽水蓄能直接或间接的减碳效益和绿色价值将在系统中进一步体现，并随着碳排放控制政策制度的完善逐渐转换为显著的经济价值。

（一）科学完善抽水蓄能电价政策

抽水蓄能服务整个电力系统，包括电源、电网、用户均为受益对象，且各方受益特点表现出非竞争性和非排他性，从经济学角度来看，抽水蓄能提供的产品属于电力系统公共产品，并为电力系统高效运行提供公共服务。

1. 抽水蓄能电价政策沿革

电力体制改革前，国家先后发布政策明确抽水蓄能主要服务于电网，主要由电网经营企业统一运行或租赁运营。当时，政府统一制定上网电价、销售电价，电网的主要收入来源于购销价差，已有政策实质上是明确了抽水蓄能的成本从电网购销价差回收，统一了疏导渠道。

输配电价改革以后，《国家发展改革委关于完善抽水蓄能电站价格形成机制有关问题的通知》（发改价格〔2014〕1763号）明确抽水蓄能实行两部制电价，按照合理成本加准许收益的原则核定。抽水蓄能电站容量电费和抽发损耗纳入当地省级电网（或区域电网）运行费用统一核算，作为销售电价调整因素统筹考虑，但成本传导的渠道并未理顺。随后国家发展改革委于2016年、2019年先后发布文件规定抽水蓄能电站相关费用不纳入电网企业准许收益、抽水蓄能电站费用不得计入输配电定价成本，更是进一步切断了抽水蓄能成本疏导的途径。加之彼时对抽水蓄能功能定位认识不足、投资主体单一，抽水蓄能在“十三五”期间的发展规模远低于预期。

面对这种困境，《国家发展改革委关于进一步完善抽水蓄能价格形成机制的意见》（发改价格〔2021〕633号）于2021年5月重磅推出，该政策对抽水蓄能电价政策进行了科学界定，一方面结合抽水蓄能公共属性强、无法通过电量回收成本的客观事实，采用经营期定价法核定了容量电价并通过输配电价回收；另一方面结合电力市场改革的步伐，对电量电价做了现货市场的探索。政策的出台有力激发了社会主体的投资意愿，为抽水蓄能的高速发展奠定了坚实的基础。

2. 坚持并优化抽水蓄能两部制电价政策

能源供给侧从常规化石能源向间歇性可再生能源的转型，决定了电力价格的主要成本从化石燃料的成本向可再生能源和灵活性调节资源建设的成本转变。由于转型的艰巨性和长期性，中国以煤为主的电力生产体系与可再生能源为主体的新型电力系统的建立过程将长期共存，这就要求我们更要坚定碳达峰碳中和的气候目标，在能源转型初期，对推动能源清洁转型有巨大贡献的基础设施建设，要以政策驱动为主、市场驱动为辅，减少资本逐利对整体战略的干扰和错误引导，保证能源清洁低碳转型的正确方向。

《国家发展和改革委关于进一步完善抽水蓄能价格形成机制的意见》（发改

价格〔2021〕633号）提出，坚持并优化抽水蓄能两部制电价政策，调峰功能为主的储能形式对市场的总价值大于按边际价格计算得到的边际价值，因此此类储能形式需要固定收益存在才能引导最优投资规模。与传统的化石能源发电方式相比，风光等新能源的发电边际成本几乎为零，但对应的系统消纳成本巨大且缺乏分摊和传导的机制。在此情况下，在能源转型过程中，对于抽水蓄能等公共属性较强的资源需要政策的支持和引导才能保证产业的快速发展。在中国抽水蓄能开发规模相对落后、碳达峰碳中和窗口期时间较短的客观环境下，新电价政策的出台起到了对抽水蓄能产业发展重要的推动作用。在新型电力系统构建的过程中，要结合电力市场建设的进程对抽水蓄能容量电价核定及电量电价收益机制进行不断完善。一方面要保证容量电价作为固定收益能够引导抽水蓄能健康发展，另一方面要结合市场机制不断加强抽水蓄能对电力市场的参与。

3. 完善抽水蓄能电量电价回收机制

已有抽水蓄能主要服务与省级以上电力系统，接入220kV以上电压等级线路，为统调电站。在新型电力系统建设不同阶段，抽水蓄能电量电价政策的制定要充分结合抽水蓄能与电力调度机构的调用关系制定，做到政策与执行的统一。

抽水蓄能电量电价的收益与服务系统内的负荷特点、能源结构关系密切，在电量电价制定过程中，应充分考虑不同区域实际情况，对抽水蓄能在不同市场中的电量收益预期进行科学测算，充分体现区域的差异性。

抽水蓄能电量电价收益是体现电站开发论证合理性、经营水平高低的重要指标，是比较抽水蓄能电站效益的重要参考。首先电量电价收益水平直接与抽水蓄能综合利用小时数相关，充分反映了抽水蓄能在电力系统中发挥作用的重要性。其次，目前新建电站机组效率一般都高于75%，抽水蓄能电站的电量抽发效益反映了机组效率的水平，抽水蓄能电站的抽发电价差效益反映了抽水蓄能电站的调节能力在本区域电力市场中的收益水平，统计分析此类指标对提高抽水蓄能电站经营精益化管理水平具有重要意义。最后，随着可再生能源充分发展并逐步成为电力供给主体，中国电力市场的建设也不断完善成熟，灵活性调节资源将成为新型电力系统中的主要需求，抽水蓄能以及其他储能等主体的供给也更加充分，届时可再生能源和灵活性调节资源的建设将主要由市场力量驱动，抽水蓄能等主体的价格机制将真正反映市场供求关系，体现充分的竞争性。

（二）建立反映抽水蓄能的碳减排价值的配套机制

抽水蓄能电站具有显著的节能减排效益。在传统电力系统中，抽水蓄能节能减排的作用主要体现在两个方面。一是在系统中代替火电进行调峰，负荷高峰时发电，减少调峰火电机组的启停次数，负荷低谷时抽水，使火电机组压负荷幅度降低，从而起到节能减排的作用。二是发挥调频、调相、旋转备用和事故备用等安全稳定支撑作用以及代替火电机组进行事故备用时，使系统中所有火电机组的负荷率升高，从而降低火电机组煤耗，达到节能减排的作用。

1. 抽水蓄能电站碳减排作用机理

随着新能源在新型电力系统中的高比例渗透，抽水蓄能的节能减排作用在已有基础上呈现出新的特点，一方面是发挥更大的调峰作用助力大规模风光等新能源并网消纳，对系统整体产生巨大的减排效益；另一方面是发挥调频、调相、旋转备用等安全稳定支撑作用帮助系统克服新能源的出力不稳定和高比例电力电子设备带来的转动惯量缺失等问题，进一步提高新能源在电力系统中的渗透比例，从而减少化石能源消费带来的排放。

中国实现碳达峰碳中和的时间紧、任务重。国家发展改革委发布《关于完善能源消费强度和总量双控制度方案》（发改环资〔2021〕1310 号）向全国各地下达控排指标以合理控制能源消费，因此能够起到减排作用的主体应得到正确的评价和应有的重视。但就目前来看，抽水蓄能的碳减排效益并未得到正确认识，个别碳排放权交易试点地区根据企业（单位）CO_2 排放核算和报告指南对抽水蓄能电站进行碳排放核算，并把全部抽水电量作为排放计算基数，使抽水蓄能电站变成了重点排放单位，给抽水蓄能电站正常经营带来了诸多不便，也给社会公众造成了极大的误解。

2. 从政策机制层面明确抽水蓄能碳减排价值

2023 年 7 月，国家发布《温室气体自愿减排交易管理办法（试行）》，鼓励更广泛的行业、企业参与温室气体减排行动。同时，中国绿电、绿证市场交易也在不断发展。

抽水蓄能推动新能源替代传统化石能源、促进清洁能源消纳的节能减排效益尚缺乏有效的配套机制予以体现。在抽水蓄能减排配套机制尚未明确前，建议将设计转换效率作为抽水蓄能电站能耗管理的主要控制指标，以减少对抽水蓄能健康发展的制约。同时，应不断加快推动《关于推动能耗双控逐步转向碳排放双控的意见》相关政策的实施，积极推进抽水蓄能促进系统整体碳减排的量化方法，科学衡量抽水蓄能的碳减排作用、理顺其能耗管理机制，为抽水蓄能服务双碳机制提供科学参考。

第二节 新型储能发展路径

随着中国经济社会的快速发展，能源与环境问题日益突出。储能能够提高能源利用效率、促进清洁能源利用、降低国内经济发展对传统化石能源的依赖程度，从根本上改变中国的能源生产和消费模式，从而有效解决中国能源消费与经济发展之间的矛盾以及能源安全问题。随着新能源产业的快速发展和环境保护压力的增大，储能行业正孕育着巨大的市场。从广义上讲，储能即能量储存，是指通过一种介质或者设备，把一种能量形式用同一种或者转换成另一种能量形式存储起来，基于未来应用需要以特定能量形式释放出来的循环过程。从狭义上讲，针对电能的存储，储能是指利用化学或者物理的方法将产生的能量存储起来并在需要时释放的一系列技术和措施。储能是提升传统电力系统灵活性、经济性和安全性的重要手段，是推动能源消费由化石能源向可再生能源更替的关键技术，也是构建能源互联网，推动电力体制改革和促进能源新业态发展的核心基础。大规模电力储能作为新型电力系统建设中的重要支撑环节，具有削峰填谷、平滑电网波动以及消纳清洁能源等重要作用。总之，储能作为一种基于能量转移介质的技术，未来将成为基石产业，将会变革包括广义能源产业在内的诸多行业。

一、中国新型储能发展基本情况

（一）技术路线

“新型储能”指的是除抽水蓄能以外的储能技术，根据储能方式及其技术载体的类型，新型储能技术主要分为三类：机械储能（如抽水储能、压缩空气储能、重力储能、飞轮储能等）、电化学储能（如锂离子电池/铅蓄/铅酸电池、液流电池、钠硫电池、钠离子电池等）、电磁储能（如超导电磁储能、超级电容器储能等）。本节重点介绍机械储能（又称物理储能）和电化学储能，如图 7－6 所示。

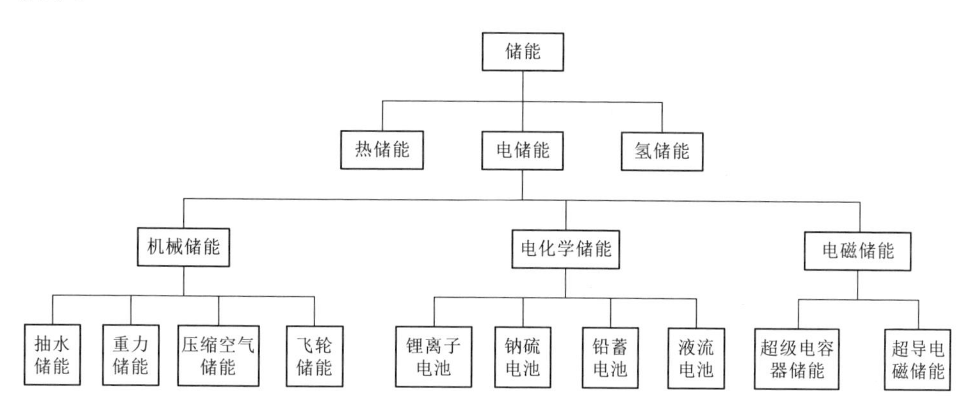

图 7－6　储能技术路线分类

1. 机械储能

压缩空气储能。压缩空气储能是一种可以实现大容量和长时间电能存储的电力储能系统，具有容量大、寿命长、单位成本低、经济性好等优势。20 世纪

70 年代后期，全球第一座压缩空气储能电站在德国建成。中国于 2005 年开始压缩空气储能技术研究，陆续进行了压缩空气、超临界压缩空气、液态压缩空气储能项目的研发与建设，总体研发能力已处于国际领先水平。2021 年 9 月 23 日，山东肥城压缩空气储能调峰电站项目正式实现并网发电，标志着国际首个盐穴先进压缩空气储能电站已进入正式商业运行状态。2022 年 9 月，国际首套百兆瓦先进压缩空气储能国家示范项目在河北张家口顺利并网发电；同月全球最大规模 350MW 盐穴压缩空气储能示范工程于山东泰安开工。

飞轮储能。飞轮储能功率密度高，短时间释放全部的能量，适用于功率调频服务。当前飞轮储能的功率密度已大于 10kW/kg，能量密度也已超过 50W·h/kg，储能效率在 90%以上，工作过程中无噪声，无污染，维护简单，且可连续工作，通过积木式组合方法构成储能阵列，容量可以达 MW 级。其主要缺点包括初始投资成本高、维护成本高、能量密度低、自放电率高以及有效放电时间短，属于功率型技术，不适用于储能容量要求大的场景。因此，飞轮储能主要用于不间断电源系统、应急电源系统、电网调峰以及频率控制。目前，国外飞轮储能技术相对成熟，国内处于研发和示范应用阶段。

2. 电化学储能

锂离子电池。锂离子电池具有高能量密度、高功率密度和高往返效率，适用于电动汽车以及短时间（通常为 4h 或更短时间）电力系统存储。根据不同的正极材料，锂电池主要分为四类：钴酸锂电池、锰酸锂电池、磷酸铁锂电池和多元金属复合氧化物电池，其中多元金属复合氧化物包括三元材料镍钴锰酸锂、镍钴铝酸锂等。目前电池制造关键材料的来源和成本是影响锂离子电池的成本和未来应用前景的重要因素。随着技术的不断创新和进步，锂离子电池将继续成为电动汽车和短时间存储的领先技术，但其存储容量成本不太可能低到足以广泛应用于长时间（＞12h）电力系统应用。

钠离子电池。钠离子电池性能未来将与磷酸铁锂电池接近，且钠资源储量丰富，电池成本有较大下降预期，有望成为锂离子电池的替代技术。但是受基本原理决定，钠离子电池的循环寿命和储能效率低于锂离子电池。近年来，随着技术进步钠离子电池循环寿命提升速度较快，2018 年商业化初期钠离子电池循环寿命在 2000 次左右，2020 年年底已研究出了循环寿命达到 4500 次的钠离子电池，但仍与锂离子电池存在很大差距。2021 年 7 月宁德时代率发布第一代钠离子电池，基于材料体系的一系列突破，具备高能量密度、高倍率充电、优异的热稳定性、良好的低温性能与高集成效率等优势。

液流电池。液流电池能量储存在与电池分离的电解液中，使其功率输出和能量储存彼此独立，可以进行功率单元和能量单元的独立配置。中国在液流电池产业化以及电解液技术等领域居国际前列，2022 年 9 月，全球最大的液流电池储能调峰电站在大连投入商业运行；2022 年 10 月，国内首个 GW·h 级全钒液流储能电站于新疆察布查尔县开工建设。与此同时，在一些核心关键技术，如高功率密度电堆技术，质子交换膜制备和生产技术以及电极原毡技术等方面仍然落后国际先进水平。成本问题是当前液流电池最大的劣势。全钒液流电池当前的产业化进程较快，但是面临着钒资源约束的问题；铁铬液流电池没有明显的资源约束问题，但是当前产业化推进相对较慢。

铅酸电池。铅酸电池技术十分成熟，作为动力电池、启动电池和储能电池，广泛应用于交通、通信、电力和新能源等领域。近年来，铅酸电池在竞争中发展了许多新技术，如三维及双三维结构电极和全密封式、管式、水平式等新结构；使用新的铅合金电极，比能量逐渐提高，延长使用寿命。一般主要用于电力系统的事故电源或备用电源，以及汽车起动电源和低速车动力电源领域。但是其目前在循环寿命（一般在 1000 次左右）、性能衰减、电池维护等方面的不足仍未克服。据相关机构分析预测，随着锂离子电池、液流电池等技术的进步和成本降低，铅酸电池在储能领域的应用占比会逐步降低，近期一些新的储能项目几乎不再考虑铅酸技术路线。

（二）技术路线比较

本节重点比较抽水蓄能、压缩空气储能、飞轮储能、铅酸电池、液流电池、锂离子电池、钠硫电池共七种储能技术路线，如图 7-7 所示。

1. 技术总体成熟度与市场发展阶段

近中期来看，锂离子电池是唯一技术成熟和率先步入市场规模化应用的技术。当前各种储能技术路线发展水平不尽相同，处于技术成熟、市场成长期的是锂离子电池；处于规模化示范、市场初期的是液流电池和压缩空气储能；处于工业化示范、市场孕育期的是飞轮储能、超导储能、超级电容；处于技术研发、萌芽期的是固态电池、重力储能、金属空气电池。

2. 初始投资成本（系统成本）

在过去 10 年，锂离子电池、全钒液流电池、铅酸电池（铅炭）三种技术路线的储能电池系统成本都有大幅下降，相关分析预测未来 5～10 年，铅酸电池的成本将基本稳定，下降空间不大，锂离子储能电池随着技术进一步迭代，系统成本将有一定幅度的下降，但是由于资源限制，将一定程度影响其下降幅度。液流电池成本将进一步下降，主要在于其在未来五年多个百兆瓦级项目的实施，以及电解液等关键材料的规模化生产，预计 2025 年前后，全钒液流电池与锂离子电池系统成本将基本相当，有望达到 1800 元/(kW·h) 左右。

3. 全生命周期成本（度电成本）

锂离子电池、全钒液流电池、铅酸电池（铅炭）的度电成本，2021 年分别下降至在 0.5～0.8 元/(kW·h)、0.45～0.6 元/(kW·h) 和 0.7～0.8 元/(kW·h)

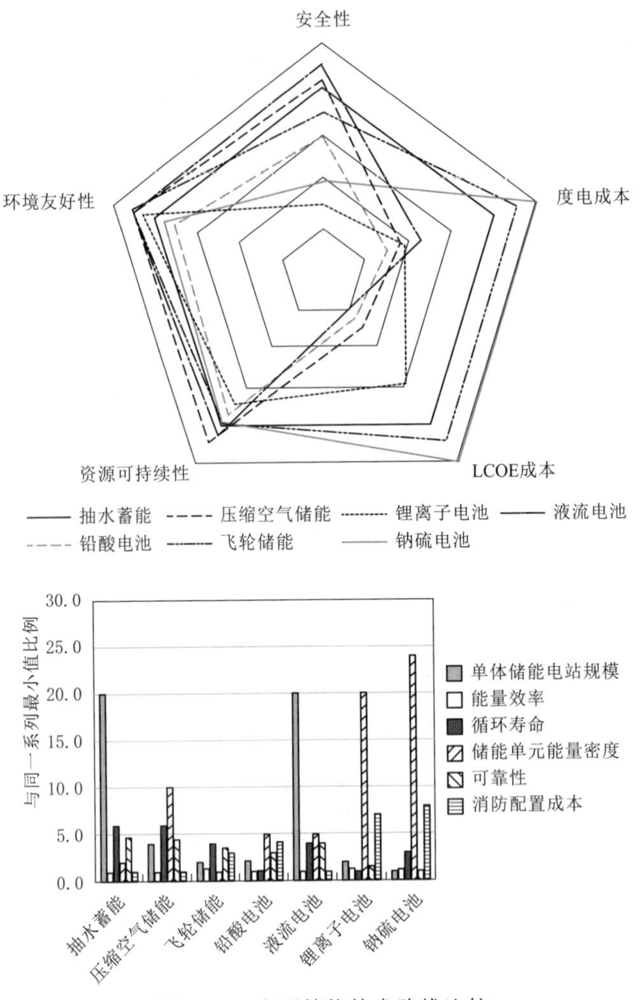

图 7-7　主要储能技术路线比较

的水平。未来这三类储能技术路线的度电成本将会持续下降，铅酸电池由于效率、寿命以及放电深度较低等原因，虽然其系统成本不高，但是总体上度电成本高于其他两个技术路线；全钒液流电池因为在循环寿命和放电深度两方面的优势，使得其度电成本低于其他两个技术路线，具有一定优势。

4. 综合性能

安全性和可靠性方面，液流电池和压缩空气储能均处于前列。资源可持续性方面，压缩空气储能和液流电池储能具有一定优势，主要是其储能介质资源丰富，而锂离子电池因锂资源及锂离子电池其他相关活性物质资源有限，且全球储量分布不均，中国资源储量不占优势。环境友好性方面，退役电池的处理是制约电池储能大规模发展的一个关键制约因素，锂离子电池和铅酸电池原材料不易回收，液流电池的电解液等材料回收容易，同时可以产生一定数量残值。

5. 技术特性与适宜应用场景

压缩空气储能、液流电池适合容量型储能，一般存储 2～10h 的电量，锂离子电池、铅酸电池、飞轮储能适用于2h以下的功率型应用场景。随着储能市场的培育、发展和成熟，储能技术应用与细分市场呈现多元化的市场形态，各种技术路线也将向其更为适合的应用场景发展。

二、新型储能规模化发展存在的问题

虽然中国目前已经是全球最大的储能市场，然而发展的模式更多是在电源侧政策强制型推动的。尽管在双碳目标的约束下，中国电力转型趋势明显、储能发展势头良好，但储能行业的发展还面临着成本竞争力较小、系统利用率较低、项目收益性较弱、需求侧响应积极性欠缺和监管机制不完善等挑战。目前储能规模化发展存在的主要问题有：

（一）强制性配储政策仍待进一步优化

发电侧是近年来中国储能发展的重要领域。2020 年至今，为了解决风光并网消纳问题，已有多个省份对新建光伏和风电项目发布强制性配置储能的政策，配置比例要求在 5%～30%之间，时长一般在 2h 左右。此外，部分省份还要求存量项目在一定期限内配置储能装机。然而，风光场站配置的储能装机在技术标准、转换效率、投资回报等方面并未给出明确规定，部分风光配储项目存在系统利用率较低，大量储能装机闲置的问题。可再生能源消纳是系统性问题，强制性配储政策未考虑到储能资源的优化配置，同时也增加了可再生能源发展的成本，不利于储能行业的良性发展。从国外的发展经验来看，虽然可再生能源消纳是储能的重要应用领域，但是较少有国家或地区采取直接要求可再生能源配置储能的政策。电源侧储能配置更多的是通过现货市场进行成本回收。

（二）新型储能价格传导机制仍不健全

储能是电力系统中的重要环节，储能成本也应该通过合理的价格机制传导给终端用户。国外电源和电网侧的储能成本主要通过辅助服务市场或是输配电价进行回收。中国辅助服务中调频义务由发电企业承担，调峰则通过电网调度以及输配电价补偿实现。虽然关于抽水蓄能电价已经形成了较为有效的补偿机制，但对于电网侧新型储能的价格补偿机制仍未明确。仅有广东省明确将新型储能的成本纳入辅助服务费中，由全体工商业用户共同分摊。

（三）需求侧电价机制仍待进一步完善

根据国家发展改革委发布的《关于进一步完善分时电价机制的通知》，未来峰谷差率超过 40%的地方，峰谷电价价差原则上不低于 4∶1；其他地方原则上不低于 3∶1。当前新型储能的平准化成本在 0.7 元/(kW·h) 以内。新的分时电价机制落地后，储能在大部分地区的需求侧进行峰谷套利均能够实现收益。然而，分时电价水平未来可能根据电力现货市场价格和负荷特性变化进行动态调整，这将增加用电侧储能收益的不确定性。此外，目前需求侧响应补偿机制仅在山东、浙江等少数省份试点，补偿资金来源存在不确定性，储能配合参与需求侧响应政策也未明确，降低了用户侧储能应用的积极性。

（四）新型储能配置责任主体仍待明确

在国外政策驱动型的储能发展案例中，输配电网等公用工程公司是储能配置的责任主体。电力监管部门确定区域电网的储能装机总要求，之后公用工程公司通过自营或第三方购买的方式获得储能容量。同时电源出力、分时负荷、节点潮流以及交易价格等数据也向市场主体开放，允许市场主体进行优化决策。在中国大电网发展的模式下，电力系统具有节点多，复杂性强的特点。输配电网作为电力系统的中间环节，相比于其他主体具备信息优势。同时由于中国电力市场化改革起步时间较晚，市场监管体系尚未健全，电网自然垄断惯性较强，不利于其他主体参与储能市场。

（五）财税支持政策还需进一步统筹细化

得益于电池成本的下降，储能商业化应用已进入经济性拐点。中国储能相关产业规模占据全球领先地位，掌握全球80%电池金属材料精炼产能、77%的电芯产能和60%的关键原材料产能。然而，中国在储能领域也面临着国外厂商竞争，在技术和成本上的竞争优势并不明显。考虑到储能技术有较强的经济和环境正外部性，在其商业化应用初期提供补贴，对于迅速降低成本、提升技术水平、抢占国际竞争制高点具有重要作用。美国与欧洲市场在储能商业化推广的过程中都出台了针对技术开发与市场应用的补贴方案。目前中国仅有少数地区对电源侧储能装机提供补贴，存在补贴覆盖面窄、补贴水平低、技术标准不明确等问题。

三、新型储能发展规模与路径

（一）新型储能发展规模

根据中关村储能产业联盟全球储能项目库的不完全统计，截至2022年年底，中国已投运电力储能项目累计装机规模59.8GW，占全球市场总规模的25%，年增长率38%。抽水蓄能累计装机占比同样首次低于80%，与2021年同期相比下降8.3个百分点；新型储能继续高速发展，累计装机规模首次突破10GW，达到功率是13.1GW，容量是27.1GW·h，功率规模年增长率达128%，能量规模年增长率达141%[1]。如图7-8所示。

---

[1] 中关村储能产业联盟.《储能产业研究白皮书2023（摘要版）》.

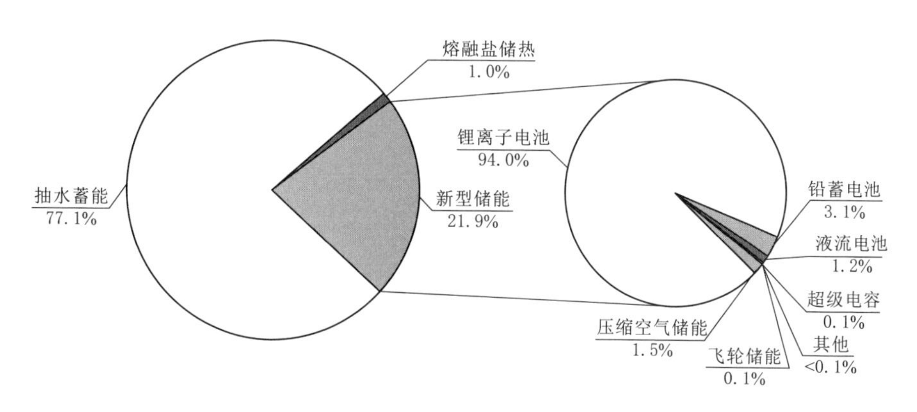

图 7-8　中国电力储能市场累计装机规模（MW%，2000—2022 年）

来源：中关村储能产业联盟

2022 年，中国新增投运电力储能项目装机规模首次突破 15GW，达到 16.5GW，其中，抽水蓄能新增规模 9.1GW，同比增长 75%；新型储能新增规模创历史新高，达到功率是 7.3GW，容量是 15.9GW·h，功率规模同比增长 200%，能量规模同比增长 280%；新型储能中，锂离子电池占据绝对主导地位，比重达 97%，此外，压缩空气储能、液流电池、钠离子电池、飞轮等其他技术路线的项目，在规模上有所突破，应用模式逐渐增多。

随着新型电力系统中新能源占比的逐步提升，未来我国储能装机容量将持续增长，从 2025 年的约 1 亿 kW，增长到 2060 年的 16.1 亿 kW，增长约 16 倍。其中，新型储能的装机容量将从 2025 年的约 0.33 亿 kW，增加到 2060 年的 10.63 亿 kW，增长约 32 倍。见图 7-9。

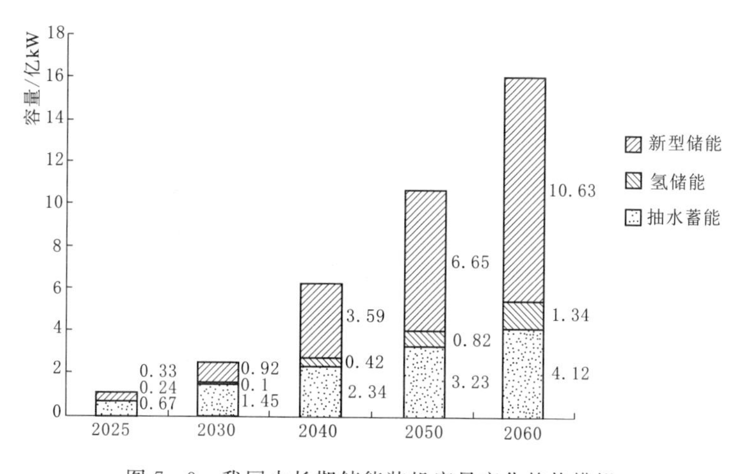

图 7-9　我国中长期储能装机容量变化趋势模拟

就不同区域而言，未来我国新型储能装机主要集中于西北、华北和南方（电网）地区。2060 年，这三个地区的新型储能装机容量占全国总量的比例约 74.8%，其中，华北地区占 31.6%，西北地区占 21.9%、南方（电网）地区 21.3%，如图 7-10 所示。

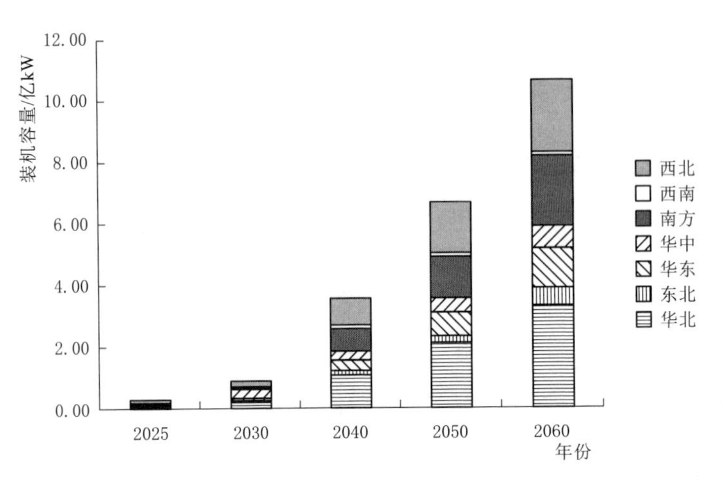

图 7-10　不同区域新型储能装机容量的变化

（二）新型储能发展路径

在未来能源结构转型和电力生产消费方式的变革中，储能技术提供了战略性的支持作用。从“源网荷”走向“源网荷储”的过程中，电网也要呈现多种新型储能技术形态并存的状态。结合新型电力系统三步走战略，新型储能的发展路径如下：

第一阶段（当前至 2030 年），探索新型储能参与市场的商业模式，推动储能作为独立市场主体参与统一电力市场交易。新型储能中电化学储能增长最快，特别是电池储能系统具有瞬间功率调节能力，可以平滑风光发电的波动。新型储能技术朝着多元化的路线不断发展，探索新型储能的多样化商业模式，以满足新型电力系统在不同应用场景下的需要。鼓励以配建形式存在的新型储能项目，通过技术改造满足同等技术条件和安全标准时，选择转为独立储能项目。

第二阶段（2030—2045 年），加快制定长时储能技术路线图，着力推进压缩空气、氢储能、热储能等长时储能技术研发与示范工程。合理界定输配电服务对应的储能成本，降低储能成本，并提高储能可靠性。通过政策等形式推动储能建设，充分调动储能投资的积极性。规模化长时储能技术取得重大突破。2030 年，中国大容量储能的电网应用规模达到 40GW。随着新的储能技术的发展和应用，储能成本还将继续降低，未来成本下降空间仍然很大。

第三阶段（2045—2060 年），推动风光电成为主要电源，储能成为新能源出力低谷期主要电源。升级储能机组等设备；数字化驱动储能发展，储能电站全站数字化。实现多类储能协同运行。

四、新型储能发展机制与政策建议

根据成熟市场的储能发展经验，新型储能的规模化应用，需要在成本回收模式、市场交易机制、政策驱动机制等方面协同推进。

一是构建市场化消纳方式，优化电源侧风光配储机制。建议调整风光强制配储的模式，采取对并网电能质量提出明确标准，推动可再生能源参与现货市场交易，完善辅助服务市场建设，鼓励第三方储能与共享储能发展等市场化的手段，优化发电侧储能配置方式。

二是理顺储能成本传导模式，促进电网侧储能发展。建议完善辅助服务市场建设，剥离辅助服务并将其并入输配电价。同时对电网侧新型储能采用两部制电价，电量电价可根据现货市场价格形成，或是基于储能系统效率进行核定；容量电价采用竞拍等市场化机制形成，并将新型储能的容量电费纳入输配电价回收的机制。

三是完善需求侧电价机制，鼓励用户侧储能应用。建议将用户侧储能纳入需求侧管理，对于配置储能的电网代理购电用户，签订长期分时电价合约，保障储能充放电小时数。完善中长期交易机制，拉大中长期交易分时电价差。同时试点分时输配电价，将需求侧响应补偿纳入输配电价，明确需求侧响应的补偿标准，扩大需求侧响应的参与范围。

四是完善储能参与市场机制，增强储能布局灵活性。参考成熟市场的经验，建议将电网企业作为新型储能配置责任主体，设定总体的储能配置装机指标，并由电网公司根据各区域电力市场的运行状况灵活性地进行指标分解。此外，为限制电网公司市场力，培育多元的市场主体，储能配置宜主要采取招标的方式向社会购买并限制电网企业储能投资比例。同时还应制定电力市场数据强制性披露要求，增强市场信息透明度。

五是制定储能补贴政策，推动技术与市场发展。为提升国储能产业技术水平，加快储能产业化布局，建议对储能投资给予税收抵免等优惠政策，并对符合先进技术标准的储能装机给予容量补贴和电量补贴。同时，为实现补贴资源的合理利用，应明确补贴配额方案与退出路径，逐步提升获得补贴的技术要求，并降低补贴标准。

第三节　氢能发展路径

一、氢能发展现状

构建以新能源为主体的新型电力系统是实现新能源大规模、高比例开发利用的必由之路。氢能作为一种用途广泛的清洁能源，是未来低碳能源体系的重要组成要素，也将是新型电力系统建设的有力支撑。以可再生能源电解水制备所得的绿氢为核心，氢能在化工、钢铁、交通及电力等行业存在广泛的应用前景，尤其具备促进储能转化、调峰调频、能源互通及电能综合利用等多重功能，是连接各可再生能源的纽带和良好的电力储能介质。氢能战略也成为世界各国新能源产业发展的重点战略部署方向。

（一）全球氢能发展概况

1. 氢能产业链概况

氢能是一种二次能源，具有来源多样、能量密度大、灵活高效的特点，但受到成本及技术制约，氢的商业化应用初期进展缓慢。随着气候变化、空气污染及能源安全等问题在全球范围内日益严峻，氢能依托其化学性质表现出的清洁低碳属性逐渐受到广泛关注，“氢能是未来低碳能源体系的重要组成要素”也逐渐成为全球共识。纵观全球氢能产业发展历程，整个氢能产业发展经历了几起几落；尽管目前全球氢能发展仍处于产业化初期，2015 年《巴黎气候协定》的签署使以绿色低碳为特征的清洁能源成为未来能源发展的重要方向，新一轮氢能产业发展浪潮开启。

从全产业链视角来看，氢能产业的总体包括上游的氢能制备（制氢）、中游的氢能储运（储氢、运氢）及加注、下游的氢能应用（用氢）[1]。如图 7－11 所示。

上游：氢能制备

灰氢	化石燃料制氢	工业副产氢
	煤制氢	焦炉气
	天然气制氢	氯碱副产气
	石油类燃料制氢	丙烷脱氢副产气
蓝氢	化石燃料制氢＋CCUS	
电解水制氢		
绿氢	太阳能发电	
	风能发电	
	生物质发电	
粉氢	核电制氢	

中游：氢能储运及加注

运氢	储氢
高压气态	高压气态储氢
长管拖车	
管道运输	
液态	液态储氢
	氢基化合物
固态	固体物吸附
氢氨转换	
氢加注	

下游：氢能应用

工业	冶金和化工
	合成氨和甲醇
交通	公路
	氢燃料电池车
	氢燃料内燃机
	航空
	氢动力飞机
	航运
	氢动力传播
发电	氢能发电
	氢储能
建筑	家庭热电联产

图 7－11　氢能产业产业链概览

---

[1] 彭苏萍，陈立泉. 氢能与储能导论（中国科协碳达峰碳中和系列丛书）[M]. 北京：中国科学技术出版社，2023.

氢能制备方面。根据制氢过程的清洁程度，所制得的氢主要可分为灰氢（化石燃料制氢及工业副产氢）、蓝氢（化石燃料制氢并结合 CCUS 技术实现低碳排放生产）、绿氢（可再生能源制氢）和粉氢（核电制氢）四种类型。其中，化石燃料制氢及工业副产氢技术成熟度高，能够低廉地提供大规模的灰氢，在实际中应用更为广泛；而可再生能源制氢在能耗与效率方面与灰氢仍存在一定差距，竞争力相对较低。

氢能储运及加注方面。根据氢的储运状态可分为气态储运、液态储运和固态储运，受氢气沸点低的物理性质影响，氢的液化成本高，同时氢的性质活泼，高压气态下安全隐患大，故其运输状态选择与运输距离、运输量及储氢状态息息相关。目前来看，以长管拖车和管道运输为代表的高压气态储运已得到广泛应用，低温液态储氢在航天等领域应用较多，而有机液态储氢和固态储氢尚处于示范阶段。而氢气的加注则与天然气加注的原理相同，但氢气的安全性和操作压力要求更为严格，加氢技术与方式的选择直接影响氢气的利用率。另外，氨的分解反应既可以作为储氢介质，同时也是一种相对廉价的零碳燃料，氨-氢转换技术将成为国际清洁能源的前瞻性、战略性的技术发展方向。

氢能应用方面。氢能应用涉及工业、交通、电力、储能和航空航天等领域。工业领域中，氢气可作为石油领域炼油及化工行业合成氨和甲醇的重要原料；交通领域中，氢燃料内燃机和氢燃料电池，具有输出功率高、热效率高以及节能环保的特点，是汽车产业绿色转型的重要路径之一；电力领域中，氢能作为多功能载体，可以实现可再生能源体系的整合，如氢气可以在燃气网中进行存储、运输，并使用氢气和天然气的混合气进行发电；储能领域中，氢能的灵活柔性特征能够解决可再生能源的波动性问题，且具有能源兼容维度高、储能时间跨度长、可实现长距离储能等优点，氢电耦合、氢储能等项目在全球范围内已经展开了广泛实践；航空航天领域，航空业的温室气体占全球排放总量的 2% 左右，被视作极难脱碳领域，而液态氢有可能取代煤油作为飞机燃料，是发展低碳航空的主要途径。

2. 氢能市场概况

(1) 氢能需求现状

自新一轮氢能产业发展浪潮以来，全球氢能消费整体呈现积极增长态势。从总量及其变化来看，2021 年，全球氢能消费总量首次突破 9000 万 t，2022 年延续该增长态势，达到 9500 万 t，增长幅度为 3%；若以 2050 年实现净零排放为总体目标，预计至 2030 年，氢能消费量将超过 1.5 亿 t。如图 7-12 所示，从消费区域分布来看，2022 年，除欧洲受俄乌冲突及其所引致的能源危机影响，氢能消费总量下降，其余氢能主要消费地区的氢使用量均有所增长。中国作为

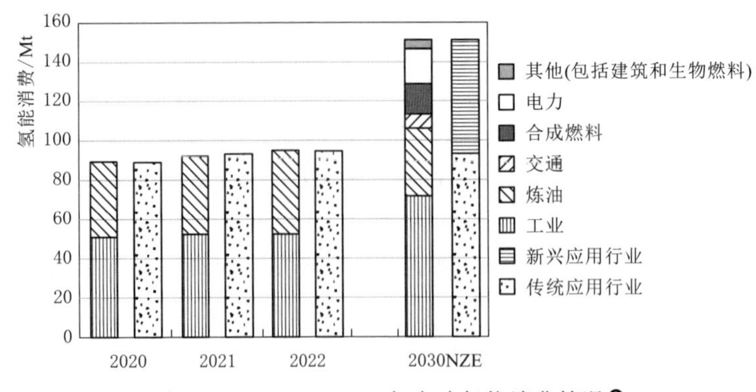

图 7-12　2020—2030 年全球氢能消费情况[1]

注：NZE（Net Zero Emissions）表示 IEA 所设定的至 2050 年全球净零排放情形，下同。

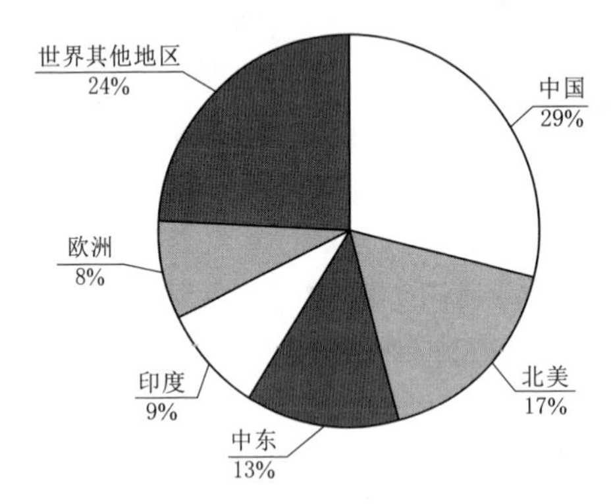

图 7-13　2022 年分地区全球氢能消费情况

最大的氢能消费国，2022 年占全球氢能消费比重为 29%，与 2021 年相比增长约 0.5%；相比之下，北美与中东的氢能消费增长率高达 7%，分别占全球氢能消费的 17%和 13%，弥补了欧洲能源危机阴影下的氢能使用量下降。如图 7-13 所示。

但从消费部门来看，氢能使用增量仍然集中在工业和炼油两大传统应用领域，在交通、氢基燃料生产、发电和储能等方面的新兴应用中，氢的消纳量占比不足 0.1%。炼油领域中，2022 年，炼油用氢量超过 4100 万 t 并超过 2018 年的历史峰值，其中，约 80%的氢气来自炼油厂内，为化石燃料燃烧或工业副产氢所只制得的灰氢，绿氢使用量占比不足 1%；该部分灰氢生产所导致的 CO_2 排放量达 2.4 亿～3.8 亿 t。值得注意的是，即使在工业制氢过程中使用 CCUS 技术进行二氧化碳捕获，该部分碳中的大部分仍应用于其他工业的生产，并最终以碳的形式释放，故 2022 年工业制氢过程所产生的 CO_2 总排放量高达 6.8 亿 t，同比增长 2%。交通领域中，尽管交通用氢量总量不高，但其需求增长旺盛，2022 年同比增长达 45%，其中，氢燃料电池汽车凭借商业化过程中的先发优势，在私人汽车、公共交通及重型燃料电池卡车中的应用广泛，其总氢能消费占比正在迅速增加。另外，截至 2023 年 6 月，全球约有 1100 个加氢站投入运

[1] IEA（2023），Global Hydrogen Review 2023.

营，中国、欧洲、韩国和日本分别约有300座、250座、180座和180座；受氢燃料电池车的大规模与高增速影响，氢燃料电池车与加氢站的比例呈现稳步增长，从全球来看，一座加氢站需供给约240辆汽车的需求。发电领域中，目前，氢能燃烧发电在全球发电结构中所占的份额不足0.2%，但氢氨共烧发展前景广阔，至2030年，已宣布在电力部门使用氢-氨耦合的项目装机容量已达5800MW，与IEA2022年的预测容量数据相比增加了65%[1]。

综合来看，全球氢能消费的增长并非能源清洁化转型背景下氢能政策作用的结果，而是全球能源趋势导向的表征，该部分氢能主要用于化石燃料生产的投入，而非作为交通、电力、储能等领域的清洁化能源投入。而根据2050年净零排放情景，此后氢能消费量应至少保持每年约6%的增速，且至2030年，新兴应用部门（场景）的氢能消费量应占比至少40%，对“低碳排氢能”的需求刺激提出较高的要求。

（2）氢能供给现状

自2020年以来，全球氢能生产情况呈现温和而稳定的增长趋势，2022年全球氢气产量达到近9500万t，增长速率为3%，未出现明显的供求缺口。从供给结构来看，未配备CCUS的化石燃料制氢占据主导地位，煤炭、石油、天然气所制得的氢气占比分别达到21%、0.5%、62%；工业副产氢产量占比为16%；而可再生能源电解水制得的绿氢总产量不到100万t，仅占全球产量的0.7%，与2021年相比增长35%。如图7-14所示。

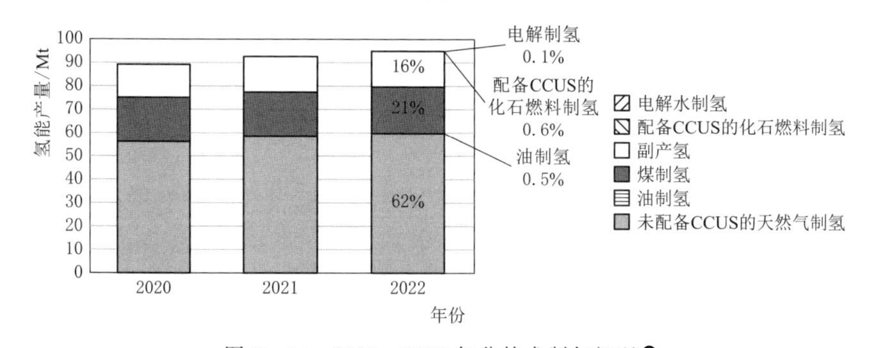

图7-14　2020—2022年分技术制氢概况[2]

尽管绿氢总产量不足，但得益于《巴黎气候协定》等控温、控碳的国际目标，低排放氢（包括化石燃料结合CCUS技术制氢和可再生能源制氢）生产项目数量迅速增长。至2022年年底，全球电解水制氢项目的总装机容量达70万kW，年增长率为20%；2022年10月以来的新宣布低排放氢生产项目数约600个，根据已

[1] IEA（2023），Net Zero Roadmap：A Global Pathway to Keep the 1.5℃ Goalin Reach.

[2] IEA（2023），Net Zero Roadmap：A Global Pathway to Keep the 1.5℃ Goalin Reach.

有项目和拟完成项目情况，至 2030 年，低排放氢的年产量将达到 2000 万 t 以上。

总体来看，项目可分为初期启动、可行性验证、最终投资决定或建设中、运营中四个阶段。从项目的技术及阶段分布来看，以至 2030 年氢气的潜在生产水平为衡量依据，约 50%的项目处于可行性验证阶段，45%的项目处于初期启动阶段，处于最终投资决定或建设中阶段的项目仅占 4%。已公布的制氢项目中，电解水项目占主导地位，目前 55%的电解水制氢项目处于初期启动阶段，若能顺利投入运营，至 2030 年 70%以上的低排放氢可能来自电解水制氢项目生产。而从区域分布来看，欧洲、澳大利亚与拉丁美洲所公布电解氢项目产量分别占全球公布总产量的 30%、20%和 20%，中国与美国有望成为新兴的电解氢项目巨头。

（3）氢能成本现状

氢的生产成本取决于制氢技术及原料能源成本。俄乌冲突前，化石能源制氢的生产成本约 1.0～3.0 美元/kg，与 2021 年配备了 CCUS 的化石燃料制氢成本（1.5～3.6 美元/kg）或可再生能源电解水制氢成本（3.4～12 美元/kg）相比，具有明显的竞争优势。

可再生能源电解水制氢成本由电力成本和设备（电解槽）的资本成本共同构成，且前者为电解水制氢的主要组成部分。随着技术创新和规模经济作用，资本成本将在短期内显著降低，尤其是光伏发电的组件成本，在 2010—2020 年间下降了 80%。在此背景下，降低电力成本成为降低制氢成本的关键，若不考虑资本成本和固定运营支出成本，取热值下限及 70%的生产效率进行计算，20 美元/(MW·h) 的电力成本将导致 1 美元/kg 的制氢平均成本；若考虑资本与固定运营支出，只有当电力成本降低至 13 美元/(MW·h) 且区域太阳能资源丰富时，光伏发电的平均制氢成本可达 1.6 美元/kg。据此估算，至 2030 年，非洲、澳大利亚、智利、中国和中东等太阳能资源充足区域，光电制氢平均成本有望降低至 1.6 美元/kg；西欧与北欧的风电制氢平均成本有望降低至 2.1 美元/kg 以下，美国可实现约 2.3 美元/kg 以下。

但总的来说，氢能与主要能源相比，依旧不具备价格竞争优势，以 1 美元/kg 的制氢平均成本为基准，相当于天然气价格为 8.8 美元/MBtu，电力价格为 30 美元/(MW·h)，故降低绿电成本对于提高氢能价格优势、促进氢能商业化发展至关重要，如图 7－15 所示。

（二）中国氢能发展现状

中国是世界上最大的制氢国，具备较为完善的氢能产业链，已进入市场的加速培育期，在氢燃料电池技术研发及商业化应用等方面具备行业领先优势。我国的氢能发展历程总体可分为萌芽时期（20 世纪 50 年代至 80 年代）、形成时

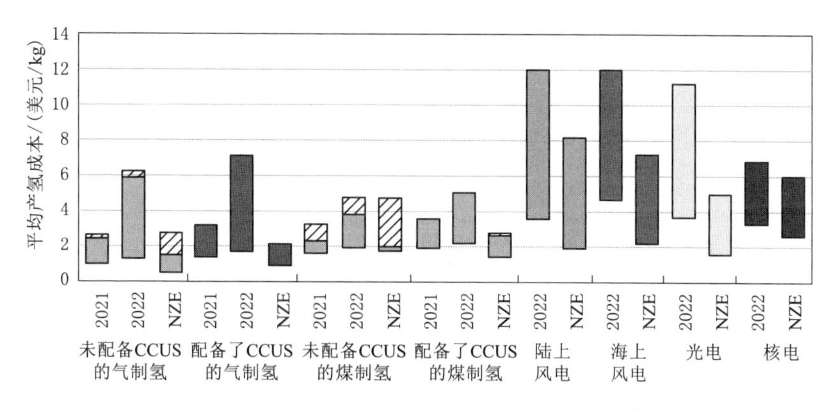

图 7-15　不同制氢技术下的平均产氢成本❶

期（20 世纪 80 年代至 2015 年）和快速发展时期（“十三五”规划至今）三个阶段，新中国成立后我国着手开始进行氢能与燃料电池的研究，20 世纪 80 年代后“863”计划与“973”计划相继启动，以技术商业化为目标的氢能研究持续开展，至“十三五”期间，氢能利好政策频发，并初步形成氢能产业的“1+*N*”政策体系。

1. “1+*N*”氢能政策体系

自 2016 年以来，中国政府相继发布《能源技术革命创新行动计划（2016—2030 年）》❷《“十三五”国家科技创新规划》❸ 等顶层规划，明确可再生能源制氢技术以及氢燃料电池应用的重要地位和战略前景。2019 年，氢能首次写入政府工作报告；2020 年，氢能被写入《中华人民共和国节约能源法》（征求意见稿）❹。与此同时，自 2020 年以来，北京、上海、广东、浙江等全国 20 个省、直辖市也先后发布氢能规划和指导意见 200 多份，明确了地方的氢能产业发展规划、氢燃料电池汽车产业发展及加氢站的规划建设、核心布局等❺。2022 年 3 月 23 日，国家发展改革委、国家能源局联合印发《氢能产业发展中长期规划（2021—2025 年）》（后简称《规划》），明确提出氢能产业发展的各阶段目标，这也是我国首个氢能产业中长期规划。至此，我国氢能产业已初步形成以《规划》为核心的“1+*N*”的政策体系，从全产业链、产业核心技术、政策支撑与对外

---

❶ IEA（2023），Net Zero Roadmap：A Global Pathway to Keep the 1.5℃ Goalin Reach.

❷ 国家发展改革委，国家能源局. 能源技术革命创新行动计划（2016—2030 年）[EB/OL]. 2016-06-01 [2023-07-10]. https：//www.gov.cn/xinwen/2016-06-01/content_5078628.htm.

❸ 国务院. “十三五”国家科技创新规划 [EB/OL]. 2016-07-28 [2023-07-10]. https：//www.gov.cn/zhengce/zhengceku/2016-08-08/content_5098072.htm.

❹ 陈冬梅，李银铃. 氢能产业的发展现状、瓶颈及发展策略 [J]. 中国高新科技，2022（20）：89-91.

❺ 张晓兰，黄伟熔. 我国氢能产业发展形势、存在问题与政策建议 [J]. 中国国情国力，2023（1）：9-12.

开放多个角度明晰氢能未来的发展方向与目标。见表 7－2、表 7－3。

表 7－2　国家层面氢能产业主要政策

发布时间	部　门	政　　策	相关内容
2016 年 6 月	国家发展改革委、国家能源局	《能源技术革命创新行动计划（2016—2030 年）》	明确氢能与燃料电池技术创新的战略方向、创新目标和创新行动
2016 年 7 月	国务院	《“十三五”国家科技创新规划》	发展可再生能源与氢能技术等新一代能源技术
2020 年 4 月	国家能源局	《中华人民共和国能源法（征求意见稿）》	氢能被列为能源范畴
2021 年 3 月	国务院	《中华人民共和国国民经济和社会发展第十四个五年规划和 2035 年远景目标纲要》	明确将氢能列为前沿科技和产业变革重要领域，谋划布局一批未来产业
2021 年 9 月	国务院	《关于完整准确全面贯彻新发展理念做好碳达峰碳中和工作的意见》	推动加氢站建设；加强氢能生产、储存、应用关键技术研发、示范和规模化应用
2021 年 10 月	国务院	《2030 年前碳达峰行动方案的通知》	从应用领域、化工原料、交通、人才建设等多个方面支持氢能发展
2021 年 12 月	工信部	《“十四五”工业绿色发展规划》	指出加快氢能技术创新和基础设施建设，推动氢能多元利用
2022 年 3 月	国家发展改革委、国家能源局	《氢能产业发展中长期规划（2021—2035 年）》	明确了氢能在我国能源绿色低碳转型中的战略定位、总体要求和发展目标
2022 年 3 月	国家发展改革委、国家能源局	《“十四五”现代能源体系规划》	要求推进氢能科技攻关、建设氢能科技示范创新工程
2022 年 6 月	国家发展改革委、国家能源局等 9 部	《“十四五”可再生能源发展规划》	明确氢作为可再生能源的主要发展与技术创新方向、应用场景
2022 年 6 月	科技部等 9 部	《科技支撑碳达峰碳中和实施方案（2022—2030 年）》	大力发展氢能应用技术及新型绿色氢能技术

表 7－3　部分地方政府氢能相关政策

时间	城市	政　　策	政策目标
2020 年 1 月	天津	《天津市氢能产业发展行动方案（2020—2022 年）》	到 2022 年，力争建成至少 10 座加泵站、打造 3 个氢燃料电池车辆推广应用试点示范区

续表

时间	城市	政　　策	政策目标
2020 年 3 月	重庆	《重庆市氢燃料电池产业发展指导意见》	到 2025 年，全市氢燃料电池汽车相关企业超过 80 家，在示范推广层面，建成加氢站 15 座
2020 年 6 月	山东	《山东省氢能产业中长期发展规划（2020—2030 年）》	2023 年到 2025 年，为氢能产业加速发展期
2020 年 9 月	四川	《四川省氢能产业发展规划（2020—2025 年）》	到 2025 年，燃料电池汽车应用规模达 6000 辆，氢能基础设施配套体系初步建立，建成多种类型加氢站 60 座
2020 年 10 月	北京	《北京市氢燃料电池汽车产业发展规划（2020—2025 年）》	2025 年前力争实现氢燃料电池汽车累计推广量突破 1 万辆、再新建加氢站 37 座
2022 年 5 月	上海	《上海市氢能产业发展中长期规划（2022—2035 年）》	到 2025 年建设各类加氢站 70 座左右，燃料电池汽车保有量突破 1 万辆，氢能产业链产业规模突破 1000 亿元
2022 年 8 月	陕西	《陕西省“十四五”氢能产业发展规划》	到 2025 年初步建立较为完整的氢能供应链和产业体系，建成投运加氢站 100 座左右，力争推广各型燃料电池汽车 1 万辆左右
2023 年 8 月	浙江	《浙江省加氢站发展规划》	到 2025 年，基本形成以工业副产氢为主，电解水制氢、可再生能源制氢为补充的氢源保障体系，基本建成市域、城区 100 公里辐射半径的加氢网络，建设加氢站 50 座以上、日加氢能力 35.5t 以上

2. 氢能产业动态

总体来看，国内氢能产业发展已初具规模，在长三角、粤港澳大湾区、环渤海三大区域呈现集群化发展态势。截至 2021 年底，中国已经有氢能相关企业超过 2000 家，并已初步掌握氢能制备、储运、加氢、燃料电池和系统集成等主要技术和生产工艺，在部分区域实现燃料电池汽车小规模示范应用。

（1）氢能制备方面。

现阶段，我国氢气生产依然以化石能源制氢为主，工业副产氢为辅，电解水制氢规模较小。根据中国氢能联盟《中国氢气生产与消费——氢流图（2022 年）》，2022 年总产氢 3533 万 t，制氢 2778 万 t，其中清洁氢仅占比 0.28%。而在“双碳”目标约束下，氢能，尤其是低碳氢能的发展真正有利于清洁低碳、安全高效的能源体系的构建。在此背景下，可再生能源制氢项目批量启动，截至 2023 年 9 月，相关企业在全国规划了可再生能源制氢项目 315 个，在建项目 73 个，建成运营项目 46 个，规划项目产能可达到 477.97 万 t/a，建成运营项目产能 6.68 万 t/a，覆盖全国 19 个省份。

从电力来源来看，我国可再生氢项目建设趋势与国际一致，以光伏发电为电力来源的可再生氢项目具有绝对规模优势，在全国总体项目开发规模的 86.67%。从技术路线来看，碱性水电解制氢技术（Alkaline Electrolyzer，AE）更为成熟，AE 项目容量达到 547.5MW，占总容量的 96.83%，而质子交换膜水电解制氢技术（Proton exchange membrane，PEM）作为未来的重点发展方向，项目容量仅为 17.9MW，所占比例为 3.17%，发展空间广阔。如图 7－16 所示 。

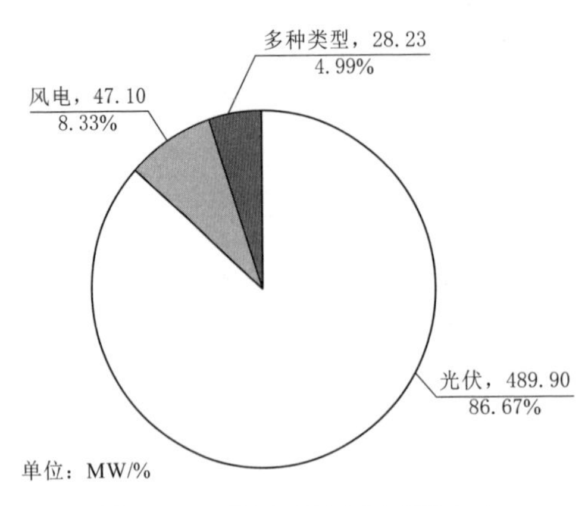

图 7－16　我国可再生氢项目电力来源结构情况（截至 2023 年）[1]

（2）氢能储运方面。

当前，我国储氢的途径主要包括物理储氢（高压气态储氢、液态储氢、固体物吸附）和化学储氢（氢基化合物等）两种途径。综合考虑技术成熟度、技术应用成本和储氢效率等多方面因素，以高压气态储氢技术最为成熟、成本最低且应用最为广泛，目前已实现Ⅰ、Ⅱ、Ⅲ型钢瓶的大规模生产，Ⅳ型钢瓶也已基本进入产业化初期阶段；低温液态储氢的效率、品质高，多用于军事与航天领域；而化学储氢则适用于对氢气纯度依赖度低的工业发展，但目前仍处于实验室阶段；固态储氢的应用前景在于绿电氢储能、加氢站、氢燃料电池配套氢源等多个方面，但目前仍受到严重的技术制约[2]。

氢能的运输方式与储氢形式息息相关，与氢的储存形式相对应，存在高压气态输运、管道输运、液态输运和固态输运四种形式。同样，国内推广度最高且相对较为成熟的运氢方式为高压管束车运氢，我国目前以 20MPa 长管拖车高压气氢储运为主，国内企业已实现 30MPa 氢气管束集中箱的商业化推广，为城市内或城市间的氢能提供了高效而低成本的运输方式，也加速推进了中短途拖车运输向 30～50MPa 等更高效率迈进。相比之下，氢的液态和固态运输仍处于产业化初期，而管道运输，尤其是天然气掺混输运具有更大发展潜力和产业价值。液氢储运方面，自主化液氢装备取得重大突破，如张家港液氢装备产业基

[1] 中国氢能联盟．氢能产业大数据——数据可视化看板（可再生氢项目）．

[2] 李敬法，李建立，王玉生，等．氢能储运关键技术研究进展及发展趋势探讨［J］．油气储运，2023，42（8）：856－871．

地已投产 60～300m³ 液氢储罐、40inch 液氢罐箱等系列装备。在管道运输方面，已开展一系列纯氢管道可行性研究，掺氢管道试点逐步启动，如河北省定州市至高碑店市 145km 氢气长输管道可行性研究正在开展，设计输量 10 万 t/a；宁夏开展燃气管网掺氢试验平台建设。

加氢设施建设方面，截至 2023 年 6 月，我国已建成加氢站 358 座，在运营加氢站 245 座，在运营加氢站供给能力累计 17.63 万 kg/d，平均 719.75kg/d，省份覆盖率高达 82.35%，其中，广东省、河北省、山东省、浙江省、江苏省等东部沿海省份发展趋势较为迅猛[1]。

（3）氢能应用方面。

氢能来源丰富而应用广泛，在交通、电力、工业、建筑及储能等多个领域均具有广阔的应用场景。结合我国氢能基础研发体系建设情况及核心技术攻关导向，工业领域用氢仍占据氢能消费的主导地位。2020 年，合成氨、甲醇生产、石油炼化与煤化工的氢需求占比分别为 32.3%、27.2%和 24.5%，而交通领域用氢不足 0.1%，这也为绿氢的经济制备提出了更高的要求[2]。

此外，氢燃料电池汽车是拉动下游应用市场增长的主要力量，短期内将成为氢能产业应用及商业化的重点领域。短期内，氢燃料电池汽车在地方的推广潜力与政策支持力度直接关联，但从中长期来看则以市场为主，并和当地经济发展水平、所在地区气候、车辆总保有量等因素息息相关。我国已成为全球最大的氢燃料电池商用车市场，2021 年氢燃料电池汽车保有量约为 9315 辆，新增 1586 辆，未来燃料电池汽车保有量将进入快速增长期。

二、全球氢能发展前景

随着全球氢能进入产业化快速发展新阶段，氢能发展表现出投资规模增速快、政策路线更清晰、技术经济性逐渐实现的趋势。氢能已成为许多经济体碳中和投资计划的核心要素，根据世界能源理事会预计，到 2030 年，全球氢能领域投资总额将达到 5000 亿美元，到 2050 年氢能在全球终端能源消费量中的占比可高达 25%。[3] 同时，氢能作为全球能源转型发展和应对气候变化的重要抓手，已经逐渐开始成为国家战略中的重要组成部分，目前已有欧美日韩等 29 个国家和地区制定了国家氢能发展战略，33 个国家公开支持氢能发展，17 个国家参与氢能国际政策讨论，预计至 2025 年，制定氢能战略国家 GDP 总和将超过全球

---

[1] 中国氢能联盟. 氢能产业大数据——数据可视化看板（全国加氢站数据）.

[2] 中国氢能联盟. 中国氢能源及燃料电池产业白皮书（2020）——碳中和战略下的低碳清洁供氢体系［R］，2022-05-26.

[3] 人民日报国际视点｜全球氢能产业加速发展.

总量的80%[1]，见表7-4。

表7-4　　全球氢能发展政策布局概况

颁布时间	颁布国家/机构	代表性战略
2017年（2023年修订）	日本	《氢能基本战略》
2018年	法国	《国家脱碳氢能发展战略》
2019年	韩国、新西兰、澳大利亚	《促进氢经济和氢安全管理法》
2020年	荷兰、挪威、德国、西班牙、葡萄牙、欧盟、俄罗斯、智利、芬兰、加拿大、美国	《欧盟氢能战略》 《欧盟能源系统整合策略》 美国《氢能计划发展规划》
2021年	意大利、波兰、斯洛伐克、巴拉圭、摩洛哥、匈牙利、俄罗斯、捷克、英国、哥伦比亚、瑞典、阿联酋	《英国国家氢能策略报告》 俄罗斯《氢能经济政府计划》 俄罗斯《2035年前能源战略草案》（新版）
2022年	南非、中国	中国《氢能产业发展中长期规划（2021—2035年）》
即将发布	乌拉圭、丹麦、奥地利、阿曼	

（一）美国氢能战略及路线图

1. 总体氢能战略及路线图

美国具有超前的氢能战略目光，自20世纪70年代石油危机爆发后，美国政府即展开以美国能源部（Department of Energy，DOE）为核心的氢能探索，并于21世纪初期将氢能纳入整体国家能源战略体系。凭借其广阔的氢能市场，美国在氢能全产业链发展、核心技术创新等方面持续展开探索与实践，并积极推进氢能的商业化应用，在氢燃料电池应用、加氢站利用率提高等方面保持全球领先水平。依据美国氢能产业的发展历程，美国氢能战略与政策布局可分为四个阶段，如表7-5所示。

表7-5　　美国氢能战略与政策布局概况[2]

氢能发展阶段	阶段内容	代表性战略、政策
第一阶段（1990—2001年）	论证、构建氢能“制—储—输—用”技术链	1990年《氢研究、开发及示范法案》 1996年《氢能前景法案》

---

[1] 万燕鸣，熊亚林，王雪颖．全球主要国家氢能发展战略分析［J］．储能科学与技术，2022，11（10）：3401-3410.

[2] 魏凤，任小波，高林，等．碳中和目标下美国氢能战略转型及特征分析［J］．中国科学院院刊，2021，36（9）：1049-1057.

续表

氢能发展阶段	阶段内容	代表性战略、政策
第二阶段（2002—2012 年）	氢能产业由构想转入行动阶段，遴选氢能未来应用发展方向，研发重点领域关键核心技术	2002 年《美国向氢经济过渡的 2030 年及远景展望》 2002 年《国家氢能发展路线图》 2004 年《氢立场计划》
第三阶段（2013—2020 年）	研发和推广氢能应用，注重加快氢能在交通领域的应用，同时重视制氢和氢能新材料研发	2014 年《全面能源战略》
第四阶段（2021—2030 年）	碳中和目标下全面推动氢能发展，明确未来发展总体战略，推广可再生氢技术研发和应用	2020 年《氢能计划发展规划》 2023 年《国家清洁氢战略与路线图》

2020 年，美国能源部发布了最新版《氢能计划发展规划》（Hydrogen Program Plan）（后简称《氢能规划》），对 2002 年《国家氢能发展路线图》及 2004 年《氢立场计划》进行了更新，同时在综合能源效率和可再生能源办公室、化石能源办公室、核能办公室、电力办公室、科学办公室、高级能源项目部门（ARPA - E）等发布的氢能相关计划文件的基础上，明确了“氢能计划”的使命和目标、氢能发展的需求和挑战、未来多期核心技术领域，提出了未来十年及更长时期氢能研究、开发和示范的总体战略框架。

根据《氢能规划》，目前美国氢能发展已经逐渐从实验室阶段过渡至商业化应用阶段，氢燃料电池在汽车、铲车、分布式及备用动力装置等应用广泛，以氢气/天然气混合物为燃料的大型涡轮机成功实现商业化运营。但客观来看，美国氢能产业技术在整体上仍存在技术应用成本高、安全性难以保障、缺乏基础设施建设等问题，氢能规范和标准等非技术障碍同样制约美国氢能发展，因此，DOE 分近、中、远三期明确了氢能关键技术选项，助力建立健全的美国氢能供应和应用体系。如表 7 - 6 所示。

表 7 - 6　　美国氢能关键技术选择[1]

	近期	中期	远期
氢能制备	①配备 CCUS 的煤炭、生物质和废弃物气化制氢技术 ②先进的化石能源和生物质重整/转化技术 ③电解制氢技术（低温、高温）	①先进生物/微生物制氢技术 ②先进热/光电化学水解制氢技术	

[1] DOE. Hydrogen program plan（2020），2020 - 11.

续表

	近　期	中　期	远　期
氢能运输	①现场制氢 ②长管拖车（气态氢） ③低温槽车（液氢）	化学氢载体	大规模管道运输
氢能储存	①高压气态储氢（加压罐） ②低温液态储氢	①地质储氢（如洞穴、枯竭油气矿） ②低温压缩储存 ③化合物储氢	材料存储
氢能转换	①燃气轮机 ②燃料电池	①先进燃烧 ②下一代燃料电池	①燃料电池/燃烧混合动力车 ②可逆燃料电池
氢能应用	①氢制燃料 ②航空 ③便携式电源	①天然气管道掺氢 ②分布式发电 ③交通运输 ④分布式燃料电池热电联产 ⑤工业和化学过程 ⑥国防、安全和后勤应用	①公用事业系统 ②综合能源系统

在此基础上，美国氢能产业发展的总体目标可以概括为：降成本、提性能、扩应用。根据美国国家实验室预测，到2050年前，美国的氢能需求潜力将随着新应用的出现而增长，或将增长至4100万t/a；面对旺盛的需求，如何利用多种资源和多种途径，实现各生产规模下的低成本氢能生产、储运和应用成为首要关键问题。而实现该过程不仅需要技术研发创新和应用商业化推广，更需要政府部门与私人部门的通力合作，最终形成以私人市场参与为主、政府财政支撑为辅的良性产业生态。故DOE在《氢能规划》中明确了美国2020年及以后氢能的总体发展战略和措施，从氢能生产、氢能运输、氢能储存、以燃料电池和氢能燃料为代表的氢能转化、氢能终端应用、跨领域及氢能支撑活动6大方面进行了规划。如图7-17所示。

2. 清洁氢能战略及路线图

2023年6月5日，美国能源部正式发布《国家清洁氢能战略和路线图》（简称《路线图》），提出了加速清洁氢能发展的综合框架和氢能发展将经历三波浪潮（三个阶段），旨在确保清洁氢能的开发和利用沿着正确路径前进，助力美国氢能产业快速发展。

《路线图》认为，美国政府的氢能发展目标包括：①到2030年，美国的温室气体排放量比2005年的水平减少50%～52%；②到2035年实现100%无污染

政府支持活动 2020 → 强调政府与私人部门之间的合作 → 提高私营部门的作用 2030及之后

	促进研发，以减少监管壁垒、促进私营部门的市场渗透，并对所有相关策略启用技术中立	扩大跨应用和行业的市场部署，以实现技术的经济可行和市场渗透的可持续，从而实现能源、环境和经济安全
氢能生产	开展氢能研发，利用多种国内资源进行生产，以满足低应用的成本(1~2美元/kg)和性能指标	扩大氢能生产及CCUS，将生产与终端用途布局在同一空间，方便集中、连贯地部署工作和价值彰显
氢能运输	研发低成本、安全、可靠的氢能运输/分配方式(气态、液态、化学载体运输等)，目标成本为2~5美元/kg	构建气氢、液氢运输网络，建设液化加氢/加油站；因地制宜铺设氢气管道进行混合氢气输送；解决氢能出口障碍
氢能储存	研发低成本、高容量、安全的氢能储存方式，包括不同规模的车载和固定储存，如高压气态、液态(包括化学载体)	开发包括碳纤维等在内的供应链；支持加油站、大型(如地质)储能油轮等应用中，氢能应用所需的启用和出口终端储存设施
氢能转换：燃料电池和燃烧	研发氢燃料电池和氢能燃烧技术，实现氢转化的高效、低成本、可靠的大规模应用	开发燃料电池、涡轮机和其他部件的供应链，提高国内制造能力。支持氢转换的跨行业的大规模应用
氢能终端应用	研发氢能跨行业(交通、存储、工业)多重应用。启动、评估和优化混合能源和综合能源系统	扩大在不同应用中的氢能部署，以满足基础设施建设的临界要求。推广商业案例中的能源、排放和经济效益
跨领域和支撑活动	解决安全、规范和标准问题，制定最优实践标准；制定培训和劳动力发展计划；加快向私营部门的技术过渡	建立和更新规范、标准，着力发展全球市场；保障最佳安全实践和劳动力发展，巩固美国氢能劳动力的竞争性地位

图 7－17　美国氢能总体发展战略和措施[1]

电力；③于2050年之前实现温室气体净零排放；④联邦的气候投资中，40%的比例投放到弱势地区。但在目标发展过程中，美国实现清洁氢战略可能面临氢能基础设施建设不足，氢能投资风险大，清洁氢的大规模制造成本、耐用性、可靠性难以保障等挑战。基于此，《路线图》以分阶段开发和采用清洁氢作为有效的脱碳工具，分近、中、远期三个阶段展开行动战略部署和目标规划，如表7－7所示。并优先考虑三项关键战略：①专注于清洁氢的战略性和高价值用途，具体包括工业部门（如化工、钢铁和炼油）、重型运输和长期能源储存，以构建清洁电网；②降低清洁氢的成本，鼓励私营部门投资，提高氢供应链的发展水平，并大幅降低清洁氢的成本；③建设大规模清洁氢气生产和终端就近使用的区域性网络，实现基础设施投资效益最大化。

[1] DOE. Hydrogen program plan (2020), 2020－11.

表 7－7　　美国氢能近、中、远期行动规划❶

	行动战略				目标规划
	2022—2025 年		2026—2029 年		2030—2035 年
制氢	在电解、热转化和满足氢能需求的新途径中促进技术研发	利用 CCS 展示可再生能源、核能和废料的可复制生产	部署千兆瓦级的电解槽，促进完善国内氢能产业供应链	扩大电解槽的制造与回收/再利用能力	达到 10MMT 装机规模和 1 美元/kg 生产成本目标
氢储运	根据优先级确定推出基础设施所面临的障碍	启动区域枢纽的配套基础设施	展示优势和高效的基础设施组件	发展可持续的区域清洁氧气网络	大规模输送清洁氢气
氢应用	让监管机构为跨行业战略采用奠定基础	启动工业项目并指定承购协议	部署区域清洁氢中心	部署降低污染并具有弹性的技术	扩大氢能中心并扩大出口规模
使能器	让利益相关者参与其中；制定安全规范；发展关键供应链	建立和发展劳动力及人才库	确保 40%的收益流向受能源部资助的清洁氢项目	展示商业案例和活动私人资本	创造高薪工作，确保公共健康和安全

从应用视角来看，未来美国清洁氢能发展将经历三个阶段（称为“浪潮”）：第一阶段：氢能应用将在现有基础上于部分产业部门优先启动，如炼油厂、制氢厂、公交、长途重卡、物料搬运车、重型机械等，大规模制氢与此类应用结合的将有助于降低生产成本，并建立在后续阶段可用于其他市场的基础设施。第二阶段：这一阶段涉及在行业承诺和经济支持下不断增长的应用，在第一个阶段氢能应用的基础上，扩展氢能在其他领域的应用，同时注意经济效益的增长，如区域轮渡、化工、钢铁、储能及发电、航空航天等。第三阶段：该阶段氢能产业发展模式及生产技术更加成熟，清洁制氢规模逐渐扩大，制氢成本不断下降，氢能基础设施加速普及，新增应用将包括备用电源和固定式电源、甲醇、集装箱船运、水泥、注入现有天然气网络等。如图 7－18 所示。

（二）日本氢能战略及路线图

日本是世界氢能发展先锋，自 1973 年石油危机爆发后，日本政府即开始出资支持氢能和燃料电池的技术研发，但并未成为日本的核心能源产业；2011 年，福岛核泄漏事故使日本的能源自给计划由核能全面转向风光氢产业链。2014 年

❶ DOE. U. S. National Clean Hydrogen Strategy and Roadmap，2023－06.

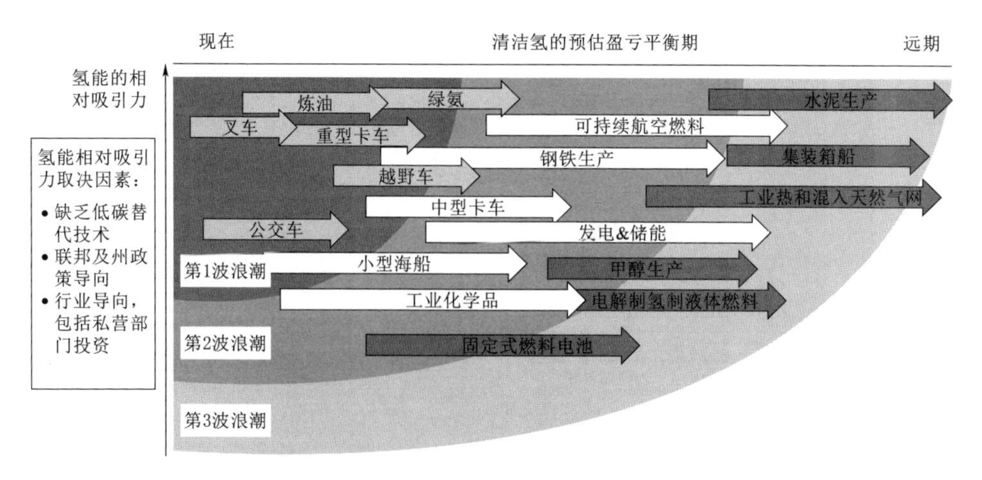

图 7-18 美国氢能发展将经历的三波浪潮[1]

底，日本《氢能和燃料电池战略路线图》发布，明确家用燃料电池、燃料电池汽车和加氢站商业化定量目标；2017 年 12 月，日本首次公布《氢能基本战略》，同时也成为世界上首个制定综合性氢能规划战略的国家。

1. 2017 年日本氢能战略及路线图

2017 年《氢能基本战略》延续了《氢能和燃料电池战略路线图》的“氢能产业发展三步走”战略，充分发挥氢能作为零碳能源在日本能源结构转型过程中的节能降碳作用，强调日本在世界氢能产业中的引领作用，同时注意保障能源安全和应对气候挑战，最终目标为创造“氢能社会”。

在充分考虑日本氢能资源禀赋及供需情况的基础上，2017 年《氢能基本战略》主要包括以下几个方面：制氢成本平价、绿氢生产及区域振兴、全球性氢能供应链建设、氢能的多领域应用（包括建设加氢站、替代燃油卡车及叉车、替代天然气及煤炭发电、发展家庭热电联供燃料电池系统等），以及技术创新、氢能普及和区域国际合作。同时，该战略还设定了 2020 年、2030 年、2050 年及以后的具体发展目标。如图 7-19 所示。

2. 2023 年日本氢能战略及路线图修订

自 2017 年《氢能基本战略》出台至今的五年间，日本氢能产业发展迎来了两个重大转折：一是 2020 年日本通过了《2050 年碳中和宣言》，规定至 2030 年日本的电源结构中，约 1%将由氢能（包括氨）制取；同时，约 8000 亿日元的绿色创新基金（GI 基金）将用于氢能商业化技术开发。二是 2022 年俄乌冲突对世界能源供需结构造成了巨大冲击，欧洲、美国和英国对制氢项目关注度显著

[1] DOE. U. S. National Clean Hydrogen Strategy and Roadmap，2023-06.

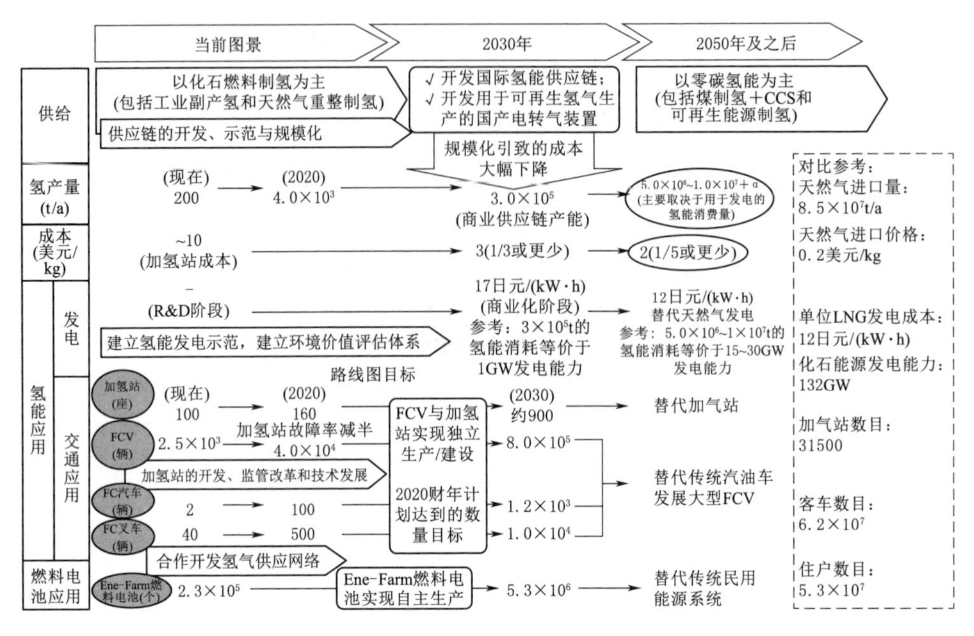

图 7-19 2017 年日本氢能产业发展路线图[1]

提高，氢能这一新型能源在未来能源结构中的地位更加突出。

基于以上国内外能源发展形势变化，日本对原氢能战略进行修订并于 2023 年 6 月发布《氢能基本战略（草案）》。与 2017 年战略相比，新版战略在继续沿用“S+3E”能源政策基本方针，即利用氢能管理保障氢能应用全过程的安全性（Safety）、利用制氢国产化助力能源安全（Energy security）、锚定氢能环境价值提高氢能经济效率（Economic efficiency）和利用氢能的清洁低碳特性完成能源转型并助力碳中和（Environment）的基础上，明确分为增强氢能产业竞争力的“氢能产业战略”和确保氢能安全利用的“氢能安全战略”两部分，并首次对氢能的应用场景进行拓展，涵盖了包括氨、合成甲烷（e—甲烷）和合成燃料（e—燃料）等氢基合成燃料。如表 7-8 所示。

（1）氢能产业战略方面。

新版战略在氢能产业发展方面的基本目标可以主要包含两个方面：一是实现稳定、廉价和低碳的氢/氨供应，即在确保稳定氢能供应的基础上降低氢能供应成本，并促进社会向低碳氢转型。二是加强氢能产业国际竞争力，从全产业链视角出发，氢能供应方面，改进现有电解制氢技术，以到 2030 年实现大规模

[1] 李海文，Nobuyuki Nishimiya. 日本氢能战略及实践的启示［J］. Engineering，2021，7（6）：46-54.

表 7-8 旧版（2017 年）与新版（2023 年）氢能发展战略目标对比

战略方向	2017 年《氢能基本战略》		2023 年《氢能基本战略（草案）》	
	2030 年	2050 年及之后	2030 年	2050 年及之后
制氢成本 /(美元/kg)	3	2	约 2.4（30 日元/Scf）	约 1.6（20 日元/Scf）
氢能产量 /(万 t/a)	30	500～1000，主要用于氢能发电	300（包含氨）	2000（包含氨）
加氢站/座	900	取代加气站	1000	—
家用燃料电池热电联产系统（Ene-Farm）/台	530 万（占全部家庭的 10%）	取代传统居民的能源系统	300 万	—
燃料电池发电效率	—	—	60%（当前 40%～55%）	—
燃料电池汽车 /万辆	80	取代传统汽油燃油车	80	—
氢能发电成本 /[日元/(kW·h)]	17	12 取代天然气	碱型燃料电池：5.2 万；PEM 型：6.5 万	—
液氢运输船	—	—	尽早实现商业航运	—
氢能飞机	—	—	飞机燃料中 10% 由 SAF 替代	—

输运氢为目标发展氢能陆、海供应链；氢能发电方面，重点发展大型氢/氨燃气轮机技术，开展氢气供应链和发电的综合示范；燃料电池方面，保持技术世界领先地位的同时推进燃料电池商业化；进一步拓展氢气直接使用和氢基化合物使用等。

（2）氢能安全战略方面

为实现安全和有保障的氢能社会，日本认为需要通过结合科学试验数据的基础上进行技术发展、发展和培育专业认证机构和检测机构、促进国际及公众交流等角度进行长期的努力。具体举措包括：建立科学数据基础、验证和优化实现氢能社会的阶段性实施规则以及发展适合氢能应用的环境。

（三）欧盟氢能战略及路线图

欧洲对于氢能的关注同样起源于 20 世纪 70 年代石油危机对西方经济的冲击，为保障欧洲能源安全，欧共体对氢能的科研经费达 7200 万～8400 万美元[1]；

[1] 董一凡．欧盟氢能发展战略与前景［J］．国际石油经济，2020，28（10）：23-30.

欧盟成立后，气候变化问题也逐渐进入人类视野，氢能对国家能源清洁低碳转型的作用逐渐增强。2008 年 5 月，欧洲燃料电池和氢能联合组织（Fuel Cells and Hydrogen Joint Undertaking，FCH-JU）成立，着力推动燃料电池和氢能产业的发展、技术研发和应用；2020 年 7 月，欧洲清洁氢能联盟（European clean hydrogen alliance）旨在开辟清洁氢能项目投资专项通道，促进氢能生产和应用部署，以期实现至 2030 年“欧洲出现氢经济（European hydrogen economy）”的目标[1]。近年来，欧盟及其成员国就氢能在低碳能源体系中的关键作用已形成共识，支撑氢能发展的相关立法和产业政策频发，为欧盟在燃料电池和氢能源技术方面的世界领先地位奠定良好基础，“氢能技术和系统”产业也被确定为欧盟未来六大战略性产业之一。

1. 欧盟氢能战略演进

欧盟重视氢能在能源清洁化转型和能源安全中的作用，强调氢能在多场景中的脱碳杠杆作用和氢储能的缓冲优势，在此基础上制定了全面的氢能源发展战略，出台了以专项补贴为代表的多项政策支持，推动欧盟在氢能的技术创新、全产业链发展和国际化标准制定等方面的长足发展。

欧盟氢能战略的核心政策主要有 2019 年 12 月发布的《欧洲绿色协议》和 2020 年 7 月发布的《欧洲氢能战略》，前者以“使欧洲在 2050 年前实现全球首个气候中立”为目标，强调欧洲向清洁能源和循环经济的整体转型；后者“三步走”指明了欧洲未来 30 年清洁能源（尤其是氢能）的发展方向。此后，法国、德国、荷兰、西班牙、葡萄牙和意大利等国家相继发布国家氢能战略，规定了氢能发展的明确目标和至 2030 年的融资措施[2]。

表 7-9　　欧盟氢能发展相关立法和产业政策演进[3]

战略类型	立法/政策时间	立法/政策名称	立法/政策内容
构建氢能发展法治基础	2009 年（2021 年修订）	《可再生能源指令》	首次以立法形式将氢能纳入欧洲能源系统
	2014 年（2021 年修订）	《替代燃料基础设施指令》	明确氢等替代燃料的基础设施建设技术标准
	2019 年	《欧洲绿色协议》	明确欧洲绿色转型（包括能源绿色转型）总规划

[1] The European Clean Hydrogen Alliance. Reports of the Alliance Roundtables or Barriers and Mitigation Measures, 2021-11.

[2] 彭苏萍，陈立泉. 氢能与储能导论（中国科协碳达峰碳中和系列丛书）[M]. 北京：中国科学技术出版社，2023.

[3] 贾英姿，袁璇，李明慧. 氢能全产业链支持政策：欧盟的实践与启示 [J]. 财政科学，2022 (1)：141-151.

续表

战略类型	立法/政策时间	立法/政策名称	立法/政策内容
构建氢能发展法治基础	2021年	《欧盟可持续和智能交通战略》	明确欧洲交通运输行业的氢能应用战略
	2021年	《欧洲气候法》	明确2050年实现气候中立等欧盟气候目标
战略指引氢能规模部署	2019年	《欧洲迈向气候中立的氢能战略》	加大对氢能的政策激励和支持力度，进一步降低低碳氢能的脱碳成本
	2020年	《欧洲氢能路线图》	明确至2050年前氢能发展的“三步走”战略及目标
氢能补贴促进氢技术创新	2021年	《2022年气候、能源和环境保护补贴指南（CEEAG）草案》	放宽补贴限制，重点支持包括氢能在内的低碳减排和清洁技术研发

2. 欧盟氢能产业路线图

2020年7月，欧盟委员会发布《欧洲氢能路线图：欧洲能源转型的可持续发展路径》(Hydrogen roadmap europe：a sustainable pathway for the european energy transition)（后简称《欧洲氢能路线图》），在客观分析氢能发展优势的基础上，以“可再生氢能开发”为长期目标，补充发展其他形式的低碳氢能为终端期目标，综合制定了欧盟分“三步走”推进至2050年欧盟氢能生态系统建设的发展路线图。如表7-10所示。为实现该蓝图，《欧洲氢能路线图》要求欧盟及其成员国通力合作，从三个方面提出关键发展要点：一是提振需求，扩大生产：通过出台法律、政策，推广试点项目等形式促进氢能市场部署，降低进入门槛。二是促进氢能技术研究和创新：打造提议的清洁氢能合作伙伴，呼吁在碳密集型地区，开展氢技术区域间创新试点行动。三是积极开展国际合作：促进和欧洲南部及东部邻国、能源共同体国家、非洲等在可再生电力和氢能方面的合作，加强欧盟在国际技术标准、法规和定义方面的国际领导力。

表7-10　欧盟“三步走”氢能发展路线图❶

发展阶段	时期	阶段目标	实现方式
第一阶段	2020—2024年	可再生电力的电解槽制氢产能提升至每年6GW，产量达到100万t/a，促进氢能生产过程脱碳和新领域应用（如其他工业过程和潜在重型运输）	①扩大电解槽生产和加氢站部署规模； ②完善氢能运输的基础设施建设和CCUS； ③规范氢能市场监管框架，缩小低碳氢和非低碳氢间的价格差距； ④利用公共投资机制（如invest EU）加大对氢能项目的支持力度

❶ 董一凡. 欧盟氢能发展战略与前景［J］. 国际石油经济，2020，28（10）：23-30.

续表

发展阶段	时期	阶 段 目 标	实 现 方 式
第二阶段	2025—2030 年	至 2030 年，可再生电力的电解槽制氢产能提升至每年 40GW，产量达到 1000 万 t/a，使氢能成为综合能源系统的内在组成部分，建立一个竞争、开放、有序的欧盟氢能市场	①从氢能需求侧政策发力，扩大工业用氢应用场景，尝试推广氢储能； ②形成本土化氢能集群，建设专有的"短距离"氢能输送基础设施，以形成"氢谷"； ③加强欧盟范围内的物流基础设施建设，尝试发展氢能国际贸易
第三阶段	2030—2050 年	可再生氢技术应进入成熟且可大规模部署阶段，可覆盖所有难以脱碳的行业	①加强可再生电力供应，因到 2050 年约有 1/4 的可再生电力将用于可再生氢的生产； ②推动基于碳中性的氢和氢衍生合成燃料更深入地渗透到更广泛的经济领域

三、我国氢能发展路线图

（一）总体情况

2022 年 3 月，国家发展改革委、国家能源局联合发布《氢能产业发展中长期规划（2021—2035 年）》，至此氢能产业"1＋N"政策体系核心正式确定。《氢能规划》首次明确将氢能纳入国家能源体系，确定氢能的定位为"三个重要"，即"未来国家能源体系的重要组成部分""用能终端实现绿色低碳转型的重要载体"和"战略性新兴产业和未来产业重点发展方向"。在此基础上，《氢能产业发展中长期规划（2021—2035 年）》提出了氢能产业发展的四大基本原则，谋划了 2021—2035 年间氢能产业发展分阶段路线图。如表 7－11 所示。

表 7－11　　中国 2021—2035 年氢能产业发展路线图[1]

发展阶段	时期	阶 段 目 标
第一阶段	2021—2025 年	①基本掌握核心技术和制造工艺，氢能示范应用取得明显成效，初步建立以工业副产氢和可再生能源制氢就近利用为主的氢能供应体系； ②燃料电池车辆保有量约 5 万辆，部署建设一批加氢站； ③可再生能源制氢量达到 10 万～20 万 t/a，实现二氧化碳减排 100 万～200 万 t/a
第二阶段	2026—2030 年	①形成较为完备的氢能产业技术创新体系、清洁能源制氢及供应体系； ②产业布局合理有序，可再生能源制氢广泛应用，有力支撑碳达峰目标实现
第三阶段	2031—2035 年	①到 2035 年，形成涵盖交通、储能、工业等领域氢能多元应用生态； ②可再生能源制氢在终端能源消费中的比例明显提升

[1] 国家发展改革委，国家能源局．氢能产业发展中长期规划（2021—2035 年），2022－03. http：//zfxxgk. nea. gov. cn/1310525630 _ 16479984022991n. pdf.

在此基础上，《规划》部署了推动氢能产业高质量发展的四大重要举措：一是系统构建氢能产业创新体系。聚焦重点领域和关键环节，着力打造产业创新支撑平台，持续提升核心技术能力，推动专业人才队伍建设，积极开展氢能技术创新国际合作。二是统筹建设氢能基础设施。因地制宜布局制氢设施，稳步构建储运体系和加氢网络。三是稳步推进氢能多元化应用，包括交通、储能、发电、工业等多个领域，探索形成商业化发展路径。四是建立健全氢能政策和制度保障体系，完善氢能产业标准，加强全链条安全监管。

以规划为核心，中国氢能联盟就碳达峰碳中和情景下氢能需求及终端行业用氢分布展开了预测：预计到 2030 年，我国氢气的年需求量将达到 3715 万 t，在终端能源消费中占比约为 5%，可再生氢产量约 500 万 t，部署电解柚装机约 80GW；在 2030 年完成铺垫和布局后，氢能将在 2035 年进入快速增长期；至 2060 年，氢能需求量较 2020 年将增长 2～3 倍，达约 1 亿～1.3 亿 t/a，在终端能源消费中占比约为 20%，其中可再生氢占比约 75%～80%，即 0.75 亿～1 亿 t/a，氢能供应格局将以低碳清洁的技术路径为主，仅有少量的化石燃料制氢为小规模特定场景使用[1]。

根据预测路径可以看出，绿氢是实现净零排放的最优方案；但 2021 年，中国氢能产量共计 3468 万 t，电解水制氢占比仅 1.2%，其中只有不到 0.1%采用可再生能源电解水制氢，因此，我国绿氢产业需要从成本、基础设施、市场需求、行业标准及认证、技术、发展进程与合作等多个方面发力，以期实现构建全新的能源体系和完整的氢能供应链的绿氢愿景，如表 7-12 所示。

表 7-12　　中国 2023—2030 年绿氢发展路线图[2]

发展阶段	时期	阶段目标
第一阶段	2023—2024 年	制定赋能政策，支持示范性项目建设和核心技术突破，促进氢能和现有能源供应、工业部门应用的协调发展
第二阶段	2024—2027 年	建设全方位氢能技术标准体系，对供应网络进行投资，积极开展国际合作，最终实现我国绿氢应用具有普遍进展
第三阶段	2027—2030 年	明确价格和需求目标：可再生能源制氢成本达到 15 元/kg，百公里储运价格 5～10 元/kg，加氢站终端价格约 30～35 元/kg；绿氢需求达到 500 万～800 万 t； 完善供氢网络，全国范围内建成超过 5000 座加氢站，建设创新网络、寻求全球参与

❶ 中国氢能联盟．中国氢能源及燃料电池产业白皮书（2020）[EB/OL]．2022-05-26 [2023-07-11]．

❷ World Economic Form. Green Hydrogen in China：A Roadmap for Progress White Paper，2023-06.

（二）氢能制备

绿氢生产是未来中国氢能供应与应用体系发展的关键环节，也是氢能领域投资的重点领域，需要从成本和技术两个层面进行考察。

首先，制氢成本是制约绿氢生产规模化的核心因素。结合低碳氢能制造与生产成本的要求，绿氢在价格竞争中不仅受到低成本化石燃料制氢或工业副产制氢的压力，也受到蓝氢的挤压。但从长期来看，中国净零排放目标不仅是为了减少碳排放，同时还要降低对化石燃料的依赖。故蓝氢生产只能作为短期内清洁能源转型的补充，从长期来看，绿氢生产才是构建多元化的能源结构、保障未来能源安全的关键。目前，我国每千克绿氢的平均制氢成本为33.9～42.9元/kg，至少比煤制氢成本高出三倍，电费成本占比超过一半；同时显著高于天然气制氢成本（7.5～24.3元/kg）和工业副产氢成本（9.3～22.4元/kg）。故降低绿氢生产中的电力成本和电解槽成本是降低绿氢制氢成本的关键任务[1]。

技术方面，电解水制氢具有纯度等级高、与可再生能源结合紧密等特点，是公认未来最有发展潜力的绿氢制备方式。其中，电解槽是利用可再生能源生产绿氢的关键设备，其技术路线、性能水平、成本的发展是影响绿氢市场趋势的重要因素。目前，已投入使用的电解槽分为三类：碱性电解槽（ALK）、质子交换膜电解槽（PEM）和固体氧化物电解槽（SOEC），其技术路线性能和特点，如表7-13所示。综合来看，碱性电解槽技术成熟、成本最低、相关产业链发展已较为完备，已经实现国产化，其关键性能指标均接近国际先进水平，但缺点在于易受到可再生电力供应波动的影响；而PEM电解技术的运行更加灵活、反应效率更高，更加适用于未来以可再生能源电力为主体的电力结构，技术发展和商业化有望进一步提速，是未来绿氢制备技术关键的发展方向；SOEC电解技术更适合与可以产生高温高压蒸汽的光热发电系统配套运行，目前我国仍处于实验室阶段。如表7-13所示。

表7-13　三种电解水制氢技术路线性能特点对比[2]

	碱性电解水	PEM电解水	固体氧化物电解水
技术成熟度	大规模应用	小规模应用	商业化初期
电解槽能耗	4.5～5.5kW·h/Nm^3	3.8～5.0kW·h/Nm^3	2.6～3.6kW·h/Nm^3
系统转化效率	60%～75%	70%～90%	85%～100%
系统寿命	10～20年	10～20年	—

[1] World Economic Form. Green Hydrogen in China: A Roadmap for Progress White Paper, 2023-06.

[2] World Economic Form. Green Hydrogen in China: A Roadmap for Progress White Paper, 2023-06.

续表

	碱性电解水	PEM 电解水	固体氧化物电解水
电源质量要求	极强	强	较弱
负荷调节范围	稳定电源	稳定或波动电源	稳定电源
系统运维	15%～100%额定负荷	0%～160%额定负荷	—
占地面积	有腐蚀性液体， 运维复杂，运维成本高	无腐蚀性液体， 运维简单，运维成本低	目前以技术研究为主， 无运维需求
电解槽价格	较大	较小	—
与可再生能源的结合	2000～3000 元/kW（国产） 6000～8000 元/kW（国产）	7000～12000 元/kW	—
小结	适用于供电稳定且 装机规模大的发电系统	适用于波动性较大的 可再生能源发电系统	适用于产生高温高压 蒸汽的光热发电系统

（三）氢能储运

长期来看，氢能储运技术存在着从低压到高压、从气态到多相态、从单一到复合的方向发展，氢气储运能力与经济性将顺应市场需求逐步提高。目前，我国氢能储运仍以高压气态为主，高压气瓶产业链已经较为成熟，故在较长一段时间内都将是应用规模最大的储氢方式；随着未来技术进步，液氢车船输送、纯氢及掺氢管道输送将成为未来发展方向，有机液体氢储运、固态氢储运也因其在安全性方面的优势而具有广阔的发展前景❶：

（1）高压气态氢能。高压气态储氢设备将向高压力、大容量、长寿命、轻量化方向发展，但需加强低成本高压临氢环境用新材料研发；车载小容量高压氢气瓶向Ⅳ型瓶方向发展，未来需加强开展高压储氢设备定期检测和评价方法研究；掺氢天然气管道输送需充分利用现有城镇天然气管道的产业基础，加强管输系统相容性、掺氢工艺及设备、氢分离提纯工艺及设备等方面的研究。

（2）液态氢能。球形液氢储罐是未来大规模液氢储存的发展方向，需加快制定其设计与建造标准；提高液氢储存容器的绝热性能以降低液氢的蒸发率，力争接近零蒸发，是目前的重点研究方向。有机液体储氢技术仍需突破循环储氢性能不佳、脱氢反应温度与能耗高、脱氢催化剂成本高及选择性差等问题，才有望实现大规模商业化应用。

（3）固态氢能。固态氢输送技术存在较强的应用场景和经济性限制，只能

---

❶ 李敬法，李建立，王玉生，等．氢能储运关键技术研究进展及发展趋势探讨［J］．油气储运，2023，42（8）：856－871．

作为是当前氢能输送方式的有效补充。

同时，加氢设施将成为我国新基建的重点内容，中国加氢站数量快速增长。随着中石化等能源央企加大加氢基础设施的投资和建设力度，中国加氢站数量呈现快速增长趋势。目前，我国加氢站主要分布在北京市、山东省、湖北省、上海市等燃料电池汽车产业发展较快的地区；“十四五”期间，随着全国“3+2”燃料电池汽车示范格局的正式形成，氢燃料电池汽车推广数量将快速增加，加氢站建设也将提速。根据中国氢能联盟预测，我国加氢站建设量将于2050年达到1.2万座，由此获得的规模效应将有效降低单座加氢站的平均建设成本至800万元（不含土地成本）[1]，如表7-14所示。

表7-14　不同氢能储运方式的特点与成本分析[2]

储运方式	运输工具	压力/MPa	每车载氢量/kg	体积储氢密度/(kg/m³)	质量储氢密度/%	成本/(元/kg)	能耗/(kW·h/kg)	经济距离/km	应用场景
气态储运	长管拖车	20.0	300～400	17.9	1.1	8.70	1.0～1.3	≤150	城市内配送
	管道	1.0～4.0		3.2		0.90	0.2		大运量配送
液态储运	液氢槽罐车	0.6	7000	70.6	14.0	12.25	15.0	≥300	国际、规模化、长距离
固态储运	运输车	常压	500～1000	50.0	1.2～3.6		10.0～13.3		固定式储氢、配送及加压
有机液体储运	槽罐车	常压	2000	40.0～50.0	4.0	15.00		≥200	国际、规模化、长距离

（四）氢能应用

1. 化工行业

我国化工行业属于以化石燃料为主要能源基础和原料的高耗能高碳排放行业。石油炼化作为石油化工行业的主要生产环节，对氢气的需求量大，目前主要采取天然气重整或煤气化作为主要氢气供给方式；合成氨、甲醇的生产以煤气化制氢的传统方式获取氢气。随着环保、准入等政策的出台和实施，氢基绿色化工将成为产能转型的重要突破口。

根据测算，2030年，化工行业总可再生氢消费量将达到376万t，是中国最

[1] 中国氢能联盟. 中国氢能源及燃料电池产业白皮书（2020）[EB/OL]. 2022-05-26 [2023-07-11].

[2] 张庆生，黄雪松. 国内外氢能产业政策与技术经济性分析 [J]. 低碳化学与化工，2023，48（2）：133-139.

大的可再生氢需求市场。可再生氢能在化工行业的应用将主要包括既有传统工艺流程的可再生氢替代和新型化工生产的可再生氢利用两种模式。由于现代化工项目工艺复杂、投资大且周期长，可再生氢作为原料在化工生产中大规模利用需要进行较多产线的升级改造，短期内成本较高且风险较大，因此未来十年可再生氢将主要在既有传统工艺流程中发挥对传统化石能源制氢的替代作用，并在条件相对成熟的少部分可再生氢新型化工项目中逐步开展试点应用。新型化工路径采取的工艺技术不同于现有传统生产路径，已有项目进行改造的难度大，因而仅适用于新建项目。如图 7-20 所示。

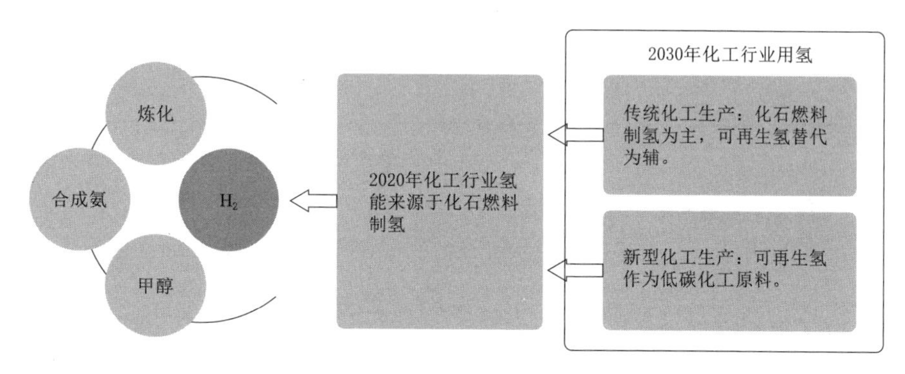

图 7-20　2030 年化工行业氢能利用路径[1]

2. 钢铁行业

钢铁行业是碳排放密集程度最高、脱碳压力最大的行业之一。对我国而言，钢铁行业排放主要来源于生产中用于提供高温的燃料燃烧造成的排放和以焦炭为主要还原剂的反应过程排放，难以通过电气化的方式实现完全脱碳，故利用可再生氢替代焦炭进行直接还原铁生产并配加电炉炼钢的模式将成为钢铁行业完全脱碳最关键、最具前景的解决方案之一。

目前，我国钢铁行业对可再生氢的利用集中在新增产能生产工艺流程，行业领先企业占据先发地位。根据不同炼铁工艺，氢冶金的主要应用场景可分为高炉富氢冶炼、氢能直接还原炼铁和氢能熔融还原冶炼三类。如表 7-15。通过统筹考虑钢铁企业 2030 年前新增产能、氢冶金技术发展意愿，以及各企业产能分布、技术基础、行动规划、地方性属性等因素，氢冶金的产能主要来自中国钢铁行业领先企业，并在将形成数个规模化的氢冶金基地。如图 7-21 所示。

[1] 落基山研究所，中国氢能联盟. 开启绿色氢能新时代之匙：中国 2030 年“可再生氢 100”发展路线图，2022-07.

表 7-15　　氢冶金技术分类及优缺点[1]

用氢场景	技术说明	减排潜力	技术成熟度	优　点	局限性
高炉富氢冶炼	在高炉顶部喷吹含氢量较高的还原性气体	20%	5~9	改造成本低，具备经济性，具有增产效果	理论减排潜力有限，技术上难以实现全氢冶炼
氢能直接还原炼铁	在气基竖炉直接还原炼铁中提升氢气的比例	95%	6~8	理论减排潜力较高，可供参考的国际经验相对较多	改造难度较高，基础技术较薄弱
氢能熔融还原冶炼	在熔融还原炼铁工艺中注入一定比例的含氢气体	95%	5	理论减排潜力高	国际先进经验较少，改造难度较高，基础技术较薄弱

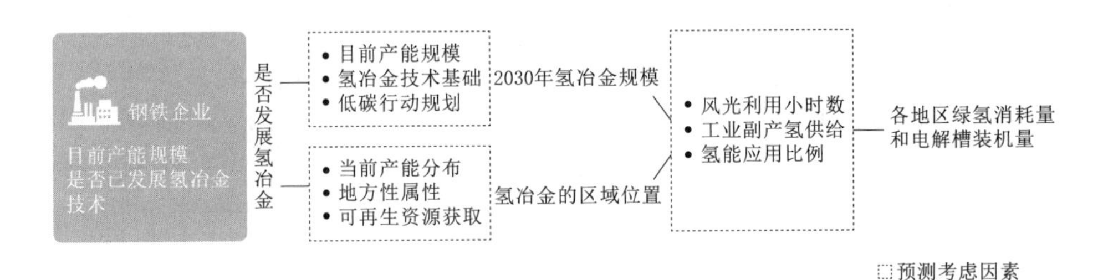

图 7-21　2030 年钢铁行业氢能利用路径[2]

3. 交通行业

新能源替代（包含纯电动和氢燃料电池）是中国道路交通行业未来实现碳中和的最重要措施之一。由于技术迭代、能量密度提升和成本降低，动力电池技术已经实现了一定的商业规模化应用，故相比之下氢燃料电池汽车推广面临更大的竞争压力。目前，氢燃料电池更多聚焦于重型卡车、冷链物流、城际公交车和港口矿山作业车辆等对续航里程稳定性要求较高的使用场景中进行推广。

随着国家和地方对于氢燃料电池的政策和产业支持的不断深入，全国已确定“3+2”氢燃料电池汽车示范城市群，24 个省份制定了氢能或氢燃料电池发展规划。考虑到交通行业分散程度较高且运输范围较广，氢燃料电池汽车在不同地区的可再生氢应用需求可通过各省车辆保有量进行计算。根据测算，2030 年中国氢燃料电池汽车保有量将达到 62 万辆，总耗氢量为每年 434 万 t，其中

---

[1] 落基山研究所，中国氢能联盟．开启绿色氢能新时代之匙：中国 2030 年“可再生氢 100”发展路线图，2022-07.

[2] 落基山研究所，中国氢能联盟．开启绿色氢能新时代之匙：中国 2030 年“可再生氢 100”发展路线图，2022-07.

可再生氢为301万t，其余为工业副产氢。在各应用场景中，氢燃料电池重卡的发展速度最快，预计在2030年将达到28万辆。从区域来看，氢燃料电池汽车发展较为均衡，初期华东、华北和华南等地区发展较快，与区域经济发展水平、运输需求以及地方对氢燃料汽车和氢能产业的支持力度呈现出较强的相关性；后期西北、东北等地区加速发展，与氢燃料电池对高寒、重载等场景的适用性相一致❶。

4. 电力行业

氢能在电力行业的应用前景主要有氢储能、燃料电池发电和电厂燃料替代三个方面❷。

氢储能系统应用方面，氢能是一种可适用于极短或极长时间供电的新型储能介质，包括“电—氢—电”(Power-to-Power，P2P）转换和由电向氢气(Power-to-Gas，P2G)、甲醇和氨气等化学衍生物（Power-to-X，P2X）的“电—氢”单向转换❸。通过氢电耦合，能够实现跨季节、跨区域调节、转换、储能以及互联互补，解决区域间歇性能源供求不匹配的问题，降低可再生能源给电网带来的冲击。需要注意的是，氢储能在新型电力系统中的定位有别于电化学储能，主要是长周期、跨季节、大规模和跨空间储存的作用，在新型电力系统“源网荷”中具有丰富的应用场景，如图7-22所示。目前，国内已有少量氢储能项目已正式运行或试运行。如大陈岛氢能综合利用示范工程，是全国首个海岛“绿氢”综合能源示范项目，通过构建基于100%新能源发电的制氢—储氢—燃料电池热电联供系统，实现清洁能源百分百消纳与全过程零碳供能。

氢燃料电池发电应用方面，氢燃料电池是氢能利用的主流技术之一。根据不同工作温度和不同电解质材料，氢燃料电池分为中低温条件下质子交换膜燃料电池（Proton exchange membrane fuel cell，PEMFC)、碱性燃料电池(Alkaline fuel cell，AFC）和磷酸燃料电池（Phosphoric acid fuel cell，PAFC)、高温工况下熔融碳酸盐燃料电池（Molten carbonate fuel cell，MCFC）和固体氧化物燃料电池（Solid oxide fuel cell，SOFC)。不同氢燃料电池的特性和应用场景，如表7-16所示。可以看出，PEMFC是理想的分布式燃氢电源，MCFC和SOFC适合使用热电联产技术。同时，氢燃料电池还能与电力、热力等能源品种实现互联互补，为建筑和居民社区提供供热与供电服务，达到系统综合能效最大化的目的。如图7-22所示。

---

❶ 落基山研究所，中国氢能联盟．开启绿色氢能新时代之匙：中国2030年“可再生氢100”发展路线图，2022-07.

❷ 朱凯，张艳红．“双碳”形势下电力行业氢能应用研究［J］．发电技术，2022，43（1）：65-72.

❸ 许传博，刘建国．氢储能在我国新型电力系统中的应用价值、挑战及展望［J］．中国工程科学，2022，24（3）：89-99.

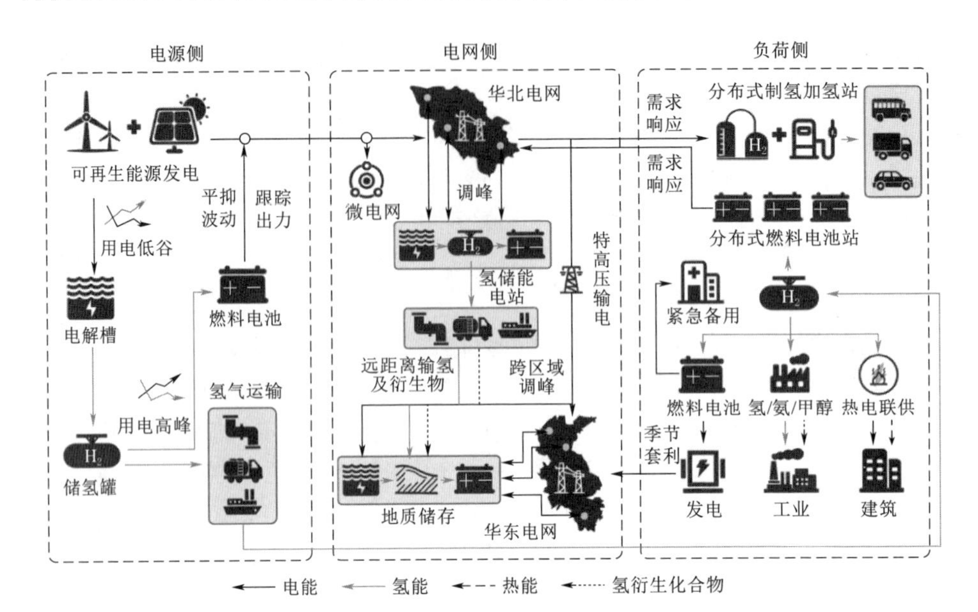

图 7－22　氢储能在新型电力系统“源网荷”的应用场景❶

表 7－16　各种燃料电池的特性和应用场景❷

类　型	运行温度/℃	常规容量/kW	效率/%	应用场景	优　势	劣　势
质子交换膜燃料电池（PEMFC）	50～100	＜1～100	35～60	备用电源、移动电源及交通运输	低温运行，快速启动	催化剂昂贵，对燃料杂质敏感
碱性燃料电池（AFC）	90～100	10～100	60	国防防空	转化率高，价格低	对燃料杂质敏感（尤其是 CO_2），电解质维护难度高
磷酸燃料电池（PAFC）	150～200	400	40	分布式发电	燃料品质要求相对低	使用铂金催化剂，启动时间长，单体燃料电池功率低
熔融碳酸盐燃料电池（MCFC）	600～700	300～3000	45～50	分布式发电	高效，燃料品质要求相对低，可使用不同催化剂	高温易腐蚀，启动时间长，能量密度低

❶ 许传博，刘建国．氢储能在我国新型电力系统中的应用价值、挑战及展望［J］．中国工程科学，2022，24（3）：89－99．

❷ 朱凯，张艳红．“双碳”形势下电力行业氢能应用研究［J］．发电技术，2022，43（1）：65－72．

续表

类 型	运行温度/℃	常规容量/kW	效率/%	应用场景	优 势	劣 势
固体氧化物燃料电池（SOFC）	700～1000	1～2000	60	发电	高效，燃料品质要求相对低，可使用不同催化剂，固态电解液	高温易腐蚀，启动时间长

电厂燃料替代方面，燃气轮机的氢能替代是实现“3060”发电企业脱碳发展的重要技术路径之一。采用混氢天然气可以改善燃气轮机燃烧室的燃烧稳定性及声学情况，同时降低废气排放量，减少化石燃料消耗和达到减排的目的。值得注意的是，天然气和氢气之间存在燃料特性差异，故燃气轮机在采用含氢燃料时需要通过相应的升级改造以适应燃料的变化。从经济性角度出发，电厂燃料替代的成本主要来自两个方面，一是燃机发电的燃料成本（即制氢成本，详见本小节“氢能制备”部分），二是燃机改造成本，鉴于目前高效重型燃机均采用干式低氮燃烧器，为减少改造范围，原采用氮气或水蒸气注入稀释的扩散低氮燃烧技术已不再适用，DLN预混燃烧器或更先进的燃烧器将是未来技术发展方向，但仍存在较大的技术研发和商业化应用发展空间[1]。现阶段全球主要的燃气轮机厂家已相继开展燃气轮机的掺氢改造，改造后项目掺氢率可达到5%左右。

[1] 李海波，潘志明，黄耀文．浅析氢燃料燃气轮机发电的应用前景［J］．电力设备管理．2020（8）：94－96．

第八章 电力需求侧发展路径

中国需求侧资源开发以工业、建筑等领域的可调节负荷起步，并随着分布式电源、新型储能、数据中心等新型用电主体的出现而持续扩大。随着“新电气化”进程加快，综合能源、车网互动、微电网、虚拟电厂等新一代用能方式蓬勃发展，电力供需双方的界限逐渐模糊，需求侧资源在多种能源体系间耦合程度加大。

第一节　电力需求资源分布与潜力

电力需求侧资源是一种新型终端能源的开发和利用形式，凡是能够满足终端电力用户需求的产品或者服务，都是潜在的需求侧资源。

一、电力需求侧资源分布

电力需求侧资源主要分布在工业、建筑、交通三大领域。如图 8 - 1 所示。

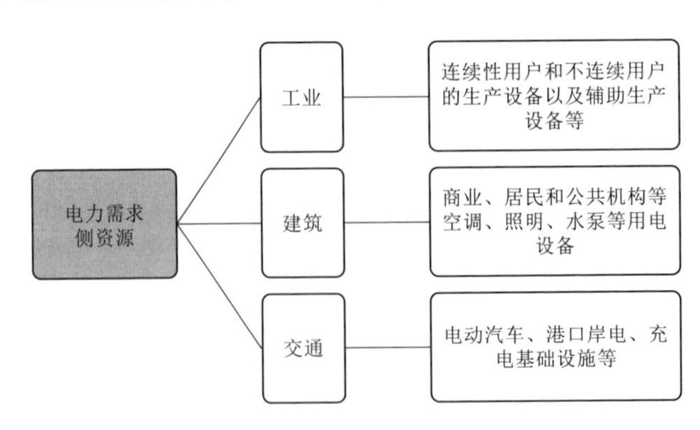

图 8 - 1　电力需求侧资源分布

（一）工业领域

主要用电设备为电锅炉、电窑炉、电传送装置、电机等生产装备以及电梯、照明、空调等辅助生产设备等。根据用电特性，可分为连续性用户和不连续用户：

连续性生产电力用户，包括化工、水泥、冶金等行业，此类用户用电量大，生产班制连续，主要生产设备长时间投运，对电力稳定、安全供应的要求较高。

非连续生产电力用户，包括机械、纺织、食品等行业，此类电力用户生产班制不连续，具有较大的需求响应资源潜力。

（二）建筑领域

主要包括商业、居民和公共机构三大领域。

其中，商业领域的主要用电设备包括空调、照明、电梯、水泵、电炊具等，集中在宾馆、餐饮、娱乐等行业。该类用户用电量高，用电高峰较为集中，多为晚上，具有较大的调节潜力。

居民领域的主要用电设备包括空调、照明、热水器、冰箱等，该类用户用电量高，增长快，负荷变化大，通常形成一到两个负荷高峰。

公共机构的主要用电设备包括空调、照明、电梯等，包括政府机关、医院、学校等。该类电力用户用电可靠性要求高，用电高峰较为集中，多为白天（机关和学校多为工作日）。医院等公共机构负荷等级高于机关和学校。

（三）交通领域

以电动汽车、港口岸电以及充电基础设施为代表，用户用电量大，用电高峰较为集中。其中，电动私家车出行多为早晚高峰，通过分时电价、需求响应等经济激励措施，可以形成较大的可调节能力。同时，随着技术的发展，在园区、楼宇内部，通过 V2G 技术可实现车网互动。

除了上述终端用户外，分布式电源和用户侧储能也常被纳入需求侧资源范畴。其中，分布式电源是满足电力用户就近需求的小功率独立电源，以分布式光伏、小型燃气机组等为主；而用户侧储能一般配合分布式光伏而建。

二、需求侧资源对电力系统的调节作用

需求侧资源对于电力系统的调节作用，主要通过用户电力行为的调整，使得电网负荷曲线发生削峰、移峰填谷或者填谷等变化，从而以电力供需双方高度协同促进电力供需平衡，提高电力系统运行的可靠性和经济性，如图 8－2 所示。

由于资源特性不同，不同的需求侧资源对电力系统的调节方式、调节能力也存在差异。如表 8－1 所示。

（一）工业领域

非连续生产电力用户包括机械、纺织、食品等行业，此类电力用户生产班制不连续，具有较大的需求响应资源潜力。从试点省份需求响应实践看（如山东省），除聚合商外，参与程度最高的是建材行业（水泥为主），其次是化工、食品、机械制造、纺织等工业行业。

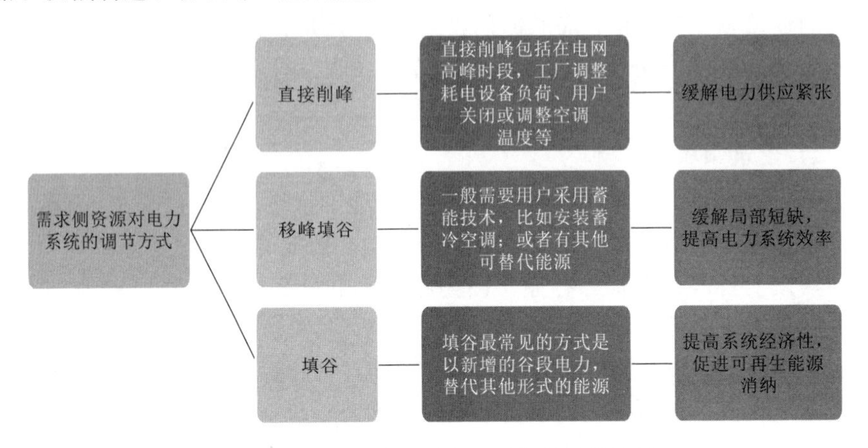

图 8－2　需求侧资源对电力系统的调整作用

表 8－1　　不同需求侧资源调节能力和调节方式示意

领域	可靠性要求	日负荷特性	调节能力	调节方式
工业				
连续性生产	高	连续	低	—
非连续性生产	较高	间歇	高	削峰/移峰填谷
建筑				
电采暖	较高	较连续	较高	填谷
制冷	一般	间歇	较高	移峰填谷/填谷
非工空调	一般	间歇	一般	削峰
交通				
电动汽车	较高	间歇	较高	填谷/削峰

工业用户参与电力系统调节的主要方式是削峰或者移峰填谷，如工厂调整耗电设备负荷、关闭或调整生产线等。如果在高峰时段，工厂有条件离网并启动自备发电机组等，对电网负荷也起到直接削减的作用。

（二）建筑领域

建筑领域需求侧资源类型复杂。从电力需求和负荷特性看，制冷空调和电采暖的需求侧资源潜力较大。我国自 20 世纪 90 年代开始大力发展冰蓄冷、水蓄冷空调，商业、公共机构和居民空调参与电力系统调节的主要是移峰填谷，移峰填谷的实施一般需要用户采用蓄能技术，比如安装蓄冷空调或者有其他可替代能源，如在电网高峰时段，以燃气或分布式光伏等替代原有电源等。电采暖参与电力系统的调节方式主要是填谷，在国内北方地区通常以蓄热电锅炉替代燃煤锅炉，在低谷时段进行的蓄热，从而在电网低谷时段增加用户的电力电量需求。近年来，随着可再生能源、新一代信息通信以及电力电子技术的快速发展，在建筑领域通过太阳能光伏、储能、直流配电和柔性交互技术，可实现建筑电力负荷与电力系统的友好交互，成为发展零碳建筑的有效支撑手段。

（三）交通领域

在交通领域，需求响应资源主要分布在电动汽车上。虽然目前国内大多数城市电动汽车的拥有率还比较低，可开发的需求响应资源量还比较小。但是作为极具灵活性和成长性的资源类型，考虑到其在削峰和填谷方面的双重作用，电动汽车对于电力系统的调节作用有望进一步提高。

三、电力需求侧资源的挖掘潜力

随着国内新型电力系统发展，新型用电设施设备广泛接入，电力需求侧资源及特性发生显著变化，主要表现为：

一是资源潜力持续扩大。2020年，中国统调用电负荷已经达到10.76亿kW，如果按照可调节负荷占最大负荷的5%测算，工业、建筑等领域的可调节负荷开发潜力在5000万kW以上。这其中还未包括纯电动汽车的发展。近年来，中国电动汽车保有量快速增长，2022年已突破1000万辆，近五年年均增速超过150%，预计到2030年将突破8000万辆，初步测算到2030年可调用的车载电池容量将超过50亿kW·h。同时，考虑中国现有的6000万kW的分布式电源等。随着上述资源可开发潜力的不断挖掘，需求侧资源对电力系统的影响力将持续扩大。

2014年以来，邀约型需求响应通过削减尖峰负荷，在促进电力供需平衡、保障电力安全供应等方面发挥了一定作用。近年来，随着新能源的快速发展，需求侧资源通过填谷负荷，在助力“源网荷储”协同互动、促进新能源消纳方面也发挥日益重要的作用。如图8-3所示。每年的累计削减负荷基本保持增长，尤其在2021年受电力供需紧张形势的影响，累计削减量大幅增长。每年累计填谷负荷也基本保持增长，总体上远小于削减负荷的规模。

二是资源类型更加多样化。随着新型电力系统建设和电力市场化改革的推进，用户电力需求和用电服务呈现多样化，带来了电力需求侧资源的多元化。2021年，山东省在《2021年全省电力需求响应工作方案》提出电力需求响应十种资源类型，如图8-4所示。除了传统的分布式可再生、用户侧储能、工商业

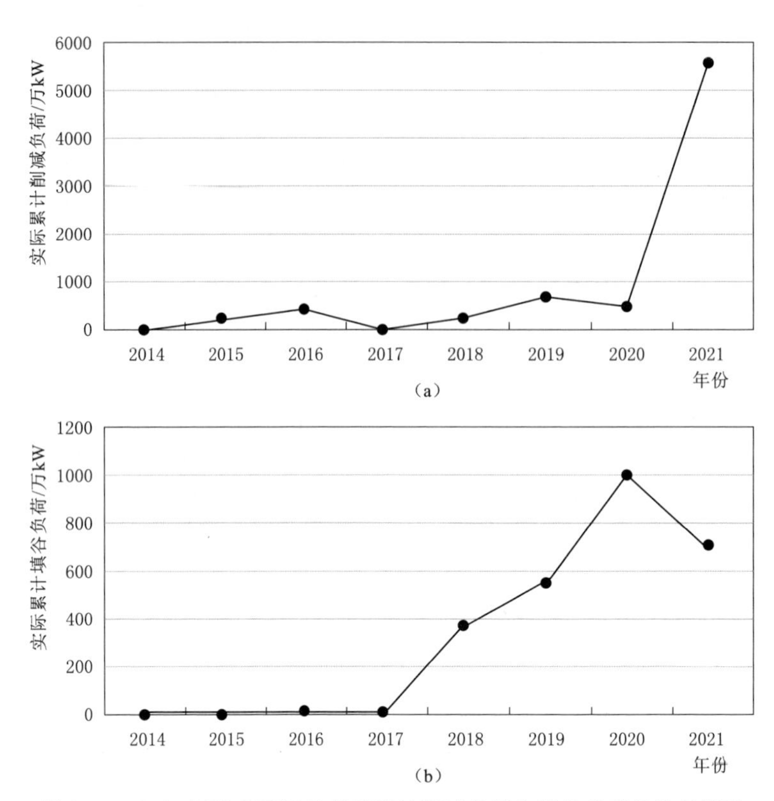

图 8-3　2014 年以来国网经营区累计削减负荷和填谷负荷的执行情况

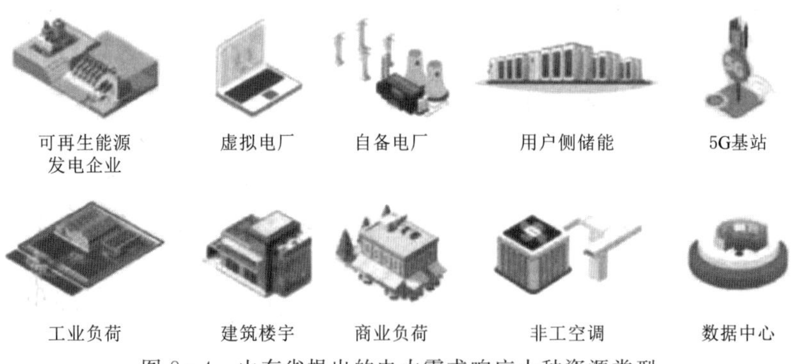

图 8-4　山东省提出的电力需求响应十种资源类型

负荷等外，自备电厂、虚拟电厂、5G 基站、数据中心等均可作为重要的响应资源。

除了上述响应资源外，氢能等新兴需求侧资源对电力系统的调节能力同样不容忽视。通过与可再生能源深度耦合，氢能开发和利用均可作为重要的消纳场景，主要方式包括：发展可再生能源制氢，利用电氢耦合技术等，促进可再生能源规模化利用；发展电源侧和电网侧氢气储能，满足可再生能源多日或更长时间尺度调节需求；发展氢燃料电池汽车打造用户侧储能资源或者利用氢燃料电池发电技术开发分布式发电项目等。

三是负荷特性日益复杂。传统负荷包括大工业、商业和居民负荷，负荷特性一般由需求决定。比如大工业负荷受经济增速和节假日等影响，而商业和居民负荷主要由气温因素等。随着电动汽车等新兴负荷发展，新兴负荷虽然总体仍受需求影响，但由于用户时空分布零散、单体调节容量较小的特性，导致负荷的随机性和不确定性增加。同时，伴随着多元用户互动的不断深入，储能和智慧用能系统的发展，很多新型负荷拥有双向调节能力，负荷特性变得更加复杂和难以预测。如图 8－5 所示，该图显示了在不同电动汽车渗透率和充电同时率下，某小区负荷呈现出的剧烈变化。据调研，2022 年上海市保有电动汽车达

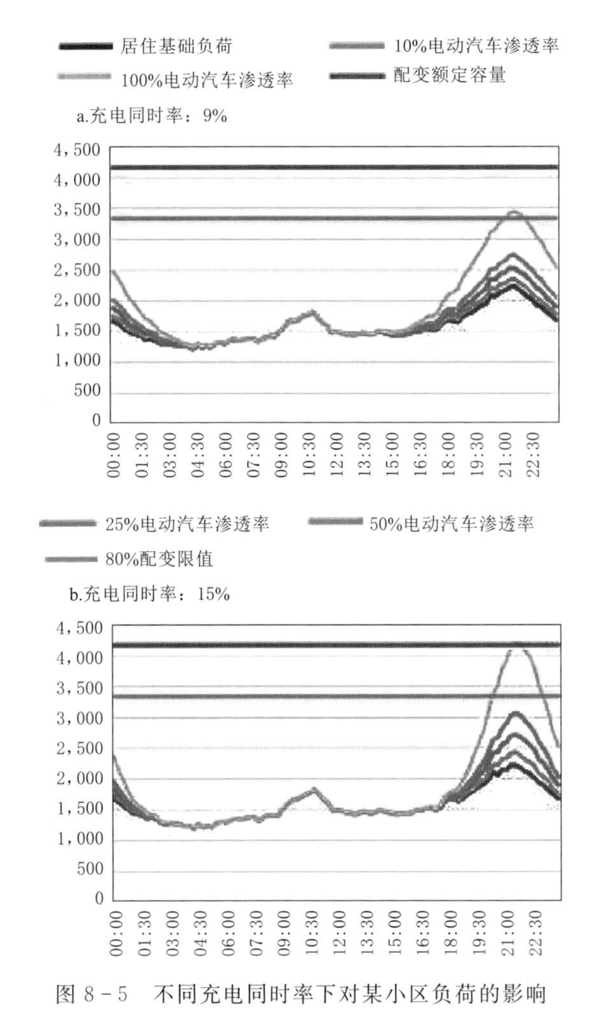

图 8－5　不同充电同时率下对某小区负荷的影响

55 万辆，充电桩数量突破 50 万根，据保守测算，车辆同时充电恐快速形成近 500 万 kW 的最大用电负荷。

第二节　电力需求响应发展现状与地方实践

从政策层面看，近年来挖掘需求侧资源潜力受到的重视日益提升，能源战略、发展规划、可再生能源规划等都提到通过实施需求响应提升系统调节能力的相关内容。

一、电力需求响应政策梳理

（一）国家层面

“十三五”时期，推动电力需求侧响应政策体系逐渐完善，多个战略规划均将调动需求侧资源潜力作为重点任务纳入其中。例如《能源生产和消费革命战略（2016—2030）》将电力需求侧管理行动作为能源革命重大战略行动之一；《“十三五”节能减排综合工作方案》《电力发展“十三五”规划》等“十三五”专项政策也提出要加强电力需求侧管理。此外，相关部委也从各自领域推动电力需求侧管理发展。例如，2010 年，国家发展改革委、工信部、财政部、住建部、国资委、国家能源局等六部门联合发布《电力需求侧管理办法》，积极推进电力需求侧管理工作，在促进电力供需平衡和保障重点用户用电等方面发挥了重要作用。2017 年，国家发展改革委等六部门印发《电力需求侧管理办法（修订版）》，结合能源电力供需形势变化和能源革命新战略、新一轮电力体制改革等宏观政策背景，提出了新的电力需求侧管理工作要求，将电力需求侧管理的内涵拓展为五个用电：节约用电、环保用电、绿色用电、智能用电和有序用电。随后，国家发展改革委、国家能源局从提升负荷侧调节能力、优化电价政策、健全电力市场体系、完善体制机制等方面，陆续出台相关支持政策，助力电力需求侧工作走深走实。如表 8－2 所示。

表 8－2　　国家层面电力需求侧管理相关政策梳理

序号	文件名称	发文单位	发文时间	要　点
1	关于深入推进供给侧结构性改革做好新形势下电力需求侧管理工作的通知	国家发展改革委、工信部、财政部、住建部、国资委、国家能源局	2017 年 9 月 20 日	电力需求侧管理办法（修订版）
2	关于提升电力系统调节能力的指导意见	国家发展改革委、国家能源局	2018 年 2 月 28 日	发展各类灵活性用电负荷。通过价格信号引导用户错峰用电，实现快速灵活的需求侧响应

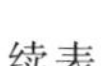

续表

序号	文件名称	发文单位	发文时间	要　点
3	关于推进电力源网荷储一体化和多能互补发展的指导意见	国家发展改革委、国家能源局	2021年2月25日	充分发挥负荷侧的调节能力。通过虚拟电厂等一体化聚合模式，为系统提供调节支撑能力
4	能源领域5G应用实施方案	国家发展改革委、国家能源局、网信办、工信部	2021年6月7日	实现智能量测、需求响应、传输网络以及服务平台管理，构建“源—网—荷—储”互动调控体系
5	关于进一步完善分时电价机制的通知	国家发展改革委	2021年7月26日	强化尖峰电价、深谷电价机制与电力需求侧管理政策的衔接协同，充分挖掘需求侧调节能力
6	“十四五”能源领域科技创新规划	国家能源局、科技部	2021年11月29日	研制基于5G和边缘计算的可调负荷互动响应终端，研发融合互联网技术的可调负荷互动系统
7	电力并网运行管理规定	国家能源局	2021年12月21日	明确二次调频、调压、新能源场站、新型储能和用户侧可调节负荷的技术指导和管理内容
8	电力辅助服务管理办法	国家能源局	2021年12月21日	扩大了辅助服务提供主体，包括新型储能、自备电厂、传统高载能工业负荷、工商业可中断负荷、电动汽车充电网络、聚合商、虚拟电厂等主体
9	关于加快建设全国统一电力市场体系的指导意见	国家发展改革委、国家能源局	2022年1月18日	引导用户侧可调负荷资源、储能、分布式能源、新能源汽车等新型市场主体参与市场交易，充分激发和释放用户侧灵活调节能力
10	“十四五”现代能源体系规划	国家发展改革委、国家能源局	2022年1月29日	力争到2025年，电力需求侧响应能力达到最大负荷的3%～5%，其中华东、华中、南方等地区达到最大负荷的5%左右
11	“十四五”新型储能发展实施方案	国家发展改革委、国家能源局	2022年1月29日	加快落实分时电价政策，建立尖峰电价机制，拉大峰谷价差，引导电力市场价格向用户侧传导，建立与电力现货市场相衔接的需求侧响应补偿机制

续表

序号	文件名称	发文单位	发文时间	要　点
12	关于完善能源绿色低碳转型体制机制和政策措施的意见	国家发展改革委、国家能源局	2022年1月30日	推动电力需求响应市场化建设，推动将需求侧可调节资源纳入电力电量平衡。加快推进需求响应市场化建设。全面调查评价需求响应资源并建立分级分类清单，形成动态的需求响应资源库
13	关于促进新时代新能源高质量发展的实施方案	国务院办公厅	2022年5月14日	深入挖掘需求响应潜力，提高负荷侧对新能源的调节能力
14	国家发展改革委等部门关于印发《电力需求侧管理办法（2023年版）》的通知	国家发展改革委等六部委	2023年9月15日	针对电力需求侧管理办法进行修订

工信部围绕工业领域电力需求侧管理出台了系列政策文件，不断完善工业领域电力需求侧管理工作体系，指导工业企业（园区）优化用电结构、调整用电方式、优化电力资源配置，促进工业转型升级。为推动工业领域电力需求侧管理工作落实，定期组织出台全国工业领域电力需求侧管理参考产品（技术）目录、评选全国工业领域电力需求侧管理示范企业（园区）名单，不断总结工业领域电力需求侧管理工作经验，加强宣传推广，充分发挥示范辐射带动作用，推动工业领域电力需求侧管理工作取得新成效。如表8-3所示。

表8-3　相关部委电力需求侧管理主要政策梳理

序号	政策名称	发文单位	发文时间	要　点
1	关于印发工业领域电力需求侧管理参考产品（技术）推广暂行办法的通知	工信部办公厅	2017年10月16日	引导工业领域电力用户采用先进适用的需求侧管理产品（技术），建立工业领域电力需求侧管理参考产品（技术）遴选、评定和推广机制
2	工业领域电力需求侧管理工作指南	工信部	2019年7月10日	工业领域电力需求侧管理应综合用能单位、电能服务机构、电网和政府的多重诉求，通过引导用能单位自主参与和落实电力需求侧管理工作计划，实现电力供应安全、高效、绿色、可靠的政策目标，并提升用能单位的相关管理绩效。开展工业领域电力需求侧管理应站在用能单位主体视角，体现“政府引导、用能单位主导、电网配合、服务机构支撑、电力市场机制配套”的原则

续表

序号	政策名称	发文单位	发文时间	要　点
3	关于公布第一/二/三/四/五/六批全国工业领域电力需求侧管理示范企业(园区)名单的通知	工信部		2021年组织开展了第六批示范企业、示范园区征集，公布了22家示范企业、4家示范园区
4	关于征集全国工业领域电力需求侧管理第一/二/三/四批参考产品(技术)的通知	工信部		2021年组织开展了第四批参考产品(技术)遴选工作
5	关于加强产融合作推动工业绿色发展的指导意见	工信部、人民银行、银保监会、证监会	2021年9月3日	开展工业领域电力需求侧管理示范园区建设

（二）地方层面

一是完善需求响应支持政策。目前全国已有26个省（直辖市）出台了需求响应实施方案，不断规范需求响应组织方式，明确资金来源、操作流程。各地需求响应资金来源各有不同，天津政府给予财政补贴；山东建立现货市场下“谁受益、谁承担”的分摊机制；江苏、安徽、四川制定完善尖峰电价政策；浙江出台高耗能企业电价政策；湖北利用三峡增发电量对应的收益；河南将需求响应成本纳入输配电价。近年来，江苏、上海、浙江、江西、重庆等地积极开展需求响应试点工作。截至2021年年底，国网公司经营区内累计开展削峰需求响应191次，响应用户255024户，响应容量7680.66万kW；填谷需求响应85次，响应用户36795户，响应容量4457.71万kW。

二是常态化开展有序用电管理。各地每年常态化组织开展有序用电方案编制工作，根据电力供需平衡情况，针对不同等级缺口大小，按照用户类型、响应速度等科学制定负荷调控措施，按照先错峰、后避峰、再限电、最后拉闸的顺序执行。各地有序用电方案中，均特别强调合理安排有序用电，做到限电不拉闸，限电不限民用，确保电网安全稳定运行。

三是推动新型电力负荷管理系统建设。为落实国家发展改革委《关于推进新型电力负荷管理系统建设的通知》（发改办运行〔2022〕471号）要求，实现2025年系统负荷控制能力达到本地区最大负荷的20%以上，各地均出台配套支撑政策，目前天津、辽宁、江苏、吉林、山西等省（直辖市）已成立省级负荷管理中心。天津建成投运全国首个政府授权的省级负荷管理中心，聚焦需求侧管理、应急调度、虚拟电厂运营、科技创新和交流培训五大功能定位，通过统一管理、调控和服务，实现对电力负荷的精准控制和常态化调节；辽宁成立东北地区负荷管理规模最大的省级电力负荷管理中心，实现全省电力负荷资源统一管理、统一调度和统一服务；江苏依托负荷管理中心开展电力负荷智能化、精细化、常态化管理，做好需求响应和有序用电组织实施等相关工作。

二、电力需求侧响应现状分析

（一）典型省份

1. 江苏电力需求响应稳扎稳打，实践经验积累丰富

江苏电力需求响应工作开展多年，积累了较为丰富的实践经验，其需求响应实施范围、响应规模均位于全国前列，机制设计与实施方式因地制宜形成了特色和亮点。

从政策层面看，在《江苏省“十三五”能源发展规划》提出要“坚持供需互动，提升需求侧管理水平，促进电动汽车、储能系统、智能家居等新业态发展，支持苏州等市开展电力需求侧管理综合试点。到2020年，率先建成省级现代智能电网。”从专项政策来看，江苏省2018年发布了《江苏省电力需求响应实施细则（修订版）》，明确了江苏电力需求响应的触发条件是备用不足或局部过载，形成电力缺口，电网负荷达上年95%峰荷或峰谷差率达20%，响应类型包括削峰、填谷两类，补贴标准为100元/kW。江苏省电力公司也出台了电力需求侧管理实施办法，明确管理机构与职责，并从有序用电、能效管理等方面提出了具体举措。1998年，国网（江苏）电力需求侧管理指导中心有限公司成立，积极助力电力需求侧管理工作推进。

从试点来看，中国自2012年启动电力需求侧管理城市综合试点工作，苏州是4个试点城市之一，推广电力需求响应作为试点的重要内容之一。根据《苏州市电力需求侧管理（DSM）城市综合试点实施方案》，试点目标是节约电力负荷和转移（减少）高峰电力负荷总计100万kW，其中：永久性节约电力负荷和转移高峰电力负荷80万kW，临时性减少高峰电力负荷20万kW。主要的工作举措包括：有效降低最高用电负荷，打造DSM应用示范园区，建设电能管理公共服务平台，建立重要行业（企业）科学用电标准，培育壮大现代电能服务产业等。此外，苏州市后续还出台了一系列相关政策，保障电力需求侧管理试点工作的推进和推广，例如《苏州市电力需求侧管理城市综合试点专项资金管理办法》《关于创建“智慧用电示范企业”和“智慧用电示范园区”的通知》《关于加快推进苏州市优化用电及电力需求响应工作的通知》等。

从实践层面看，江苏省的电力需求侧管理取得显著成效，以电力需求响应为例，江苏自2015年在苏州推动首次需求响应以来，不断扩大实施范围，形成了汇集工业、商业、负荷集成商、储能、充电桩等多元负荷的可调控“资源

池”。2020 年，削峰、填谷需求响应规模均位居全国第一。最大削峰响应能力达 700 万 kW，最大填谷响应能力超过 300 万 kW，自动需求响应能力达 100 万 kW，全年累计促进清洁能源消纳达 1.8 亿 kW·h。

2. 浙江电力需求响应重视模式创新，探索一键响应需求侧管理

浙江需求响应精细化管理水平较高。依托容量、电量双补偿形式，率先构建日前、小时级、分钟级和秒级等 4 个时间尺度的需求响应资源池，形成需求响应和有序用电共享用户机制。2021 年，秒级需求响应能力建设目标达到 200 万 kW。

国网浙江电力依托数字经济的发展优势，近年来在电力需求侧管理领域的创新可圈可点。2022 年发布了需求侧管理工作相关行动计划，确定工作目标是到 2023 年，国网浙江电力计划全面建成新型电力负荷管理系统，打造面向全业务、全区域、全时间尺度的一键响应需求侧管理模式，推进负荷资源统一管理、统一调控、统一服务，实现全省最大负荷 10%的负荷控制能力。在具体工作举措上，也具有较为鲜明的创新特色。一是多渠道持续挖掘可调控负荷资源。通过“现场改造＋周期演练”固化、释放用户可调控能力，重点开发大都市商业空调负荷调节潜力，持续挖掘数据中心、公共机构、5G 基站、充电桩等新兴业务可调节能力，探索综合能源服务商、虚拟电厂运营商、负荷聚合商等多种负荷聚合模式，扩展商业楼宇、工业企业及小微园区等试点应用场景。二是扎实开展可中断能力建设。加快全省负荷管控能力建设，通过科学制定分轮次接入方案，实现分路负荷可监、可测、可控，计划于 2022 年年底累计完成 500 万 kW 可中断能力改造，实现重点用能企业应改尽改，2023 年年底完成累计全省最大负荷 10%的可中断能力改造。三是运用互联网思维积极进行商业模式创新。聚焦精准构建客户画像，有效结合各类营销现场业务，根据客户行业生产特性、用电负荷特性、分路开关情况等标签信息，精准构建客户画像；同时推动技术规范标准建设，加强示范工程项目建设，聚焦负荷精准管控、网荷灵活互动、虚拟电厂建设等重点方向，打造可复制可推广的样板工程，推广先进技术和成熟模式。

国网浙江电力 2022 年创新推出一键响应需求侧管理。随着电力供需形势复杂性、不确定性、波动性的上升，电力保供面临新的考验。针对传统人海式负荷管理模式，国网浙江电力探索了一键响应新模式，通过深化应用大云物移智链新技术，在业务上贯通发输变配用各个环节，专业横向协同营销、调度、设备等多个部门，纵向打通省、市、县（区）等多个层级，从而面向全业务、全区域、全时间尺度，推动实现电力需求侧管理的精细化、柔性化、市场化、数字化。目前，一键响应模式在需求响应和负荷管理的应用场景都能发挥功能。例如，针对短时、小容量的供电缺口，调控专业生成响应时段、响应容量等需

求，并一键推送至营销专业，营销需求侧平台自动生成需求响应方案，实现全流程线上流转，目前已建成超过 1000 万 kW 的日前需求响应资源池。针对长期、大容量的供电缺口，基于亩均评价、能耗强度等用户标签，充分考虑行业负荷特性、产业链上下游关系、行业内部联动等多种因素，通过智能算法一键生成负荷管理方案，保障经济社会有序运行。未来浙江将继续推动需求侧一键响应新模式的落地和推广应用，实现数据精准、用户负荷性质"标签"管理精准、响应区域、时段、用户、设备精准；实现各专业平台贯通，建立实时对接的数据交互机制；实现流程高效，实现全业务全链路一键流程化运转。从以上 3 个维度发力，全面提升需求侧管理效率。

3. 山东电力需求响应重视机制创新，建立基于现货新型需求响应机制

山东 2008 年就发布了加强电力需求响应的政策文件。2021 年，山东省《关于做好当前电力需求侧管理工作的通知》针对全省用电需求增长迅猛，全网冬季用电负荷连续刷新纪录，全省电力供需呈紧平衡态势的形势，提出了五方面工作举措，即做好电力供需平衡衔接，科学引导电力需求，提升需求响应能力，严格执行有序用电，政企协同保障可靠供应。国网山东电力坚持"需求响应优先、有序用电保底、节约用电助力"的原则，建立了"多主体、高互动、分时段、常态化"的新型需求响应机制。此外，国网山东电力还通过省级智慧能源平台向企业客户推送电能能效账单、综合能效诊断报告，为客户节能增效提供参考。

在需求响应方面，山东重视经济激励的创新，探索推出了适应电力现货市场模式的"双导向、双市场"需求响应新机制，有评价认为是"在全国率先进入电力需求响应 2.0 时代"。山东自 2018 年启动需求响应试点，积极推动需求响应市场化建设。该省采用双品种模式，即容量电量双补偿的紧急型、与电力市场融合的经济型，按照经济型优先、紧急型次之、有序用电保底方式实现削峰填谷。同时，利用经济型填谷响应，积极推进可再生能源与电力用户构建点对点市场交易新模式。

2020 年，山东省能源局等三部门印发《2020 年全省电力需求响应工作方案》，山东在全国首次提出了适应电力现货市场的需求响应机制，在进一步提升电力系统调节能力的同时，发挥市场在资源配置中的决定性作用，更好地反映需求侧可调节资源的时间、空间价值，为国内电力需求响应的发展提供了创新借鉴。该方案将电力需求响应分为削峰需求响应和填谷需求响应，按照引导用户响应的方式，分为紧急型需求响应和经济型需求响应。参与紧急型需求响应的企业可获得容量和电能量补偿费用，紧急型需求响应容量竞价包括紧急型削峰、填谷需求响应容量竞价两部分，采用"单边报量报价、边际价格出清"模式，电能量费用也根据市场价格有相应的计算标准。经济型需求响应由用户基

于价格信号自主申报参与电能量市场投标，按指令削减或增加负荷并获得电能量补偿费用。山东电力现货市场连续长周期结算试运行后，组织开展经济型削峰、填谷需求响应。从补偿费用来源看，紧急型需求响应补偿费用计入供电成本，经济型暂从电网公司参与跨省区可再生能源现货市场试点形成的资金空间支出。山东省创新需求响应新机制，在市场化激励机制初步形成后，探索实现需求响应资源和现货电能量市场联合优化出清，从而构建起需求响应资源与电力现货市场、可再生能源消纳协调互动的完善市场化激励机制，这是电力需求侧管理工作在激励机制上的创新探索。

（二）典型企业

1. 国网综能多元化发展电力需求侧管理业务

国网综合能源服务集团有限公司（简称国网综能）于2013年成立，是国家电网公司全资子公司。国网综能的经营范围包括：电力供应；节能服务；储能系统、新能源、分布式能源与能源高效利用项目的投资、建设和运营；节能技术开发与转让；节能产品开发与销售；节能减排指标交易及代理，分布式能源并网服务的关联业务等。公司以电为中心延伸产业链价值链，大力发展综合能源服务战略性新兴产业，其中，电力需求侧管理是公司的重要业务领域。

围绕电力需求侧管理“五个用电”的内涵，国网综能在节约用电、电能替代、新能源供给消纳、需求响应、智能用电等方面都进行了积极的开拓并取得明显进展。例如，国网综能在华北电力大学北京校部建设多能互补的热水供应系统和综合智慧能源系统，实现能源数据智慧管理并节约用能用电成本。又如，国网综能“绿色国网”团队协同国网辽宁公司开展需求响应业务，已有3000余家当地企业签订需求响应协议，聚合可调节负荷资源404万kW，保障迎峰度夏期间辽宁电网安全运行和电力可靠供应。此外，国网综能还围绕新型负控系统、柔性负荷聚合等，协同各省综合能源公司，提供从资金到方案设计、技术集成、现场实施、系统维护、数据增值等一揽子服务。

在发展模式上，国网综能重视数字技术赋能电力需求侧管理创新发展。公司承担建设了“绿色国网”平台，功能多元化，涵盖综合能源服务业务办理、资讯广告、交易撮合、线上赋能等平台服务，以及数据分析、技术咨询、监控展示、绿电交易、绿证交易和碳交易等数字技术服务。该平台入选工信部工业互联网创新发展工程（工业互联网平台应用创新推广中心项目）、物联网集成创新与融合应用类示范项目。国网综能依托“绿色国网”平台，在需求响应方面，将加大“绿色国网”引流赋能力度，积极参与电力需求侧响应和电力辅助服务市场，探索省间及跨区域业务。在节约用电方面，将依托“绿色国网”实现公共机构能源托管项目集中展示。

2. 东方电子探索数字化和电力需求侧管理融合发展

东方电子集团有限公司（以下简称东方电子）是集科研开发、生产经营、技术服务、系统集成于一体的国有控股高科技企业集团，是中国智能电网和综合能源管理的先行者、绿色低碳智慧能源系统解决方案主要供应商之一，是国内“工控、工业软件、工业 IT、工业互联网”领域重要企业之一，在节能诊断方案设计、软硬件产品研制研发和集成实施等方面已积累了丰富的经验。

在电力需求侧管理领域，东方电子的代表性业务是发展智慧综合能源服务，以物联网技术、云技术等为基础，提供涵盖多能全景监控、精细化能效管理、多能协同优化控制、智能运维、虚拟电厂等多维服务，助力各类用户提升能源管理水平，实现可靠供能、精细用能、高效节能的目标。例如，东莞综合能源互联共享平台就是一个典型案例，通过建设一张高可靠性电网，建设 N 个位于电网侧或用户侧的综合能源项目，建设一个基于高可靠电网和综合能源站的能源互联共享平台，实现用能侧光伏、储能、柔性负荷、充电站、微网、智能配电房等主要综合能源元素的全覆盖，并在后续扩展建设为辐射东莞全市的综合能源服务平台。此外，东方电子和广州供电局共同设计并研制开发的“广州虚拟电厂管理平台”，引导用户建设企业用能管理系统，优化用电负荷，提高电能管理水平和利用效率。

（三）典型模式

1. 虚拟电厂

虚拟电厂是近年来兴起的新兴模式，也是电力需求侧管理的新兴模式。虚拟电厂通过先进信息通信技术和软件系统，将分布式电源、储能系统、可控负荷、微网、电动汽车等分布式能源的聚合并协同优化，作为一个特殊电厂参与电力市场和电网运行的电源协调管理系统。虚拟电厂能够将分散式电源和分散式负荷化整为零，既可以向电力系统供电，又可以消纳电力系统中的电力，能够双向出力、灵活调节，能够通过智能终端和数字化技术，实现削峰填谷，助力电力系统实时平衡。

从政策层面看，近年来虚拟电厂得到越来越多的政策重视和支持。2021 年 3 月，国家发展改革委、国家能源局联合发布《关于推进电力源网荷储一体化和多能互补发展的指导意见》，指出依托“云大物移智链”等技术，进一步加强“源网荷储”多向互动，通过虚拟电厂等一体化聚合模式，参与电力中长期、辅助服务、现货等市场交易，为系统提供调节支撑能力。地方层面，天津、上海、北京等省（直辖市）都将虚拟电厂建设纳入“十四五”时期电力发展规划或能源发展规划中，政策主要涉及虚拟电厂需求响应、辅助服务等，支持举措包括推动虚拟电厂示范项目建设、探索商业模式、鼓励参与市场交易等。

从商业实践来看，虚拟电厂近年来成为实业界和金融界的投资热点。商业模式方面，虚拟电厂的业务场景主要有辅助服务交易、需求侧响应、现货交易与能效优化等，商业模式主要是通过电力市场市场化交易，目前国内主要是通过辅助服务市场和需求响应获得收益。

从实践案例看，上海黄浦区商业建筑是负荷型虚拟电厂的典型场景。黄浦区商业建筑虚拟电厂 2016 年启动，是全国首家商业建筑虚拟电厂。截至目前，虚拟电厂入驻商业建筑达 130 幢，总计实现了约 60MW 商业建筑需求响应资源开发，具备 10%区域峰值负荷柔性调度能力，发电规模相当于一座中型发电厂。2022 年 7—8 月，为应对连续高温天气带来的负荷压力，黄浦虚拟电厂组织了 13 次需求响应，其中提前半小时通知的快速响应有 10 次，参与楼宇共计 710 幢次，累计负荷削减电量超过 100MW · h。

2. 负荷管理中心

近年来，电力负荷管理中心在各地纷纷成立。电力负荷管理中心负责新型电力负荷管理系统建设运行，配合政府组织有序用电、需求响应，开展电力负荷数据监测、统计分析、应急演练等工作。以浙江为典型案例，浙江各地成立负荷管理中心推进电力消费侧的科学管理。据国网浙江电力，全省及各地市供电公司均已成立负荷管理中心，在采暖期到来前，该中心将从公共场所的空调用电需求入手，推进电力消费侧的科学管理，保障冬季能源平稳安全供应。浙江省针对夏季降温负荷（空调为主）与冬季取暖负荷（含暖风机等制热设备）等用电负荷，在用电高峰期统筹调度空调温度，就能降低全省电力总负荷、为电网“减负”。浙江各地负荷管理中心已开始在公共建筑、商业大楼、工业园区等场所落实相关技术、经济、政策等手段，为保障冬季社会民生用电腾出空间。例如，国网杭州供电公司通过分析各类空调负荷情况，形成理论可调节的工业 18 万 kW、商业 64 万 kW、公共建筑 6 万 kW 响应资源池。每到用电高峰期，这些资源池中的用户就会收到调度通知，自主选择是否配合调节空调温度，以此换取响应补偿。

三、电力需求响应面临的问题与挑战

（一）电力需求侧资源潜力挖掘不足，不同行业差异较大

结合目前各省的产业发展及分产业用电来看，江苏、浙江、广东、北京、上海等地区近年来在多领域积极实施电能替代，第二产业、第三产业和居民用电量稳定增长，终端电气化率快速攀升，通过实施需求响应引导大量无序化用电向有序化转变，是近中期挖掘电力需求侧资源潜力的重要挑战。西北、西南等地区，近年来重点发展钢铁、水泥、有色等高载能产业，且部分省份产业分布集中，整体调节性能较差，且第三产业、居民用电占比低，需求侧可挖掘潜力不高是近中期发展电力需求响应的重大难题。

电力需求侧资源潜力在不同行业中差异化极大。据调研，仅考虑技术经济性因素的情况下，商场、办公楼宇等大型公共建筑，调节空调、照明、电梯等电力负荷手段多样，响应潜力较大。钢铁、水泥等行业，可调节电力负荷一般为工艺流程中的辅助部分，在全工艺流程中能耗的占比不高，响应潜力相对有限。电解铝行业，可调节或终止主工艺流程以实施需求响应，但对电解槽等设备影响较大，甚至造成设备损坏。数据中心用电量主要受运算需求影响，且考虑差异化的数据应用技术指标，目前参与响应的潜力和方式仍待探索。

(二) 电力需求侧资源的可靠性仍待提高

各省实践中，由于不同类型用户响应能力和意愿的差异，实现电力需求侧资源的可靠调用仍存困难，部分省市为确保调用可靠性，通常采用提高备案容量的方式，如重庆的备案响应负荷总量暂按响应需求的130%考虑，其中30%作为响应储备。

同时，调研发现，中小型电力用户参与较为积极，但其用电行为相对无序，响应能力弱，单体响应成功率一般在60%左右甚至更低。大型用户用电管理精细化程度较高，响应能力强，成功率高，通常以独立主体身份参与响应，但参与意愿易受主营业务的市场行情影响，且许多情况下是为了规避有序用电而参与需求响应。特别是2021年，大宗商品行情下钢铁、水泥等企业产销两旺，华东地区最高补偿标准虽已达45元/kW，但不少企业担心影响生产，参与意愿并不强烈。部分地区放开了居民负荷参与电力需求响应，从实施初期的情况来看，居民用户参与积极性较高，但是实施精准度、负荷调节能力等方面仍然差强人意。电动汽车作为新型主体参与电网调节的应用中，公交车辆、物流车辆等集中响应的参与度较好，但是私家车受个体行为随机、价格敏感性差异化大等因素影响，仍难以成为可靠的调用资源。

(三) 电力需求响应与电力市场建设运行融合不足

为保证新型电力系统的安全稳定运行，灵活性资源需要处于随时可用的状态以应对可再生能源的间歇性波动，形成有效的源荷互济协同。从国际主流电力市场中需求响应的运行情况看，需求响应通常作为一种常态化运行的品种参与电力市场。如美国PJM市场中，需求响应采用了紧急型响应（Emergency）和经济型响应（Economic）的双品种设计，并可参与容量市场、电能量市场和辅助服务市场。

目前各省市在电力需求响应的推广中，已开始采取电力、电量、容量竞价等市场化方式，个别地区如山东、广东、浙江等，积极探索需求响应作为常规调节手段参与系统运行，但大部分地区实施的需求响应仍呈现较强的季节性、节假日性和响应总量计划性特点，仅将需求响应作为有序用电的前置保险措施，尚未成为常态化、充分市场化运行的系统调节手段。

（四）补偿激励资金来源是制约需求响应发展的重要难题

电力需求响应补偿激励资金来源一般按照购电侧价差资金池、售电侧价差资金池、超发超用形成的盈余空间以及输配成本统筹考虑。在电力需求响应的实践过程中，资金来源的稳定性仍然是限制各地实施需求响应的重要难题。例如，因政策调整，城市公用附加费取消导致部分地区资金来源一度中断，致使需求响应工作进一步开展受限。

近年来，部分地区结合电力市场建设进度，加快探索按“谁受益谁承担”原则向终端疏导的模式并取得成效。但是，随着中国经济的快速发展以及可再生能源装机比重不断增加，特别是2020年疫情缓解后经济快速反弹，各区域电力需求响应的响应频次、规模不断增加，补偿资金需求规模快速增加，如浙江省2020年度（含2021年1月初）总响应电量达4047万kW·h，实际补偿资金总额达1.28184亿元，分别较2019年增长了约118%和474%。

为扩充资金来源，各地积极提出有关解决方案，如江苏2021年尖峰电价执行时段增加至2个；广东2021年6月起调高向市场主体分摊上限，由0.005元/(kW·h)提高至0.01元/(kW·h)；安徽已发布的征求意见稿中，明确提出通过增设季节性尖峰电价解决响应资金来源。但上述做法均存在提高终端整体用电成本的风险。

第三节　电力需求响应的基本发展趋势

未来以高比例可再生能源广泛接入为核心的新型电力系统，其重要特性是高弹性控制和多元互动。新型电力系统建设将加速需求侧技术变革，要求需求侧资源也应具有高弹性、受控等特征。

一、新型电力系统对需求侧资源的要求

从需求侧资源看，工商业、电动汽车等需求弹性较大，可发展成可控负荷或可中断负荷；对供电稳定性要求较高的数据中心、医院等负荷资源，受控程度较低，可调节潜力小。源性负荷中的分布式电源大多以分布式光伏为主，属于不可控电源；储能虽然受控程度高，但用户侧储能一般规模小、且较为分散，难以形成调节能力。

为了适应新型电力系统要求，不同的需求侧资源需采取不同的应对技术手段，如图8-6所示。

二、新型电力系统对需求侧资源的趋势

（一）需求响应参与主体的多样化

当前，随着准入门槛不断降低，包括居民在内的各类型电力用户逐步具备

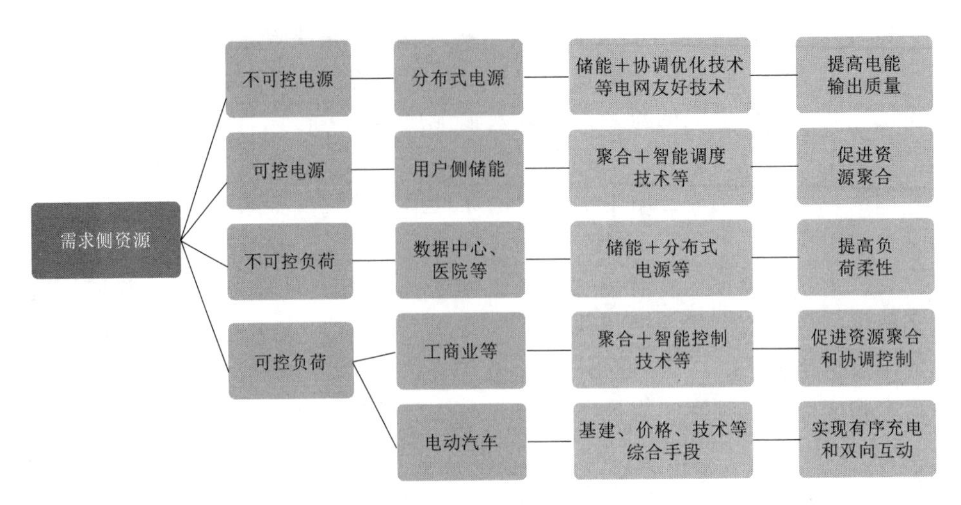

图 8-6 电力需求侧资源及对应的技术手段

参与响应的资格，为电力需求响应提供充足的资源库。负荷聚合商、虚拟电厂运营商等主体的不断丰富与成熟，为中小型电力用户、居民和党政工团公建用电开展精准响应创造了条件。特别是，分布式光伏、用户侧储能和电动汽车等新型负荷主体的加速推广，将加速成为庞大的可开发需求响应资源。近期来看，全体工商业用户都将作为需求响应主体参与市场化交易，居民等保障性用户主体可自主决策是否参与响应，需求侧资源开发较充分的地区可形成最大用电负荷5%～8%的响应能力，需求侧资源开发程度较低的地区预期形成约5%的响应能力。

（二）需求响应与电力市场融合的多元化

当前，随着全国统一电力市场建设的加速推进，各地积极推进需求侧资源通过辅助服务市场、现货电能量市场参与电力市场的模式创新。作为以市场主导的需求响应来说，由于各地电力市场建设的特点、经济承受的能力、电力系统运行的特征存在较大差异，在推进电力需求响应与市场融合的模式上必然存在显然的多元化，出现形式多样的地区市场化建设新模式。近期来看，在全国统一电力市场的框架体系中，初步形成以区域电网为主要联络、以负荷中心配电网为互济联络的区域需求侧资源互济市场；远期来看，根据全国统一电力市场的建设程度，实现需求侧资源在更大范围内的交互协同。

（三）需求响应的数智化

借助新一代信息技术手段，如云计算、大数据、物联网、移动通信和人工智能等，可以实现电力消费的智能化管理和监控，提供精确的能源数据和预测模型，为电力系统的规模化调节提供技术支持，为拓宽电力系统应急状况的处理手段。近期，随着规模效应与技术迭代产生的成本优势，目前中国典型的需求响应实践地区将实现以虚拟电厂为主要交互模式的需求响应应用，并形成一批成熟的负荷聚合商；远期来看，基本实现用电负荷与可再生能源交互自主响应，用电主体对用电降低和升高的感知度大幅降低。

（四）需求响应绿色属性的可溯化

为助力新型电力系统转型，满足终端电力用户对可再生电力消费的诉求，各地以电力需求响应为有效抓手进行了有益的实践。当前，随着绿电交易、绿证交易的加快实施，电力绿色环境属性的权益归属进一步明晰。同时，各地也在积极推动电-碳协同的有关研究。近期来看，可实现绿色电力消费不仅通过金融属性交易确权，在部分区域电网、离网项目中，通过电力用户与区域内可再生电力协同互动，实现“金融＋物理”双属性绿色电力确权。

第九章 电力系统数智化发展路径

当前，大数据、云计算、物联网、移动互联、人工智能、区块链（以下简称大云物移智链）等数字技术加速创新，日益融入经济社会发展各领域、全过程。与此同时，数字经济发展速度之快、辐射范围之广、影响程度之深前所未有，正在成为重组全球要素资源、改变产业发展模式、重塑全球经济结构、调整全球竞争格局的关键力量。在能源电力领域，能源科技创新进入持续高度活跃期，可再生能源、非常规油气、核能、储能、氢能，以及“大云物移智链”等一大批新兴能源技术、数字技术，成为全球能源向绿色低碳转型的核心驱动力，世界各主要国家近年来纷纷将科技创新视为推动能源转型的重要突破口，积极制定各种政策措施抢占发展制高点。其中，以“大云物移智链”等为代表的数字技术能够广泛应用于新型电力系统构建的各领域和全环节，能够为有效平衡电力安全可靠供应和清洁绿色低碳发展提供重要手段，将对我国新型电力系统的建设和发展路径起到重要的决定性作用。

在新一轮科技革命与产业变革背景下，积极顺应能源革命与数字革命深度融合发展趋势，加快利用“大云物移智链”等新一代信息通信技术与数字化手段，不断推动能源电力系统数智化发展升级，有效支撑新型能源体系建设和新型电力系统构建，已经成为能源电力行业高质量发展的必然要求。

本章在系统分析国内外能源电力行业数智化发展总体现状的基础上，分别从基本认识、总体思路和主要任务等方面研究提出了电力系统数智化的发展路径，并以基础理论加实践案例的方式，按照电源侧、电网侧、用户侧分别对电力系统数智化发展进行了研究探索。

第一节 国内外能源电力系统数智化发展现状

当前，推动电力系统数智化发展已经成为行业共识和大势所趋。宏观层面，包括中国、欧盟、美国、日本、韩国在内，各国政府和机构纷纷出台宏观政策、行业政策，支持并推动包括电力系统在内的能源行业加速数智化发展，积极抢占未来发展制高点。微观层面，包括法国电力公司、意大利国家电力公司等世界知名电力企业、国家电网公司、南方电网公司、国家能源集团等国内主要电力企业积极开展数智化发展实践。本节从宏观和微观视角切入，分别对国内外能源电力系统数智化发展政策环境和主要电力企业相关典型实践进行系统梳理和深入分析，以剖析国内外电力系统数智化发展现状。

一、国际能源电力系统数智化发展现状

（一）国外能源电力数智化宏观发展环境

随着“大云物移智链”数字技术在各行各业中应用的不断深化，数据资源与实体经济融合发展水平不断提升，包括美国、欧洲、德国、日本等发达国家在内的各国（地区）竞相制定了数字经济发展战略、出台了专门性鼓励政策，全球经济社会，尤其是能源系统和电力系统的数智化发展进程持续加速。如表 9 - 1 所示。

表 9 - 1　国际能源电力行业数字转型相关报告情况

政策文件/重要报告	发布时间	重要部署/重要表述
欧洲能源转型智能网络技术与创新平台（ETIP SNET）发布《研究与创新路线图（2020—2030）》	2020 年 7 月	提出十年拟投入 40 亿欧元开展综合电力系统研究和创新活动，以推进实现欧洲 2050 年构建深度电气化、广泛数字化、完全碳中性的循环经济愿景。其中，对能源数字化领域进行了专题部署，旨在解决数字技术在电力系统的集成。能源数字化技术领域还将考虑能够促进市场和用户参与的数字应用系统
欧洲输电系统运营商网络（ENTSO-E）发布《技术全景概况》	2021 年 3 月	在欧洲能源脱碳背景下，数字化技术是对促进高比例新能源并网，甚至是 100％可再生能源电力供应的关键技术，目前卫星应用、软件定义安全、区块链技术已可全面部署应用，5G 网络、物联网、云计算和边缘计算尚处于系统示范阶段，人工智能、数字孪生技术仍处于试验验证阶段
彭博新能源财经《电网长期展望 2021》	2021 年 3 月	彭博新能源财经指出，2020 年全球电网数字化投资占年度投资总额的 19％，2050 年将升至 41％；2020—2050 年全球电网数字化投资将达 4.7 万亿美元，占累计总额的 34％
国际能源署（IEA）发布《能源转型下的电力安全》	2021 年 4 月	IEA 指出，电网数字化为清洁转型提供了有力支持，但也增大了遭受网络攻击的风险。2019 年，全球电网数字技术投资增长 14％，达 400 亿美元，约占电网投资的 20％。网络安全风险贯穿发输配用全产业链各环节，网络攻击往往通过控制电力电子、物联网等设备或影响内部员工操控等方式造成物理破坏和服务中断，具有频发、难防的特点

续表

政策文件/重要报告	发布时间	重要部署/重要表述
国际能源署（IEA）发布《能源部门2050年净零排放路线图》	2021年5月	IEA指出，随着所有部门快速电气化，电力在世界能源安全中的中心地位将愈发凸显，因而电力行业数字化智能化转型升级需求明显。一方面，由于化石燃料发电装机逐步退出，常规灵活性电源减少；而另一方面，电力系统灵活性到2050年要翻两番，以平衡风能、太阳能和不断演变的需求。因此，转型需要以智能和数字化程度更高的电网为支撑，大力发展能提高灵活性的各种渠道，包括电池、需求侧响应和低碳灵活发电厂。电力系统对网络攻击和其他新兴威胁的韧性也需要增强。对能源净零排放至关重要
国际能源署（IEA）发布《释放新兴市场和发展中经济体的智能电网机遇》	2022年6月	IEA估计，到2030年，数字化需求响应可以将波动性可再生电力系统的弃电减少25%以上，从而提高系统效率并降低用电成本。通过加强供需预测、实现综合能源规划和增强电力需求灵活性，可以进一步支持脱碳。数字化技术对于将分散的清洁能源部署到偏远地区或低收入地区也至关重要，数字解决方案可以实现更高效的微电网。智能逆变器等技术有助于自动监控和管理电力输送，减少高峰期的服务中断，并在需求较低时增加电力的使用。数字技术还可以更好地管理不断增长的需求，同时实现终端用户电气化，以避免不必要的电网扩建投资。通过提供实时监测和控制，能够限制基础设施投资需求，特别是在配电系统中

从2020年初以来，欧盟陆续发布了一批旨在推动“数字化转型”的战略规划等系列顶层设计文件，主要包括《塑造欧洲的数字未来》（Shaping Europe’s digital future）、《欧洲数据战略》（A European strategy for data）、《欧洲新工业战略》（A new industrial strategy for Europe）《欧洲的数字主权》（Digital sovereignty for Europe）等。上述政策文件均对数字化为电力系统带来的重要价值予以充分肯定，并对电力系统数智化发展进行了相关任务安排。其中，《塑造欧洲的数字未来》（Shaping Europe’s digital future）作为欧盟数字化整体战略，认为数字化发展将成为欧洲实现绿色环保目标和可持续发展目标的关键要素，并强调欧洲需要在连通性、深度技术和数字化领域人才，以及智慧能源和智慧交通等领域基础设施投资。《欧洲数据战略》（A European strategy for data）提出，在欧洲开放云共同体的基础上，构建包括欧盟能源共同数据空间，旨在通过能源数据资源的跨领域共享，创新能源解决方案，提高能效、降低能耗，从而推动能源行业加快脱碳。美国先后发布《关键和新兴技术国家战略》（National strategy for critical and emerging technology）、《数字战略（2020—2024）》（Digital strategy 2020—2024）、《面向科学、能源和安全的人工智能》（AI for science energy and security）等战略报告，试图在全球范围构建以自身为主导的数字生态系统，并依托谷歌、

微软、亚马逊、苹果等巨型全球互联网企业掌握了最丰富的数据资源、最广阔的数字市场和最强大的数字技术，进而占据数字经济价值链中高端。如表 9－2 所示。

表 9－2　　主要发达国家（地区）数字战略情况

地区	政策文件/重要报告	发布时间	重要部署/重要表述
欧盟	《工业 5.0：欧洲的变革愿景——面向可持续工业的管理系统改革》	2022 年 1 月	旨在推动欧洲工业应深度变革，以促进欧洲的绿色和数字化双重转型，强调将可持续性和韧性目标纳入欧洲数字路线图，应利用数字技术兑现气候承诺，将数字技术和绿色技术深度融合，指出数字技术在实现可持续的循环经济模式和效率最大化，提供新型设计工具和新的商业模式，以及提供制造、维修、升级、再制造、再利用和再销售的新方法方面发挥着巨大的作用。传感器、分布式账本、智能合约、多代理技术（MAS）、自动化和机器人、纳米技术和网络计算等可在数字化转型中发挥关键作用，使民众以更可持续的方式使用资源，同时探索出更好的经济增长模式
	《欧洲工业战略》	2021 年 5 月	旨在提升欧洲在全球工业中的领导者地位，在数字和绿色领域取得先发竞争优势，指出欧盟在数字生态系统方面的研发工作大大落后于美国，并且也正在被中国取代，强调启动对关键领域的潜在依存关系的第二阶段审查，包括对绿色化和数字化双转型至关重要的产品、服务和技术，如可再生能源、能源存储和网络安全，将通过欧盟委员会关键技术监测机构开发监测系统
	《欧洲数据战略》	2020 年 2 月	旨在塑造涵盖网络安全、关键基础设施、数字化教育等多个方面的数字化未来，提出欧盟数字化变革的理念、战略和行动，强调通过建立跨部门治理框架、加强数据基础设施投资、提升个体数据权利和技能、打造公共欧洲数据空间等措施，将欧洲打造成全球最具吸引力、最安全和最具活力的“数据敏捷经济体”
	《2030 数字罗盘：欧洲数字十年之路》	2021 年 3 月	旨在增强欧洲的数字竞争力，摆脱对美国和中国的依赖，使欧洲成为世界上最先进的数字经济地区之一，制定涵盖数字化教育与人才建设、数字基础设施、企业数字化和公共服务数字化等四个方面发展目标，提出由欧盟委员会牵头，动员和协调欧盟预算、成员国政府与私人部门投资加强“多国项目”，实施构建泛欧数据处理基础设施、部署泛欧 5G 走廊、设计和部署下一代低功耗可靠的处理器、研制超级计算机和量子计算机、构建泛欧区块链服务基础设施、构建超级安全的量子通信基础设施等多项重点任务
美国	《关键和新兴技术国家战略》	2020 年 10 月	旨在推动美国成为关键和新兴技术的世界领导者，并构建技术同盟，实现技术风险管理，提出包括先进计算、先进制造、先进传感、人工智能、自主系统、通信及网络技术、数据科学及存储、区块链技术、能源技术、人机交互、量子信息科学、半导体和微电子、空间技术在内的重点关注的 20 项关键核心技术

续表

地区	政策文件/重要报告	发布时间	重要部署/重要表述
美国	《国家先进制造业战略》	2022年10月	旨在通过制定和实施先进制造业的国家战略，通过投资，重新获得其在制造领域的领导地位，提出加强微电子、半导体、先进传感、数字孪生、机器学习等重点领域技术研发和应用，并部署培育劳动力、建立强大的美国供应链等重要措施
	《2021年美国创新和竞争法案》	2021年7月	旨在促进美国半导体、人工智能等技术的发展，从技术研发体系、治理模式和国际联盟等方面实现数字去中国化。提出以半导体、5G等数字技术为中心的对华科技遏制和竞争是该法案的重心；数字技术和网络空间作为中美竞争的战略高地也是重中之重，承诺5年内投入约2500亿美元用于芯片、人工智能、量子计算、半导体等关键科技研究领域
	《2022美国制造业网络安全路线图》	2022年8月	概述了未来五年美国制造业网络安全的广阔前景，使各种规模的美国制造商能安全推动数据密集型、数字化转型，并利用人工智能和机器学习等新兴技术提高生产力
英国	《国家数据战略(2020)》	2020年9月	推动数据在政府、企业、社会中的使用，并通过数据的使用推动创新，提高生产力，创造新的创业和就业机会，改善公共服务
	《国家数据战略(2022)》	2022年6月	旨在使英国成为全球开展数字创新的最佳地点，巩固英国作为全球科技超级大国的地位，明确了包括强化数字基础，保护创意和知识产权，培养数字技能和人才、资金，提升数字化水平，提高英国在数字化领域国际地位等六大支柱，制定了强化数字监管、确保敏感技术领域安全等重点行动
日本	《综合数据战略2021》	2021年6月	吸纳《面向实现数字社会的重点计划》成果，旨在强化日本打造世界顶级数字国家所需的数字基础，明确了数据战略的基本思路，制定了社会愿景及基本行动指南
	《统合创新战略2021》	2021年6月	明确设立数字化厅，发布数字战略、强化数字产业培育，提出构建涵盖国土、经济活动、自然情况在内的数据平台，重点支持人工智能技术、生物科技、量子技术、材料技术等战略性基础技术，部署深化发展数字科技外交，形成战略国际合作网络等任务部署
	《科学与技术基本计划（第六版）》	2021年3月	旨在适应新形势并推进数字化转型，构建富有韧性的经济结构，在世界范围内率先实现超智能社会5.0

续表

地区	政策文件/重要报告	发布时间	重要部署/重要表述
韩国	《大韩民国数字战略》	2022年9月	旨在与国民携手建设世界典范的数字韩国，实现数字经济社会，制定了包括打造世界最高水平的数字能力、加大发展数字经济、建设数字包容社会、共建数字平台政府、创新数字文化在内的五大行动19项具体任务，将人工智能、人工智能半导体、5G和6G移动通信、量子、虚拟世界、网络安全等作为六大创新技术领域
	《基于数字的产业创新发展战略》	2020年8月	通过制定“数字＋制造业”创新发展战略将重点放在韩国的优势产业制造业上提高制造业中产业数据（产品开发、生产、流通、消费等产业活动全过程中产生的数据）的利用率，以增强韩国主力产业的竞争力

此外，在行业层面，包括欧洲在内的多个国家（地区）也针对电力系统数智化发展制定了针对性政策文件。如，2020年7月，欧洲能源转型智能网络技术与创新平台（ETIP SNET）发布《研究与创新路线图（2020—2030）》，对能源数字化领域进行了专题部署，旨在解决数字技术在电力系统的集成。2022年10月18日，欧盟委员会根据《欧洲绿色协议》和欧盟REPowerEU计划的要求，发布《电力系统数字化行动计划》，旨在通过对电力系统的深度数字化改造，减少欧盟对俄罗斯化石燃料的依赖，提高资源的有效利用，促进可再生能源融入电力系统，并确保消费者和能源公司受益。根据该计划，2020年至2030年，欧盟预计需要向电网领域投资超过5840亿欧元，重点用于配电网的数字化改造。如表9-3所示。

表9-3　　国外能源电力行业数字转型相关政策情况

发布时间	政策文件	重要部署/重要表述
2020年7月	欧洲能源转型智能网络技术与创新平台（ETIP SNET）发布《研究与创新路线图（2020—2030）》	提出10年拟投入40亿欧元开展综合电力系统研究和创新活动，以推进实现欧洲2050年构建深度电气化、广泛数字化、完全碳中性的循环经济愿景。其中，对能源数字化领域进行了专题部署，旨在解决数字技术在电力系统的集成。能源数字化技术领域还将考虑能够促进市场和用户参与的数字应用系统
2021年3月	欧洲输电系统运营商网络（ENTSO E）发布《技术全景概况》	在欧洲能源脱碳背景下，数字化技术是对促进高比例新能源并网，甚至是100％可再生能源电力供应的关键技术，目前卫星应用、软件定义安全、区块链技术已可全面部署应用，5G网络、物联网、云计算和边缘计算尚处于系统示范阶段，人工智能、数字孪生技术仍处于试验验证阶段

续表

发布时间	政策文件	重要部署/重要表述
2022年6月	国际能源署（IEA）发布《释放新兴市场和发展中经济体的智能电网机遇》	到2030年，数字化需求响应可以将波动性可再生电力系统的弃电减少25%以上，从而提高系统效率并降低用电成本。通过加强供需预测、实现综合能源规划和增强电力需求灵活性，可以进一步支持脱碳。数字化技术对于将分散的清洁能源部署到偏远地区或低收入地区也至关重要，数字解决方案可以实现更高效的微电网。智能逆变器等技术有助于自动监控和管理电力输送，减少高峰期的服务中断，并在需求较低时增加电力的使用。数字技术还可以更好地管理不断增长的需求，同时实现终端用户电气化，以避免不必要的电网扩建投资。通过提供实时监测和控制，能够限制基础设施投资需求，特别是在配电系统中

（二）国外能源电力数智化典型实践

为了应对国际能源行业改革与发展新挑战、新形势和新要求，国外传统电力企业已经开始了数智化发展升级的实践活动。东京电力公司、法国电力公司、意大利国家电力公司等电力企业作为传统能源企业代表，已经加快数字化和智能化发展步伐。

1. 法国电力

法国电力公司重点以优化数据资产经营管理为基础，深入挖掘数据资产，提升客户用能服务响应能力，推动开发综合能源增值服务。

一是重视信息系统建设，支撑智能运维系统管理。法国电力以配用电领域作为重要突破口，不断完善配网信息系统，不断打破专业壁垒，实现相关数据在跨部门的充分共享及各专业管理模块的有效衔接，不断提升配网管理运维水平。

二是成立独立的服务型运营分析中心。专门负责综合分析配网运行数据、资产数据、企业管理数据、客户数据等，制定一体化数据模型标准，实现全面数据共享，向销售、营销等业务部门提供客户行为分析支撑，提升管理效率，降低服务成本，改善服务质量。

三是积极推动欧洲电力市场一体化。基于法国在欧盟框架内强大的支配地位以及在电力和能源领域话语权，法国电力公司不断倡导建立欧洲区域电力系统运营协调中心，给各国电网调度提供建议和咨询，以避免超过一国范围的事故蔓延造成更大的影响。

2. 意大利国家电力公司

面对世界能源转型及能源技术快速发展的形势，意大利国家电力公司于2015年提出了Open Power战略。在该战略指导下，立足既有技术优势，打造

"电力+通信"的智能电网供应网络，意大利国家电力公司通过多元化经营来扩大自身市场竞争力。

一是率先推进智能电表基础设施建设，构建数据服务网络。在欧洲，智能电表被认为是连接最终用户和能源供应单位的关键设备。意大利智能电表覆盖率早在2014年已超过85%。意大利国家电力作为其中最重要的推动者，一直积极开展智能电表基础设施建设。在配电侧，意大利国家电力重点关注低压监测和中断管理以及能源平衡管理、系统的柔性负荷管理。在用户侧，意大利国家电力更加强调基于实际消费的可靠计量账单的实现、弹性的电费结构、远程合同管理、为用户提供高效的信息等。同时，为充分利用综合智能计量基础设施，意大利国家电力开发了新一代的解决方案，确保客户可以方便地获取实时和历史的能源消耗信息。此外，通过计量数据开发解决方案，通过电表数据提供有效的需求管理和增值服务。

二是利用数字技术创新分布式发电系统与储能技术，推动开发绿色交通技术。分布式发电系统方面，意大利国家电力公司利用先进感知与数据分析技术，提升配电侧对分布式可再生能源的智能集成和管理能力，为输电系统运营商提供分布式能源的观测和预测信息，以及紧急情况下对分布式能源的控制等。充电设施方面，意大利国家电力公司重视快速充电、互动操作以及开放式的多厂商电动汽车充电设施建设，通过加强计量数据快速分析和精准响应，从而实现为多厂商电动汽车提供充电服务，以增强电动汽车市场的竞争力。专业平台方面，意大利国家电力主要采取开放性的投资措施，通过联合研发推动各类专业技术平台创新。2017年收购世界最大的需求响应提供商Ener NOC，获取能源管控平台开发能力；收购eMotorWerks，利用其JuiceNet平台整合电动汽车充电服务；收购Demand Energy，利用其DEN. OS平台拓展储能和微电网服务。

3. C3 Energy

C3 Energy由甲骨文的联合创始人之一Thomas M. Siebel于2011年创办，通过运用大数据、智能电网分析、社交网络、机器学习和云计算等技术手段，提供电网实时监测和即时数据分析，同时也能对终端用户进行需求响应管理。

一是充分依赖自主开发的分析引擎的技术优势。整体来说，以C3 Energy Analytics Engine为内核，C3 Energy以两大类软件——C3电网分析和C3用户分析，以及超过20种应用为客户提供多种服务。C3电网分析主要服务于供应侧的诸如公用事业公司、调度机构、输配电公司等智能电网拥有者、操作者、使用者，用于电网运营中降低成本、预测并应对系统故障、掌握用户耗能情况等。C3用户分析是双向的，一方面面向公用事业公司，帮助其了解用户用能情况，增加用户卷入程度，合理设计需求响应方案；另一方面通过公用事业公司授权面向用户，用户可以借此进行能耗管理，响应需求管理，调整自己的耗能安排。

二是通过多种渠道进行数据收集，不断挖掘数据变现的潜力。C3所需的大部分数据来自公用事业公司，如变电站信息、仪表度数等，具有数量大、庞杂无序等突出特点。除了公用事业公司的数据，C3还需要从外部获取数据，如天气数据、建筑物信息、卫星天气数据等。在用户面向型的解决方案中，公用事业公司自身采用C3系统的同时，将C3授权予其耗能用户使用，需求响应、能效激励可以换来它们主动向C3分析引擎提供信息。整合了大量数据的C3身兼系统维护者、监测者、沟通平台等多种角色，其主营业务是销售付费软件和提供数据有偿处理，依据技术优势不断挖掘数据的变现能力。

二、中国能源电力系统数智化发展现状

（一）中国能源电力数智化宏观发展环境

立足国内，中国高度重视数字化在现代化建设全局中引领作用，持续完善数据要素市场配置体制机制，大力发展数字经济，推动经济社会加速数字化转型。党的十八大以来，习近平总书记站在统筹中华民族伟大复兴战略全局和世界百年未有之大变局的高度，统筹国内国际两个大局、发展安全两件大事，深刻把握新一轮科技革命和产业变革发展趋势和规律，就发展中国数字经济作出一系列重要论述、重大部署，指引中国数字经济发展取得显著成就、为经济社会健康发展提供了强大动力。党的十九届五中全会提出，发展数字经济，推进数字产业化和产业数字化，推动数字经济和实体经济深度融合，打造具有国际竞争力的数字产业集群。

《中华人民共和国国民经济和社会发展第十四个五年规划和2035年远景目标纲要》单独设篇，并用4个章节明确了国家推进数字化的目标和决心，强调中国将把数字经济的转型升级作为未来10年关键的机会窗口；数字经济将成为整个中国经济转型的核心部件；2025年数字经济核心产业增加值占GDP比重将从7.8%提升到10%；数字化转型是提升国家经济核心竞争力的关键所在。《“十四五”数字经济发展规划》从优化升级数字基础设施、充分发挥数据要素作用、充分发挥数据要素作用等八大方面对中国数字经济发展作出重要部署。国家发展改革委发布的《关于推进上云用数赋智行动培育新经济发展实施方案》明确提出，要大力培育数字经济新业态，深入推进企业数字化转型，打造数据供应链，以数据流引领物资流、人才流、技术流、资金流，形成产业链上下游和跨行业融合的数字化生态体系，构建设备数字化—生产线数字化—车间数字化—工厂数字化—企业数字化—产业链数字化—数字化生态的典型范式。

能源产业是我国实现高质量发展的重要支柱产业。围绕风能、太阳能、储能、氢能、智能电网等重点领域，加快形成核心竞争力强、产业链条完整、特色优势突出的新能源产业集群，迫切需要能源行业全面加快数字化转型升级，

发挥数字技术对能源产业发展的放大、叠加、倍增作用，既为经济社会发展提供能源保障，又为数字技术和数字经济提供应用场景。目前，包括“四个革命、一个合作”能源安全新战略在内的能源战略规划，以及能源数字化智能化相关政策相继出台，为电力系统数字化转型升级，支撑新型电力系统构建提供了良好的政策支持。2014年，《能源发展战略行动计划（2014—2020年）》提出，要抓住能源绿色、低碳、智能发展的战略方向，推动智能电网等重大能源工程建设，加强能源安全信息化保障和决策支持能力建设。2016年，《关于推进“互联网+”智慧能源发展的指导意见》，从推动建设智能化能源生产消费基础设施、加强多能协同综合能源网络建设、推动能源与信息通信基础设施深度融合等十大方面对能源电力数字化转型作出了任务部署，明确给出了能源行业数字化转型升级的纲领举措。2021年，国家能源局会同国家科技部，联合印发了《“十四五”能源科技创新规划》，将先进可再生能源发电跟综合能源利用技术和能源系统数字化智能技术这两个专项进行研究。2022年，《“十四五”现代能源体系规划》对加快能源产业数字化智能化升级进行专题部署，强调要推动能源基础设施数字化、建设智慧能源平台和数据中心。2023年，国家能源局出台了《国家能源局关于加快推进能源数字化智能化发展的若干意见》，突出强调以数字化智能化电网支撑新型电力系统建设，并就推动实体电网数字呈现、仿真和决策，推动变电站和换流站智能运检、输电线路智能巡检、配电智能运维体系建设等方面作出了专门部署。如表9-4所示。

表9-4　　中国能源电力行业数字转型相关政策文件情况

政策文件/重要报告	发布时间	重要部署/重要表述
《能源发展战略行动计划（2014—2020年）》	2014年3月	提出抓住能源绿色、低碳、智能发展的战略方向，明确能源科技创新战略方向和重点，强调智能电网等重大能源工程，要求加强能源安全信息化保障和决策支持能力建设
《能源技术革命创新行动计划（2016—2030年）》	2016年4月	提出围绕能源效率提升目标提供智慧能源技术支撑需求推进能源技术与信息技术的深度融合，构建一体化、智能化的能源技术体系，明确了能源互联网技术创新重点任务，部署了提升煤炭开发效率和智能化水平、研究智能化大型光伏电站、分布式光伏及微电网应用、大型光热电站关键技术、研究现代电网智能调控技术等创新要点
《关于推进“互联网+”智慧能源发展的指导意见》	2016年2月	提出以“互联网+”为手段，以智能化为基础，紧紧围绕构建绿色低碳、安全高效的现代能源体系，促进能源和信息深度融合，推动能源互联网新技术、新模式和新业态发展，推动能源领域供给侧结构性改革，支撑和推进能源革命
《“十四五”能源领域科技创新规划》	2021年12月	制定促进能源产业数字化智能化升级具体目标，从基础共性技术、行业智能升级技术、智慧系统集成与综合能源服务技术等方面，专章部署电力系统数字化智能化技术研究

续表

政策文件/重要报告	发布时间	重要部署/重要表述
《关于完善能源绿色低碳转型体制机制和政策措施的意见》	2022年3月	提出对现有电力系统进行绿色低碳发展适应性评估，在电网架构、电源结构、源网荷储协调、数字化智能化运行控制等方面提升技术和优化系统。推动互联网、数字化、智能化技术与电力系统融合发展，推动新技术、新业态、新模式发展，构建智慧能源体系
《"十四五"现代能源体系规划》	2022年3月	提出从增强能源供应链安全性和稳定性、推动能源生产消费方式绿色低碳变革、提升能源产业链现代化水平3个方面推动构建现代能源体系，在提升能源产业链现代化水平部分中，从推动能源基础设施数字化、建设智慧能源平台和数据中心、实施智慧能源示范工程专门部署加快能源产业数字化智能化升级专项任务；明确要求要加快电力系统数字化升级和新型电力系统建设迭代发展，全面推动新型电力技术应用和运行模式创新
《关于加快推进能源数字化智能化发展的若干意见》	2023年3月	提出推动数字技术与能源产业发展深度融合，加强传统能源与数字化智能化技术相融合的新型基础设施建设，释放能源数据要素价值潜力，强化网络与信息安全保障，有效提升能源数字化智能化发展水平，促进能源数字经济和绿色低碳循环经济发展，构建清洁低碳、安全高效的能源体系

（二）中国能源电力数智化典型实践

国内能源电力企业以节能环保、清洁低碳作为转型升级为重点，利用信息化技术与数字化手段开展能源增值服务。以电力行业为例，国家电网、中国大唐、国家能源集团等传统能源电力企业，大力实施上云用数赋智行动，已经在相关领域开展数字电网、能源互联网建设等多个方面典型实践。

1. 国家电网公司

一是国家电网从智慧物联体系构建、数据中心、企业中台三大方面，不断夯实能源数字化、智能化发展基础。智慧物联体系方面，国家电网利用拥有的海量设备资源，通过接入各类边缘设备、感知设备及5亿只智能电表，构建了分布广泛、快速反应的电力物联网，有力支撑了电网、设备、客户状态的动态采集、实时感知和在线监测。数据中心方面，国家电网按照"两级部署、多级应用"的总体部署，建成了北京、上海、陕西三地集中式数据中心，实现了核心业务数据统一的接入、汇集和存储，服务器共计超过1.9万台，存储容量近30PB。企业中台方面，国家电网着眼满足共性需求，分别构建了数据中台、业务中台和技术中台，实现了跨业务数据互联互通与共享应用，通过核心业务共性内容的沉淀整合，提供企业级共享服务900余项，促进了各类业务运营和创新应用。

二是国家电网分别在生产经营数字化、客户服务数字化等方面重点发力，加快推进能源业务数字化发展。电网生产数字化方面，国家电网聚焦电网规划、建设、调度、运行、检修等业务领域，不断强化全环节的数字化管控。例如，通过推广应用图数一体、在线交互的“网上电网”，基本实现“电网一张图、数据一个源、业务一条线”，有力支撑了各电压等级电网在线可视化诊断评价、智能规划和精准投资，大大提升了电网投资建设运营的整体效率。推进客户服务数字化方面，国家电网通过打造融合线上线下服务的“网上国网”平台，全面推行线上办电、交费、查询等125项业务功能，实现服务一个入口、客户一次注册、业务一网通办。

三是国家电网在能源电商、智慧车联网等方面，利用能源数据优势，积极推进能源数字产业化。能源电商方面，国家电网打造了国内最大的能源电商平台，聚合产业链上下游资源，开展物资电商化采购，提供电力智能交费服务，并不断拓展平台功能，为客户提供低成本、优质高效的平台服务。智慧车联网方面，国家电网搭建了全球规模最大的智慧车联网平台，累计接入充电桩103万个，为经营区域480万辆电动汽车绿色出行提供便捷智能的充换电服务，实现“车-桩-网”高效协同的能源互动，助推电动汽车充电业务产业化发展。电力大数据征信服务业务方面，国家电网利用企业用电数据，服务政府部门、金融机构积极开展信贷反欺诈、授信辅助、贷后预警等方面的数据分析与应用，破解金融机构对中小微企业“不敢贷”“不愿贷”等多方面难题。

2. 中国大唐集团

中国大唐集团将企业打造成为智慧能源物联网的核心平台，构建融合发电—售电—消费—服务等各环节的能源供给平台经济，对内实现一体化协同运营，对外实现多元化创新服务。

一是构建集团“建设—生产—营销”端到端打通的、业务数据标准统一的业务信息架构，建设智慧的规划设计、电源建设、安全生产及营销销售能力。在数字化的电源规划与设计方面，中国大唐通过利用数字化技术实现规划与设计的可视化、参数化，提升了规划设计品质，实现相关各方高效协同，满足协同化、多样化规划设计需求，实现设计数据的积累、迭代，持续提升后续设计。在数字化的电源建设方面，中国大唐以智慧建设、物联网、大数据等数字化技术作为支撑，通过作业动态模拟等提升施工精细化程度，通过4D进度管理、5D动态成本管理提升了施工管理水平，助力快速投产。数字化的生产运营方面，中国大唐建立集控中心，利用终端智能和物联网等技术，提升运营生产管理质量，促进新能源消纳。

二是建设智慧能源供给互联网，构建智慧能源供给生态圈。中国大唐通过建设智慧能源供给互联网，围绕电力核心业务，以提升内部协作效率、激发合作创新为目标构建电力产业生态圈。通过以市场化为中心的一体化运营，实现集中控制、统一运营，资源配置优化，更协调的满足市场需求。打造智慧化电力生产运营，通过运营全过程的数字化，充分应用物联网等技术，提升建造水平，优化生产运维、促进安全生产、创新市场营销。打造整体效益最大化的板块协同，加强板块协同效应，最大化集团总体经营效益，通过循环经济实现资源的充分利用，提升节能环保。

三是推进智能电厂、智慧企业建设。中国大唐依托大数据、物联网、人工智能技术，以数字化方式为电厂物理对象构建虚拟模型，实现从工厂规划设计、建设、生产、维护、营销全过程数字化，构建一个全感知、全联接、全场景、全智能的数字电厂，全面提升发电场站的集中生产管理能力、全面感知能力、智慧预测能力和智能调度与计划能力。火电方面，中国大唐通过对生产过程的全方位监测和感知，对设备、阀门的状态感知和智能控制，分布式远程智能前端，实现边缘计算和前端数据采集标准化，利用VR/AR进行设备检修培训。风电方面，中国大唐不断推进风机状态采集、智能启停，风机智能自动运行调整，准确识别风况及自动控制，利用无人机远程监控。水电方面，中国大唐通过远程集控、智能调度，对库区、坝区网格化自动巡检，智能识别危害与风险。光伏方面，中国大唐主动排查缺陷设备，快速精准定位，实现自动跟踪、智能检测以及诊断，准确识别光况以及智能控制。

3. 远景能源

随着互联网技术和大数据技术的普及与应用，远景能源由传统的能源制造装备公司向综合能源服务商转型，借助物联网、云计算、大数据、人工智能、智能控制和智能传感等技术，开发出格林威治云平台、智慧风场Wind OS平台、阿波罗光伏云平台。远景能源分别在技术应用方面、运维与管理方面和商业模式方面具有突出的发展经验。

一是在技术应用方面，提供领先的能源互联网技术服务。业务包括智能风机的研发与销售、智慧风场软件服务、能源互联网技术服务、智慧城市整体解决方案等，远景能源已陆续完成在丹麦、美国、英国、日本、中国等地的全球战略布局。

二是在运维与管理方面，为客户构建多种智能管理平台。远景将风资源评估、风场设计、风场运维、资产管理等全生命周期透明化、数字化、信息化，结合智能控制、智能传感、云服务、大数据等技术，为客户构建“智慧风场全生命周期管理平台”。在风电领域之外，远景的智慧风场全生命周期解决方案未来还可以应用到光伏、水电、火电等其他能源管理领域，带动形成更大规模的新能源资产管理产业。从数字化风电，到数字化多种能源，再到数字化整个电力的生产、电力的使用，以及电力交易。借助智慧能源管理平台，远景逐渐拓展用电侧管理业务，为工商业等终端客户提供能源采购、能源管理、能效优化等综合技术解决方案。

三是商业模式方面，采用轻资产模式，着力开发服务平台。首先面对国内风电行业激烈的竞争，远景能源将零部件生产外包，集中精力进行智能风机的研发，采用了轻资产模式。通过将业务重心逐渐由风机研发销售转向能源互联网平台的建设，用户通过能源互联网平台可以实现新能源开发的全生命周期管理和风险评估。其次，远景能源再次进行变革，将其轻资产模式由硬件领域拓展到软件领域，尝试将新能源与大数据、智能化相结合，从 2011 年开始发布了多个能源互联网平台，使相关用户更高效地开发、投资、管理新能源。

第二节 电力系统数智化发展总体思路和主要任务

目前，新型电力系统概念内涵的持续深化，为中国电力系统数智化发展提供了方向指引，引导并推动中国电力系统加速从传统信息化不断向数字化、智能化、智慧化持续转型升级。本节首先详细梳理了新型电力系统概念内涵的丰富和发展过程，剖析了信息化、数字化、智能化的概念内涵进行了辨析和界定。以此为基础，从技术基础、基础功能、发展形态等方面提出了电力系统数智化发展的总体思路，并从创新构建电力系统数字化生产力、创新推动电力产业数字化发展、创新推动电力数字产业化发展设计了电力系统数智化发展的主要任务。

一、电力系统数智化发展总体思路

推动电力系统数智化发展是一个正在发展中的内涵外延丰富、包容性很强的过程，是电力系统发展的更高阶段。推动电力系统数智化发展，就是利用数字化、智能化技术，并创新商业模式来支撑新型电力系统构建，其主要体现在从技术、功能、形态的等各个方面推动传统电力系统向新型电力系统实现跨越式发展。

（一）技术基础

融合“智能＋”先进技术，推动电力产业数字化。电力系统数智化发展需要构建顶层数字技术支撑体系，打通不同环节、不同领域，实现电网数字化全局性建设，在更大范围、更高频度更深层次推动数字化资源优化配置，更好地支撑新型电力系统建设。

利用数字化、智能化支撑新型电力系统构建，将以“智能＋”先进技术为依托，形成先进信息通信技术、智能控制技术与先进能源技术深度融合应用的技术体系，推动多能转换与利用技术、协调运行与控制技术、灵活响应与互动技术等能源技术的全面升级。通过挖掘应用场景，“智能+”先进技术将广泛应用于能源生产、传输、消费、交易等环节，实现对能源全环节、各领域的全面可观、精确可测、智慧可控、灵活可调，有效推动电力系统变革发展。

（二）基础功能

创新“电力+”先进业态，推动电力数字产业化。在推进数字技术融合创新应用的同时，注重业务模式优化、管理模式变革，坚持管理和技术一体化推进。以数字技术驱动流程再造、业务重塑、管理优化，改进电网运营模式和管理方式，激发生产组织模式和互动方式活力。利用数字化、智能化支撑新型电力系统构建，深入挖掘电力生产、传输、消费、交易不同环节的数据资源价值，能够发挥电力数据要素的放大、叠加、倍增效应，实现跨时空的能源优化控制、跨品类的能源灵活转换和协同管理、跨主体的能源灵活交易，从而促进新型电力系统的生产提质、经营提效、服务提升和数据增值，形成“电力+”先进业态。

利用数字化、智能化支撑新型电力系统构建，将以“电力+”先进业态为手段，形成各方友好互动、资源配置高效业态模式体系，有效支撑新能源的大规模开发利用和各类能源设施“即插即用”，有效提升“源网荷储”协调互动水平，有效保障个性化、综合化、智慧化用能服务需求，推动全社会绿色可持续发展。

（三）发展形态

依托新型电力基础设施，构成现代能源体系、能源互联网。电力系统数字化与智能化发展将以新型能源基础设施为物理依托，形成网架坚强、分布宽广，集中式电力系统、分布式电力系统、各种储能设施和各类用户友好互联，各类电力系统互通互济的现代能源体系和能源互联网。

现代能源体系、能源互联网，既包含分布式智慧能源、智能矿井、智慧电厂、智慧楼宇等“点”式升级，也涵盖智能电网、智慧管网、智慧热网、智能交通网等“网”状互通，还涉及数据中心—业务中台—调度中心—交易中心等平台建设，统筹计算算力、通信网络和安全防护基础设施，提升基础设施利用率，降低建设运维成本，满足新型电力系统全环节海量数据实时汇聚和高效处理需要。现代能源体系的不同组成部分有机链接、高效协同、相互促进、相互赋能，最终实现电力系统数字化与智能化发展的体系化推进。

二、电力系统数智化发展主要任务

（一）以新型基础设施建设为依托，创新构建电力系统数字化生产力

以5G、人工智能、大数据中心和工业互联网等新型“数字基建”为重点，持续深化电力系统企业云、数据中台和物联体系建设，提升区块链和人工智能公共基础服务能力，推动感知测控边界向电源侧和客户侧延伸，提升电力系统和客户智能感知、泛在连接、高效处理和公共服务能力，构建数智化发展升级

物质基础。

一是提升对电力系统及能源用户的全息感知能力。以电力产供销等生产各环节感知测控系统为基础，深入开展业务信息采集能力建设，提高感知终端在电力系统中的覆盖率，实现对各环节关键设备信息的识别、采集和控制。充分利用移动应用、智能监控、数据智能采集等手段，构建互联互通、标识统一、动态控制、实时协同的智能感知体系，实现电力系统生产、传输、消费等全过程设备、客户的状态全感知、业务全穿透。

二是提升信息网络系统的传输能力。加快推进电力系统5G网络和终端通信接入网建设，满足低时延、高可靠、广覆盖、大连接终端接入需要，增强骨干网带宽，推进5G网络在能源领域应用，充分发挥北斗系统在应急通信、高精度定位、时钟同步等方面优势，构建“有线＋无线、骨干＋接入、地面＋卫星”的一体化电力通信网络，全面覆盖、实时连接电力系统全环节基础设施，支撑终端设备泛在接入、网络资源弹性调度、云端业务智能管控。

三是推动形成共建共享的智慧能源生态。在电力系统加快建立统一物联管理平台，实现各专业、各单位终端设备的统一接入、管控和应用，统一终端和接入标准，推动电力系统感知测控的边界延伸，提升泛在连接、终端智能和边缘计算水平，促进物物连接泛在互联，推动跨专业数据同源采集和感知层资源共享共用，支撑业务即时处理和区域能源自治，通过泛在连接重塑物联生态关系。

四是以云平台建设为基础，建立统一的服务标准和资源协调机制。建设企业级一体化云平台，开展存量IT基础资源整合，提高计算能力、物联接入能力、音视频识别能力、应用构建能力，推动技术资源供需匹配，提升数字化建设的基础技术资源利用效率，支撑业务应用快速便捷上云部署。

五是强化数据中台建设，提升共性数据服务能力。以应用需求为导向，增强数据可见性，不断提升数据中台基础技术组件支撑、数据服务快速构建、实时数据计算处理和数据资产统一管理等关键能力，面向内外部合作伙伴提供数据分析和共享服务，对内重点支撑多维精益管理、供电服务指挥等应用需求，对外统一支撑综合能源服务等新型业务的创新型应用需求，提升企业智慧运营和业务创新能力。

六是拓展客户服务中台向客户端的延伸与服务。聚合能源企业营销、交易、产业、金融等板块客户、服务和渠道资源，实现多业务板块间资源共享、交叉赋能；整合不同类型客户资源信息，构建企业级统一客户业务和数据模型，规划设计客户信息维护、客户验证授权、客户分类查询等共享服务，增强中台共享服务能力；加强应用场景支撑，优化中台架构、功能及部署方式，进一步拓展共享服务新价值。

（二）以生产经营和企业管理为场景，创新推动电力产业数字化发展

紧扣生产提质、管理优化、服务提升发展方向，探索数字技术与电力系统各业务的融合点，从数据、业务、用户多角度加快融合发展，推进先进数字技术主动嵌入业务体系，实现由业务自动化向智慧化方向的转型。

一是深化数据驱动的智能规划和精准投资。深化项目动态规划设计，提升能源智能投资决策能力。优化项目优选机制，创新基于大数据的智能投资决策管理模式，有效提升电力系统的投入产出效率。进一步深化完善能源生产网上管理和网上作业，拓展智能应用，打造图数一体、在线交互、人工智能的规划可视化应用平台。

二是强化能源建设全过程数字化管控。充分利用移动应用、智能监控系统、数据智能采集等设备和手段，构建敏捷、易用、智慧的数字化现场施工动态监管体系，实现工程建设过程中各类要素信息的全程监控和高效采集。全面规范设计、采购、施工等环节数据标准以及移交流程，实现设计阶段不同设计软件之间的横向数据交互和全生命周期不同阶段各种功能应用平台之间的纵向数据贯通。

三是构建覆盖智能运检体系。打造以设备状态全景化、业务流程信息化、数据分析智能化、生产指挥集约化、运检管理精益化为特征的智能运检体系，实现信息全采集、状态全感知、业务全穿透。利用在线监测、视频图像监控、无人机、直升机、卫星遥感等多源数据，实时跟踪电力系统关键设备的运行情况。及时感知设备环境、气候环境等因素，综合考虑设备状态、设备负载、开关动作等数据，开展运维数据分析应用，准确评估设备状态，制定更有针对性的巡视和检修计划。

四是推进能源调度运行数字化提升。构建信息系统与物理系统相融合的智慧调控支撑体系。通过全系统协同控制、全过程在线决策、全方位负荷调度等，推动能源调度运行各环节及参与者实现在线互联、实时交互，推进能源与生产、生活智能化协同，实现与用户之间的资源优化配置，提升源网荷储安全稳定协调运行能力。

五是深化企业设备资产数字化管理能力。对设备资产的状态进行全景监控，建立资产画像，展示其从出厂到报废期关键信息，提升设备台账完整性、即时性和准确性。进一步细分设备资产的所有权和维护权，依托数字化技术，实时共享设备状态打造平台化、智能化的设备管理和运维柔性组织，灵活开展设备资产运维。通过智能分析应用，全面提高资产数据分析能力，提升设备资产寿命周期管理水平，充分发挥设备资产价值。探索研究“人＋设备＋人工智能＋运维管理”新模式，推进人与设备更紧密地结合，实现高复杂度精准作业任务的远程操控。

六是建设数字化决策体系。开展数据驱动的智慧决策，以管理与运营流程数据作为量化分析、智能研判、仿真推演的基本载体，实现多部门并发、协调决策，赋予企业战略决策、投资决策、经营决策和管理决策等领域的企业全面智能决策能力；打造数据驱动的企业精益管理模式，以推进数据深度共享、资源最优配置、业务高效协同等目标为抓手，实现对企业资源实时动态的精益化调配。

七是建设全面洞察客户的精准服务能力体系。拓展对智能电表非计量功能的应用，增加感知客户的数据埋点，更大范围推进客户标签库统一建设，进行客户画像，构建统一的客户全景视图，增强对客户的理解能力。充分利用互联网全天候、零距离的特点，加强服务过程中社交分享、在线互动的能力，推动更全面的客户价值识别，打造新型客户交互关系。通过全渠道满意度溯源模型，定位能源企业服务短板，测量客户期望和业务差距，完善业务流程机制，利用数据驱动客户价值分析方法，识别高价值客户、深度挖掘商业机遇，实现对客户的差异化、精益化管理，开展个性化、便捷化、极致化服务，构建基于客户特征的精准服务能力。

（三）以新业态新业务新模式为抓手，创新推动电力数字产业化发展

重点是围绕数字基础产业、能源互联网核心产品、能源工业互联网等方面提升数字产业化基础能力，推动新兴产业集群发展；围绕综合能源服务、能源金融、新零售、基础资源商业化运营及数据增值服务等，推动数字化业态创新，发展新业态、新模式，培育新动能。

一是壮大数字基础产业。抓住新基建带来的机遇窗口，加快数字产业布局，推动包括云数据中心、能源大数据中心、数据库、北斗及地理信息服务等数字基础产业集群发展，提升对政府、社会、企业等外部服务能力。

二是打造能源工业互联网平台。建设工业云网、智慧能源综合服务平台、新能源云、车联网等建设成果，打造资源广泛连接、供需对接、高效配置的能源工业互联网平台体系，提供普遍化设备接入和业务运营能力，推进能源产业链上下游信息互联互通，实现各类要素资源跨行业、跨地域、跨时空快速汇聚和高速共享。

三是推进综合能源服务。推动多能规划、协同运行、节能及充放电等先进能源技术和人工智能、大数据等先进数字技术深度融合，搭建综合能源服务平台，为工业企业、园区建筑和用能客户提供多能协同、能效管理、智慧车联网、分布式能源和储能等智慧用能服务，有效聚集综合能源服务资源，促进综合能源服务业务和业态创新发展。

四是积极推动新零售。利用能源企业营业厅等线下渠道资源和线上渠道资源，构建能源企业新零售平台，为工业、商业及居民用户提供专业的线上＋线下零售产品及服务。

五是探索推进数据增值服务。持续汇聚、整合数据资源，健全数据增值服务体系，构建统一的数据资产运营服务，形成产品研发、定价、交易、合作的商业模式，为政府、企业、客户提供高品质的数据产品服务。

六是以数据交易为牵引，盘活能源企业数据资产价值。借鉴互联网企业成熟模式，构建由“搬数据”向“搬模型”转变的交易机制，守住用户数据隐私红线，以需求为导向，引入市场决定的数据要素价格机制，客观科学评估数据资产价值，形成数据资产化运营的制度规范，为常态化运营数据、挖掘数据商业价值提供程序法则，遵循数据要素市场化配置规律，积极推进能源企业数据价值合理变现。

第三节　电源侧数智化发展路径与典型实践

从电源侧看，随着新型电力系统持续构建，以风电、光伏等为代表的新能源大规模开发和高比例并网将导致电力生产的随机性、波动性、间歇性持续提升，电力系统发电侧的设备数量持续增多，对发电侧数智化发展提出急迫需求。同时，煤电将从目前的装机和电量主体，逐步演变为调节性和保障性电源，在新型电力系统中的支撑作用更加多元。以“大云物移智链”为代表的新兴数字技术快速突破为电力系统中传统发电厂中人员和设备的交互融合，以及向智能化管控风险、精益化管理、智慧化决策的发展提供了重要技术手段。本节内容按照数字化、智能化、智慧化为发展阶段，研究提出电力系统发电侧数智化发展的基本路径，并重点剖析了华能集团、国家电网等电力企业在数智化电厂建设方面的典型实践。

一、电源侧数智化发展路径

电源侧数智化就是利用海量传感器、智能设备、电力物联网等手段实现对物理电厂的数字化升级，形成一种集成智能传感与执行、智能控制与优化、智能管理与决策等技术的具备自学习、自适应、自趋优、自恢复、自组织的智能发电运行控制管理模式，最终建成管控一体化的发电系统数字化平台。

总的来看，按照发展阶段划分，可以将电源侧数字化发展路径分为数字化电厂、智能化电厂、智慧化电厂等多个建设阶段。其中，数字化电厂阶段需要完成的是基础数据的积累，属于电厂的数据储备阶段。通过基建期的数字化移交积累原始数据，再与电厂 DCS、SIS、ERP 以及 MIS 等系统进行集成，可以打造一个数据之间存在清晰逻辑关系的庞大数据池。在数字化电厂阶段，更重要的是要做好基建期的数字化移交工作，以保证后期运行期的数据还原并可追溯。智能化电厂阶段主要是对电厂设备的智能控制，属于电厂的数据控制阶段。当拥有了足够的数据并且将数据与电厂实体对象进行关联之后，我们便可以通过收集到的数据经过系统分析，自动判断是否需要对某个诸如开关等设备进行启停等操作。这个阶段更重要的是做好数据分析判断与物联网的搭设。智慧化电厂阶段，电厂已经积累了足够的数据，并具备大量的分析判断算法积累。智慧电厂阶段，人工智能技术的自我学习能力将发挥关键作用，通过人工智能技术将大幅度提高计算机分析效率，可以更快、更准地做出判断并快速响应。

二、电源侧数智化发展典型实践

目前，国内数字化电厂的建设和应用情况来看，中国企业在电厂智能发电领域中进行了相关探索和尝试，但其应用更多地侧重于智能信息集成展示以及智能管理等层面。例如，在智能监测及控制方面，广泛开展的基于监测传感技术的智能预警、电厂自动化控制、电厂能耗监测与管理；在智能检修方面，广泛开展的电厂智能巡检、电厂智能诊断；在智能运行方面，广泛开展的数字孪生电厂的智能监测，基于大数据分析的优化运行等。

此外，随着新型电力系统加速构建，新能源持续快速发展，并主要通过转化为电能加以利用，预计 2030 年风电和太阳能发电装机规模将超过煤电，成为第一大电源。届时非化石能源占一次能源消费比重也将由 2020 年的 16%提升至 25%左右。但新能源所固有的随机性、波动性和不确定性，导致大规模、高比例并网将给电力系统的电力电量平衡、安全稳定运行等方面带来诸多风险挑战。在此背景下，数字技术的广泛应用能够实现对海量新能源设备的电气量、状态量、物理量、环境量、空间量、行为量的全方位监控，并通过大数据分析与智能决策，有效提升新能源发电出力预测精度、运行调控智能水平、运行维护能力，提高新能源并网的友好性，确保以新能源为主体的新型电力系统的安全稳定运行。同时，利用数字技术构建新能源云等工业互联网平台，还能够通过对新能源发电数据科学分析和合理利用，有效促进风电、太阳能发电等新能源发电的科学规划、合理开发、高效建设、安全运营、充分消纳。如表 9 - 5 所示。

表 9 - 5　　电源侧数智化发展典型应用方向

主要类别	典型场景	场景情况	关键指标
智能生产与现场作业管控	设备智能检修与维护	通过对锅炉、发电机、涡轮机、磨煤机等主要生产设备全过程数据的采集和分析，实现状态检修、故障诊断、预防性维护及状态检修，实现各类设备全生命周期管理，提高设备可靠性，降低运维费用，创新设备管理模式	设备故障率、故障响应时间、维护工作到位率、安全运行天数、现存缺陷数、大修工期、设备消缺率等
	智能节能减排	推进燃料全过程数据的采集、存储和应用，实现燃料全过程自动化、信息化、可视化，打造智能节能减排场景，全面了解和分析能源消耗情况，提高能源利用效率，减少能耗损失	重要节点达成率、发电量、供电标煤耗、不环保事件等

续表

主要类别	典型场景	场景情况	关键指标
数字化运营管理	全过程安全发电管控	通过对电厂安全工况、原料消耗和污染物排放、人员安全、发电设备等信息的实时掌控，打造全过程安全发电管控场景，实现对人员、环境、设备等信息的实时掌控，及时了解安全风险，构建本质安全	发电量、风机设备可利用率、弃风率、弃光率等
数字化研发设计	给予模型与数据驱动的发电工程协同设计	推进工程设计、施工现场、设备制备等信息的集成互联，利用数字化手段实现设计过程关联设计和优化设计，将设计研发、运维服务贯穿应用于发电工程全生命周期管理	重要节点达成率、项目按期完成率、项目年度资金预算偏差等

典型实践案例1：中国华能开展基于边缘计算的5G智慧电厂典型实践

目前，传统电厂存在以下三方面掣肘问题：一是人员安全管理效率低，危险区域人员违规行为处理以事后追责为主，无法事前预防；二是实时生产数据采集难，导致自动化及智能化程度低。由于现场传感器数量少，数据采集多以人工巡检为主，工作效率较低无法满足智能分析的要求；三是传统有线及无线网络应用范围受限。光纤等有线网络部署不灵活、耗资大，而4G网络及Wi-Fi带宽不足、时延高、稳定性差等。

针对以上问题，中国华能在上海石洞口第二电厂积极推进部署基于边缘计算的5G智慧电厂建设。一是“5G＋卸煤流程”推动卸煤管理智能化。电厂码头的卸船机用于燃煤接卸，传统接卸方式下司机操作规范性差，设备故障率高、安全事故多发。该场景利用5G＋高清视频监控可远程实时监控机房内钢丝绳卷筒工况，发现有异常缠绕或脱绳则自动识别并报警，及时通知相关人员处置，有效减少了因操作不当造成的事故和设备损耗。针对卸煤码头强风频发的特点，该场景利用风速监控设备采集码头风速信息，并利用5G网络将其实时回传至平台，实现自动超限预警功能，使管理人员随时随地掌握前方码头实况，提前通知司机停车避险。同时，该场景在卸船机锚定装置加装5G监控摄像头，操作人员借助监控算法与预警画面进行错定锁定，提升错定效率和避险速度。二是“5G＋输煤流程”实现输煤安全化、智能化。输煤流程指通过多条皮带将煤炭运输至厂内煤场储存，再由煤场转运至各锅炉使用。该场景将5G工业相机和机器学习算法相结合形成自动识别系统，可识别15条高风险皮带的跑偏、溢煤、撕裂等故障情况，并及时发出警报。此外，该场景采用5G＋LoRA物联网无线感知温振测点和5G输煤廊道机器人自动巡检的解决方案，解决皮带沿线巡检环境恶劣、人工巡检效率低、安全风险大等痛点。三是“5G＋验煤流程”提升煤质采样化验准确性。验煤流程指从煤料中取样化验的过程，确保煤质化验数据准确，为燃料配比提供依据。该场景利用5G摄像头采集取样车运行状态视频，并借助5G网络大带宽特性将视频信息实时传输至中控室，结合机器学习算法实现车辆进入异常路线或人员异常动作的自动报警。四是“5G+发电设备信息采集”助力设备预测性维护。发电过程是煤炭经过研磨，喷到锅炉中燃烧，将水变成高温高压蒸汽，带动汽轮机和发电机旋转做功，产生电力。该场景利用振动、温度、电流电压、压力等监测仪采集辅机参数信息，并通过5G网络传输至云平台，平台用智能算法进行频谱分析，实时监测辅机设备的健康状况，制定状态检修策略有效降低检修成本，提高设备可靠性。

通过基于边缘计算的5G智慧电厂建设，上海石洞口第二电厂实现燃煤电厂两类主流煤场堆取料机全部无人值守“云监工”，应用5G助力设备自动化平稳化运行，故障维修成本可节省100余万元/a。此外精确堆取后燃煤耗用量1.5万t/a，占比约0.3%，节约燃料费用600余万元/a，助力节能减排。

典型实践案例2：中国华能开展基于5G+智慧光伏电站建设典型实践

目前，大型光伏电站建设运营存在以下两方面掣肘问题：一是山地光伏区域分散、地块跨度大、地形复杂运维难，少人化甚至无人化管理需求迫切；二是电厂对网络安全要求高。传统无线通信无法满足安全隔离要求。

为解决上述痛点，中国华能元谋物茂光伏电站联合云南移动、中移物联、华为等单位探索5G智能化应用，助力电站提升智能化运维管理水平。一是“5G+逆变器无线采集”提升光伏组串故障识别精度。通过5G监控系统下发IV诊断指令至逆变器，逆变器接收到IV扫描指令后，单路组串电压回到开路电压。逆变器从开路电压一直扫描到最低电压，并根据IV曲线变化趋势，判定故障位置或完成定期体检任务。该场景打破传统有线数据传输方式，采用5G电力虚拟专网实现工控系统数据传输，在保障数据安全性的同时，为5G技术在工业控制系统上的安全性应用作试点验证。二是“5G+设备状态感知”实现电厂精益化运营。利用传感器实时采集变压器运行状态数据，通过5G网络将电力设备的在线综合状态数据上传至监测平台基于数据模型对获得的数据进行整理和分析，并对设备的健康状态进行评估、诊断和预测，支撑开展精益运维故障预测、智能改造及资产管理等多类高级应用，助力构建完善的电力设备全生命周期管理体系。三是“5G+一体化管理平台”助力便捷化管控。智能一体化管理平台是物茂5G智慧光伏电站顶层管理平台，集成各项智慧化业务系统，如逆变器IV智能诊断光伏区低空自动巡检、升压站自动巡检机器人、光伏板清洁机器人、安防综合管理平台等，打破电厂各业务系统的信息孤岛，对多业务系统进行一体化管理，满足不同工作人员的数字化工作需求。

典型实践案例 3：国家电网公司新能源云平台建设典型实践

国家电网公司推动新一代数字技术与新能源全产业链业务融合，基于云计算、大数据等先进技术，创新构建新能源云，聚合全数据要素和全渠道资源，打造新能源数字经济平台，建立新能源开放服务体系，提供新能源业务规划选址、线上并网、补贴申报、运行监测、消纳分析、智能运维、金融服务、信息咨询一站式全环节线上服务。截至 2022 年年末，新能源云已在国家电网经营区域内 27 个省级电力公司应用，接入新能源场站超过 350 万座、装机容量 4.6 亿 kW。

新能源云平台依托数字技术典型实践及成效主要包括：一是信息分析和咨询服务。建成国内最大的新能源运行监测服务平台，归集新能源发、输、用、储全过程数据和信息，助力新能源场站“无人值班、少人值守”，服务设备智能制造、智能运维、全生命周期管理。二是全景规划布局和建站选址服务。提供全国范围风能、太阳能全时域资源数据，以及未来电力气象预报信息，研究不同地区风光资源开发潜力，提出开发规模和布局建议，为政府部门编制规划提供参考，服务新能源发电企业建站选址。三是全流程一站式接网服务。统一新能源接网管理标准，业务环节实现大幅压减，项目业主通过手机 App 或 PC 客户端实现业务网上办、进度线上查，服务便捷高效、公开透明。四是全域消纳能力计算和发布服务。发挥国家电网海量数据资源优势，构建新能源消纳能力计算模型，实现在线计算和评估，计算结果经能源主管部门授权后向社会公布，支撑政府确定新能源年度建设规模，引导科学开发、合理布局。五是补贴申报全流程一站式服务。提供可再生能源补贴项目线上申报、审核、变更、公示、公布全流程一站式服务，加快项目补贴确权，增强企业投资信心。

典型实践案例 4：国网青海公司绿电感知平台建设典型实践

国网青海省电力公司顺应能源革命与数字革命相融并进的大趋势，自主研发了“绿电感知平台”面向全省用电客户提供绿色能源感知服务。绿电感知平台，采用“互联网＋绿电”建设理念，依托全省发电厂和电网节点的实时电能数据，充分融合电网数字化建设成效与区块链、云计算、移动互联网等新型信息技术，首创基于 CART 剪枝算法的全网用能结构溯源技术，实现全省清洁能源生产、传输、消费全链条的动态感知，使全省电力用户能够实时查询自身用电成分，了解在清洁能源消纳、节能减排中做出的贡献，深度参与绿电活动，感知绿色发展。

绿电感知平台有效支撑了政府部门在线掌握清洁能源态势，应用云计算、大数据分析等组件，实时在线获取涵盖生产、传输、消费三个环节以及发电、电网、用户三类主体的相关数据，凝练绿电指标体系，实现线上计算评价和实时动态发布，社会各界可通过平台实时了解地区绿色电力发展整体情况。通过提炼全省用能指标，开展全省电能总体结构、全省行业用电结构等分析，为政府制定清洁能源行业发展政策，提供有效的大数据决策研判依据。绿电感知平台有序推进了发用电企业在线感知清洁能源，通过融合发电、输电、配电、用电整条能源链各节点数据，构建电网一张图，使发电企业在线感知电能消纳情况和全省经济贡献度，对企业决策未来投资方向、调整产业布局等提供辅助参考，推动各类清洁能源开发利用方式的共同发展。通过在线展示用电企业消耗的电能成分和清洁能源用电贡献度，提升企业对清洁能源的感知度，从而降低企业运营成本，传递绿色能源理念，为建设环境友好型、资源节约型企业提供支撑，彰显企业的社会责任感。

典型实践案例5：国网冀北虚拟电厂建设典型实践

国网冀北电力成功打造了调峰型虚拟电厂，创新建立虚拟电厂市场化运营机制和商业模式，拓展了用户服务的新业务和盈利模式，释放了能源经济在用户侧的新动能。

一是建设开放平台。冀北虚拟电厂基于“云管边端”工业物联网技术架构，融合应用能源技术、现代信息和智能化技术，建成了虚拟电厂智能管控平台，研发了用户画像、智能聚合、云边互动、多能优化、市场交易、迭代评估等应用功能，提供了能源侧消费新体验和新服务。二是创新机制模式，协助国家能源局、华北能监局出台首个虚拟电厂参与调峰市场机制，以市场化方式保障虚拟电厂可持续发展。冀北虚拟电厂实时响应电网调度指令，在电网晚高峰时期将用电后延，到后夜风电大发、电网低谷调峰困难时期，拉升低谷用电负荷，有效促进了新能源消纳。电力用户、虚拟电厂运营商等新兴市场主体，通过分散资源市场交易服务平台，享受便捷快速低成本接入、智慧聚合和用能优化服务，参与新能源调峰辅助服务市场，直接获得调节收益，提升了社会广泛参与的积极性。

冀北公司结合区域资源禀赋，成功建成全国首个经国家能源局批复以市场化方式运营的虚拟电厂示范工程，参与华北调峰市场商业运营，有力促进了新能源消纳，显著降低了用户用能成本，初步形成能源互联网示范样板。冀北虚拟电厂工程建设和投运以来，受到了社会各界广泛关注。冀北虚拟电厂起到了市场、技术领先作用，具备良好的推广应用价值。

一是提升电网灵活调控能力，有力促进新能源消纳。虚拟电厂促进了电力系统需求与社会用能需求的深度融合，针对具有“用电时间有弹性、用电行为可引导、用电规律可预测”特性的负荷侧资源，将用户无序、随机用电引导为有序、可调用电，实现“荷随源动、荷随网动”，提升了电网灵活调控能力，有力促进新能源消纳。

二是实现了用户实时互动参与，进一步降低用能成本。使用户在用电的同时向电网提供服务，并通过移动App实时监测到自身的用电负荷情况，转变了其能源消费者的单一角色，提供了便捷参与的技术手段、市场化参与的渠道和可持续的商业模式，用市场价格信号引导用户进行负荷调节，进一步降低用户用能成本。

三是有效感知、智慧聚合和柔性控制分布式可调资源，有效提升电网安全稳定运行水平。依托虚拟电厂智能管控平台，虚拟电厂实现了对资源的有效感知、智慧聚合和柔性控制，纳入电网实时平衡，提高资源的可观性和可控性，有效提升电网安全稳定运行水平。

四是降低尖峰负荷，减少电源、电网的投资和建设。以夏季空调负荷为例，冀北电网夏季空调最大负荷约600万kW，10%空调负荷通过虚拟电厂进行实时削峰响应，相当于少建一座60万kW传统电厂，节约电源投资30亿元。同时，虚拟电厂可实现台区智慧能源管理，节约配网新建投资，提升存量配网运行效率。

第四节　电网侧数智化发展路径与典型实践

从电网侧看，随着新型电力系统持续构建，交直流混联大电网将仍然是能源资源优化配置的主导力量，有源主动配电网成为微电网重要发展方向，微电网、分布式能源系统、电网侧储能、局部直流电网等将快速发展，与大电网互通互济、协调运行。电网连接电厂和用户，是电力系统数智化发展的核心枢纽平台。推动电网数智化发展需要建立覆盖能源开发利用各环节及相关社会活动的信息采集、传输、处理、存储、控制的数字化智能化系统，并以互联网技术为手段提升整个电力系统的资源配置、安全保障和智能互动能力。本节以电网侧数智化发展为研究重点，从电网运营、价值创造、客户服务等方面提出了电网侧数智化发展的基本思路和路径，并以智能运检、运行调度和市场运行为典型场景，研究

分析了国家电网公司和南方电网公司在数智化发展方面的典型实践。

一、电网侧数智化发展路径

随着中国节能减排降耗力度不断加大，能源综合利用效率逐步提升。预计2030年单位GDP能耗将降至2020年的63%。电网连接能源生产和消费，作为能源转换利用和输送配置的枢纽平台，在促进各类能源互通互济、高效配置、综合利用等方面的作用日益凸显。数字技术的广泛应用，一方面能够助力电力系统实现“源网荷储”各个要素可观、可测、可控，有效提升电力系统运行整体效能；另一方面，也能够发挥能源数据要素的放大、叠加、倍增效应，支撑电网向能源互联网升级，实现电热冷气氢的多能互补和高效利用。

总的来看，电网侧数智化转型的总的路径是，构建数字化驱动的电网企业智慧运营体系和创新赋能平台，形成全要素、多业务、高效益的数字化深度发展格局，推动电网企业实现电网运营方式、价值创造模式、对外服务模式等方面的转型升级。其中，电网运营方式实现由“业务驱动型”向“数据驱动型”转型，价值创造模式实现由“电力产品生产服务型”向“能源价值综合服务型”转型，基层赋能方式实现由“经验传承型”向“智慧赋能型”转型，对外服务模式实现由“需求适应型”向“需求引领型”转型。

二、电网侧数智化发展典型实践

目前，中国在电网数字化转型升级方面开展了较为丰富的典型实践，尤其涉及电网运行相关业务，数据采集、传输、处理能力较强，具备较好的数据应用条件：电网运行方面，数据采集系统成熟，数据采集密度和准确性较高，数据与业务融合水平较高；设备管理方面，推进实物ID建设，设备数据采集能力和感知能力显著提升；基础设施方面，信息系统整体运行可靠，云平台、数据中台、物联管理平台等方面已相继加快建设。如表9-6所示。

表9-6　电网侧数智化发展典型应用方向

主要类别	典型场景	场景情况	关键指标
智能生产与现场作业管控	电网全景运营实时监测。预警和预判	推进运营监测中心、电力调度控制中心、运维检修等部门（机构）数据的集成贯通，打通电网全景实时运营预警、场景预判，实现对电网的全面监测、运营分析、协调控制、全景展示和预警管理，为公司运营决策提供决策支撑	用电信息采集覆盖率、电网可靠率、新能源发电功率预测准确率、负荷预测准确率等
	给予大数据分析的设备运维检修决策	通过全面集成贯通输变电状态等多源数据，实现设备状态分析、风险预警、故障研判、绩效评估等，实现多源信息可视化管理、远程会上、运检策略优化管理等	用户平均停电时间、输变电系统故障停运平均恢复时间、设备平均退役年限、系统预警发布准确率等

续表

主要类别	典型场景	场景情况	关键指标
数字化运营管理	新能源消纳	推进源网荷储协调互动，提升电力系统运行灵活性，推进经营管理全过程实施感知、可视可控，打造电网新能源高效消纳场景，挖掘新能源消纳空间	风电机组信息接入覆盖率、光伏发电信息接入覆盖率、弃风率、弃光率等
	电网一体化调度运行	集中电网运行组织、感知、决策、执行等环节，打造电网一体化高效调度运行场景，实现在线安全分析评估、自动告警、辅助决策、和风险防控，提升调度智能化水平	用电信息采集覆盖率、遥控动作正确率、数据接入完成率、发电功率预测准确率等
快速响应	给予营配调贯通的快速响应服务	推进营销、运检、调控数据全面贯通，打造给予营配调贯通的快速响应服务，实现配网规划、降损管理、电能质量治理、故障定位、停电分析、业扩报装等，为客户提供差异化、专业化服务	客服工单回复及时率、故障报修平均修复时间等
创新服务	精准费控与敏捷响应的营销服务	推进营销、用电、终端智能设备的贯通，打造精准费控和敏捷相应的营销服务场景，实现用户类型分析、实施电费测算，与用户实现实时互动，提升用户满意度	电压合格率、消缺率等

在智能运检领域，打造以设备状态全景化、业务流程信息化、数据分析智能化、生产指挥集约化、运检管理精益化为特征的输变配电智能运检体系。在输电系统方面，通过在输电线路上部署无线智能温湿度、加速度、风速传感在高压杆塔上设置倾斜传感器，采集导线温度、舞动、微风振动、风偏、覆杆塔倾角等数据，通过部署多个传感器节点组成带状传感网，以多跳中继的信方式将信息传输到含无线通信模块的汇聚节点，再通过通信网络，将信息传送到监测中心。在变电系统方面，通过对变电换流设备布设智能传感器，采集油中气含量、局部放电电流、微水含量等状态信息，节点信息经网络传输后，可利用电力光纤网或电力线载波等方式，将信息传送到变电换流站监测中心；监测中心根据采集到的设备监测信息和基础信息，充分挖掘和集成，进行状态评估，故障预测及演绎、故障诊断等高级应用分析，并及时向检修班组和相应人员通知异常情况。

典型实践案例6：国网安徽电力智能运检典型实践

国网安徽省电力有限公司及国网安徽省电力有限公司检修分公司深化物联网技术在输电运检领域融合应用，构建设备状态全面感知、运检数据全息互联和全业务智能管控的输电全景智慧管理模式。

一是推动各类智能传感装置持续推广、管理不断规范，实现对输电线路本体、通道环境状态的全面感知和运行数据的实时采集。

二是综合应用自组网技术、北斗技术等信息通信新技术，提高信息传输和处理效率，支撑输电运检业务数据全息互联。

三是搭建统一智慧管控平台，加快输电信息融合共享，实现输电巡视检测、监测感知、专业管理等场景线上运行，开展数字化班组建设，推进输电专业“集中监控+立体巡检”运检新模式。

四是建立健全“机器代人”管理制度体系，持续扩大无人机等智能巡检装备的应用范围，逐步实现输电线路巡视无人化。五是提高现场作业智能辅助水平，实现带电作业方案智能优化作业全过程动态防护、实时交互和远程指挥，推动输电检修智慧化。六是加强输电运检海量数据的融合分析和深度挖掘，支撑线路风险隐患主动预警和故障快速处置，提升供电服务保障能力，保障电网安全稳定运行。

典型实践案例7：南方电网公司以数据要素推动输电业务模式变革典型实践

南方电网公司数字输电建设重点开展了三维数字化通道建设、无人机自主巡检、智能终端应用等技术创新引领，全面升级生产域业务支撑平台，以数据要素实现业务管理模式变革。基本建立了“无人机和智能监测为主，直升机为辅，人巡补充”的输电线路巡检模式，实现了传统人巡为主向自动机巡为主转变、无人机人工操作向自动巡检转变，推进缺陷人工分析向智能识别转变，大幅提升巡视质量和效率构建融合气象信息、卫星遥感、监测数据、设备信息、巡视信息等多源信息的输电线路灾害风险感知体系，建成防灾减灾监测预警系统，实现台风、覆冰、山火等灾害监测预警地市局试点建立数据分析、监控预警等工作。

在运行调度领域，中国电网企业突出精准把握电网运行机理、持续推进电网协同控制、大力强化技术装备建设、全面提升调控管理水平四个重点，充分依托新一代电力调度自动化系统，构建信息系统与物理系统相融合的智慧调控支撑体系，通过全系统协同控制、全过程在线决策、全方位负荷调度等，推动电网调度运行各环节及参与者实现在线互联、实时交互，推进能源与生产、生活智能化协同，实现电源、电网与用户之间的资源优化配置，提升“源网荷储”安全稳定协调运行能力。

典型实践案例8：国网浙江电力公司开展5G高弹性电网建设典型实践

在“碳达峰、碳中和”目标的驱动下，因海量分布式终端点多面广，且控制类业务对网络安全可靠性要求极高，亟须通过稳定可靠的通信连接挖掘负荷侧调节资源。

浙江电力积极构建5G省域虚拟专网，一是通过“5G＋源网荷储”实现杭州泛亚运区域能源互联示范。以亚运主场馆为核心的泛亚运区域打造了具备高安全、大带宽、低时延、海量连接能力的5G电力虚拟专网，满足了电力系统“源网荷储”全环节电力无线终端的通信需求，实现了能源的高效互联。同时，该场景基于5G网络部署了超1000套5G电力终端，实现了分布式新能源和配电网的可观可测可调。二是通过“5G＋负荷设备接入”助力宁波用户侧源荷储全要素可观可调。借助5G技术为负荷设备接入提供更安全稳定的网络连接能力。目前宁波前湾和北公园区对百余套采集对象实现全要素感知，采控终端通过本地5G边缘代理连接，将用户侧源、荷、储如光伏、储能、充电桩等资源数据汇聚上报云端主站系统，实现智能感知和管理。此外，基于电网负荷情况，宁波公司通过5G专网与5G负荷控制终端对签约用户按策略停电管理，保障电网稳定运行。三是通过“5G＋配电自动化运维”衢州智能开关控制指令实时可靠下发。为解决光纤接入成本高，4G接入稳定性不足、安全性较差等问题浙江衢州供电公司利用5G网络为配网智能开关提供了更加稳定可靠便捷的接入方式，实现配调主站遥控指令的实时可靠下发。

典型实践案例9：南方电网建设深圳现代化超大城市数字电网示范的典型实践

一是建设数字电网“一张网”。基于“全面可观、精确可测、高度可控”的新型电力系统数字孪生，推动电网数字化智能化升级，提高生产效率、降低作业风险。打造“视频＋无人机＋人工智能”的数字输电管理模式，规模化应用智能视频4200余套，自主研发5大典型场景28类人工智能算法，输电巡视、隐患排查和缺陷诊断全流程上云，巡检综合效率提升11倍，成为国内首个全面跨入视频智能巡视时代的城市。打造基于IPV6智能专网的“AI＋远程巡视”数字变电管理模式，海量终端数据传输能力达10G/s，实现深圳全域变电站设备状态实时感知和巡视业务远程替代，大幅提升设备操作和运维效率。打造出全国自动化程度最高的自愈型配电网，故障平均停电时间由2h降低至110s，客户平均停电时间降低至10min。全面升级调度“一控到底”技术，率先通过OCS系统双位置遥信＋视频监视系统，解决刀闸位置远方“双确认”难题，运行人员现场操作节约用时98.2％。

二是实现可控负荷精准调控。联合深圳市政府成立国内首个虚拟电厂管理中心，建成国内直控资源最多、接入负荷类型最全、数据采集密度最高、应用场景最丰富的虚拟电厂管理云平台。积极构建虚拟电厂产业生态，已培育虚拟电厂运营商78家，可控负荷资源涵盖电动汽车充电桩、建筑楼宇、工业园区、储能系统等多种类型。截至2023年6月，平台接入可控负荷规模超过210万kW，实时最大可调节能力约38万kW，累计开展13次精准响应，调节电量约13.5万kW·h，树立了全国超大型城市源荷互动标杆。

三是联合政府打造城市“双碳大脑”。联合深圳市政府共建“双碳大脑”平台，建立碳监测、碳全景、碳管理、碳普惠服务体系，重点服务工业、建筑、居民生活等领域碳管理，为企业量身打造移动电碳查产品，发布全国首个居民低碳用电碳普惠应用。截至2023年6月，平台已接入2000多个工业园区、6万余家企业、4万栋建筑数据，超80万居民家庭开通碳账户，居民应用累计减碳超2万吨。

在电力市场领域，中国相关机构加快建设电力交易平台，广泛接入“源网荷储”等各类市场主体，实现省间及省内、中长期及现货、批发及零售等各类交易业务线上运作，积极打造电力市场信息披露平台，依托数字技术，集成对外数据接口，支持市场主体通过系统对接方式批量获取数据，实现信息披露智能化、自动化。通过为市场主体提供及时、准确、范围更广、频度更高、颗粒更细的电力市场信息，促进市场主体提高交易决策水平，保障市场主体合法权益，为建立市场化、高透明度、高效率的电力市场提供有力支撑。

以电力区块链技术为例，充分利用区块链技术分布式高冗余存储、时序数据难篡改伪造，去中心化信用高的特点，绿色电力交易平台采用区块链技术，全面记录绿电生产、交易、传输、消费、结算等各个环节信息，充分发挥区块链多点共识、防篡改、可溯源等特性，实现绿电交易全流程可信溯源，提高绿电消费认证的权威性。

典型实践案例10：国家电网公司基于区块链可再生能源电力消纳凭证交易平台典型实践

国家电网公司经过四年的探索实践，建成国内最大能源区块链公共服——“国网链”，打造了基于区块链的可再生能源电力消纳凭证交易服务平台。一方面，建设区块链身份认证体系，通过区块链密钥生成机制，背书市场主体身份和公钥的绑定关系，替代现有的第三方数字证书认证方式，大幅节约认证成本，优化营商环境，提升了可再生能源电力消纳市场化效率。另一方面基于智能合约技术，实现消纳账户管理、凭证电子签名核发、凭证交易、交易记账等核心业务链上运作，实现可再生能源消纳交易数据全过程溯源可查，助力政府有效监管。该系统在推动能源消费和供给结构升级方面价值显著，通过构建发电、输电、用电企业等多元主体的区块链交易体系。一方面应用区块链智能合约首次实现链上交易，将可再生能源消纳凭证交易申报、出清全部通过调用智能合约完成，实现全业务链上运作，保障交易透明、可信、高效。另一方面，应用区块链电子签名核发消纳凭证，包含电量原产地、消纳地、消纳主体、消纳时间、消纳电量等信息，实现可再生能源电力消纳全生命周期溯源管理，实现数据确权共享，充分激发供需两侧潜力，推动绿色能源发展。

第五节　用户侧数智化发展路径与典型实践

从用户侧看，随着新型电力系统持续构建，分布式电源、电动汽车等柔性负荷，以及多元储能等交互式能源设施快速发展，很多用户侧市场主体兼具了发电和用电双重属性，既是电能消费者也是电能生产者，成为产消合一者。与此同时，各种新型用能形式不断涌现，终端负荷特性由传统的刚性、纯消费型，向柔性、生产与消费兼具型转变，网荷互动需求和需求侧响应能力将不断提升，需要数字化技术赋能，提升电力系统用户侧的能量和信息双向友好互动能力。本节以电力系统用户侧为主要研究对象，研究分析了电力系统用户侧数智化发展路径，分析了国家电网公司和南方电网公司在提升规模化分布式能源、微网自适应并网和柔性负荷互动水平方面的典型实践，并分析了 Opower 公司利用数字化技术创新用户侧商业模式的相关探索。

一、用户侧数智化发展路径

电能是清洁、高效的二次能源，在工业交通等不同领域和生产生活各个方面电能替代化石能源的广度深度将持续扩大。预计 2030 年中国电能占终端能源消费比重将由 2020 年的 27%提升至 35%以上，逐步成为终端能源消费的主要品种。与此同时，电力用户是能源生态系统的重要支撑，分布式发电、储能、微电网、电动汽车等设备广泛大量接入电网，电力用户用能需求也已经呈现出多元化、智能化、互动化发展趋势。数字技术的广泛应用，能够实现终端用户数据的广泛交互、充分共享和价值挖掘，提升终端用能状态的全面感知和智慧互动能力，支撑各类用能设施高效便捷接入，保障各类市场主体的互动与灵活交易，从而满足各类客户个性化、多元化、互动化用能需求。

用户侧数智化发展路径，主要是依托智能终端、网络平台、充电桩等新型数字基础设施，推动多能规划、协同运行、节能及充放电等先进能源技术和人工智能、大数据等先进信息技术深度融合，搭建综合能源服务平台，为工业企业、园区建筑和用能客户提供多能协同、能效管理、智慧车联网、分布式能源和储能等智慧用能服务，有效聚集综合能源服务资源，促进综合能源服务业务和业态创新发展，从单一的供电业务向综合能源服务、增值业务等多种业务转变。

二、用户侧数智化发展典型实践

数字化赋能的核心是“降低成本、提升效率”。数字技术驱动电力系统产业链上下游企业实现更大范围的数据资产共享和复用，帮助电力系统产业链整体实现降本增效，提升中国电力系统产业国际竞争力。作为数字化助力电力系统降本提效的典型案例，综合电力服务整合了电力系统供应端和需求侧，以智慧能效管理云平台为核心，通过多能互补的冷热电三联供、分布式光伏及储能微网、工业余热余压利用等形式，有效提高电力系统综合利用效率，降低用能成本。

典型实践案例 11：Opower 提供能源解决方案和用能管理服务典型实践

Opower 公司成立于 2007 年，是一家美国能源数据专业分析公司，是全球领先的家庭能源管理企业。公司基于用能数据的分析，为公用事业提供能源解决方案，为家庭提供用能管理服务，让用户获得直观的节能体验。

一是提供个性化的账单服务，创新公司商业模式。一方面，Opower 公司通过直观、感性的方式向用户呈现账单，增加用户的亲切感，同时注重用户体验，以柱状图等形式对用户家中制冷、采暖、基础负荷、其他各类用能等用电情况进行分类列示，并与用户的邻里进行比较，还根据用户的用能情况，在账单或报告上印上“笑脸”或“愁容”的图标。另一方面，当用户用电出现异常时，公司提供主动报警服务。当客户收到账单后，立刻能够在账单上查明有针对性的用能提示。同时，账单中还有鼓励或是预警的提示，并附有用能解决的方案。此外，Opower 在不采用其他硬件设施、不依靠动态电价的情况下，仅通过软件系统及与用户的沟通，实施需求响应，降低高峰时段的负荷峰值。

二是基于大数据与云平台，提供个性化节能方案。云平台以及数据整合能力是 Opower 公司可持续发展的关键。Opower 公司的内核就是开发云平台为公用事业公司整合用户能耗数据，据此向用户提供定制化的用能管理以及节能建议。Opower 基于可扩展的 Hadoop 大数据分析平台搭建其家庭能耗数据分析平台，通过云计算技术，实现对用户各类用电及相关信息的分析，建立每个家庭的能耗档案，并在与用户邻里进行比较的基础上，形成用户个性化的节能建议。这种邻里能耗比较，充分借鉴了行为科学相关理论，在电力账单引入社交元素，为用户提供了直观、冲击感较强的节能动力。

三是构建各方共赢的商业模式。Opower是一家公用事业云计算软件提供商，其运营模式并不是B2C模式，而是B2B模式。电力企业选择Opower，购买相关软件，并免费提供给其用户使用。Opower为用户提供个性化节能建议，同时也为公用电力公司提供了需求侧数据，帮助电力公司分析用户电力消费行为，为电力公司改善营销服务提供决策依据等。

典型实践案例12：东京电力依托数字技术发展综合能源服务典型实践

为了积极应对电力、燃气市场体制全面自由化等外部经营环境变化所带来的挑战，东京电力公司在持续扩大传统能源服务的基础上，深度融合数字化技术的发展进步，努力挖掘客户用电潜力，提供多种电力能源产品及新型能源服务，努力转型为全球领先的能源企业。

一是利用信息化技术支撑战略转型，打造“四位一体”综合能源服务业务体系。东京电力公司深刻洞悉能源行业从提供能源产品供应向能源服务供应转型趋势，逐步开始从单一服务向综合服务不断转变。为支撑经营战略调整需求和综合能源服务商战略定位需要，东京电力充分利用信息化技术手段，搭建了由输配电平台、基础设施平台、能源平台、数据平台构成的“四位一体”的信息系统平台，全力支撑其综合能源服务业务发展，为东京电力从产品型企业向平台型企业转变提供基础性支撑。

二是制定差异化、个性化的服务策略，积极推进“能源+”先进业态。针对工商业客户，东京电力认为工商业客户的需求将主要稳定在能量层面，将需求归纳为节能、减排、高可靠性、减少初期投资成本等四类，优化大用户能源消费方案，实行优惠电价等措施，根据不同客户对于节能、减排、高可靠性、降低初期投资等不同需求，给出具有针对性的专门服务方案，提供“一站式”综合能源服务体验。针对居民客户，实行“电气化住宅+个性化价格套餐+增值服务”等多种方案自由组合，尽量满足其舒适、环保、安全、经济的个性化用能需求。

三是打破行业壁垒，广泛开展产业链上下游战略合作。为了快速补齐综合能源服务的业务短板，尤其是现代信息通信技术短板，东京电力公司主动打破传统电力事业垄断型的组织形式，积极开展横向联合，积极联合网络、设计、通信、汽车、保险等行业的服务商，高效利用“个性化电费方案+企业联盟营销＋客户需求响应＋增值服务扩充”的营销策略，形成一系列特色子品牌，并结合有竞争力的电价套餐和高品质服务，逐步推出清洁微网、用能监控、节能降耗、智慧家庭等套餐服务，打造综合能源服务商业生态系统。

典型实践案例13：南方电网公司用电数字化服务典型实践

南方电网公司以数字化技术为核心驱动力的需求侧管理平台，实现数据全采集和传输，将数据信息化并进行有机互联、融合，基于电网数字孪生平台建设现代供电服务体系，构建满足用户多元需求的用电用能产品体系。

一是建设现代供电服务体系，打造数字化需求侧管理平台。打造以数字化技术为核心驱动力的需求侧管理平台，通过物联网关，接入传感设备，实现数据全采集，再依托全域物联网平台实现与网关的双向数据传输，将数据信息化并进行有机互联、融合，面向不同应用场景，实现各类高级应用功能。

二是智慧电力应用服务客户多元需求。让“数据多跑路，群众少跑腿”，服务客户多元需求。依托数字孪生电网数据服务，提供“专业化、定制化服务”，支撑现代供电服务体系建设。构建电力指数体系，推出电力指数、营销客服应用，精细化反映社会用电趋势，为公司及政府相关决策提供参考。

三是智慧园区能效服务业务不断拓展。在企业信息化及自动化产生的大量数据基础上，运用大数据分析技术，及时发现生产运营瓶颈，并通过能源计划、监控、统计、消费分析、重点能耗设备管理、能源计量设备管理等多种手段，使企业管理者对企业的能源成本比重，发展趋势有准确的掌握，并将企业的能源消费计划任务分解，使节能工作责任明确。

四是创新用户侧“双碳”服务产品。基于“双碳”目标场景，综合运用云平台、物联网、大数据等信息及通信技术，打造能耗数据基于“双碳”汇聚通道、挖掘多维度、深层次数据价值，在充分考虑政府及管理部门能源管理、企业提效降耗、居民低碳生活等各方面核心需求的基础上，完成“双碳”服务产品与关键技术研究，努力打造符合国家战略、具有市场生命力和广泛社会影响力的“双碳”用电服务新模式。

五是建设电动汽车充换电“一张网”。面向电动汽车充电需求，依托海南省资源优势，组建充换电“一张网”服务平台，实现了海南充换电基础设施“统一布局、统一规划、统一建设、统一运营”和“一个App畅行全省”，系统解决了电动汽车找桩难、充电桩利用率低、充电软件互不通用、支付方式不统一、政府监管困难等问题。试点开展充换电站100%绿电供应，上线虚拟电厂、绿电交易等增值业务，探索产业链上下游企业开放合作生态。截至2023年6月，海南电动汽车充电服务商已100%接入平台，注册用户超过22万，累计充电量达到8.5亿kW·h。

典型实践案例14：国家电网智慧车联网平台建设典型实践

2015年以来，国家电网积极开展“互联网+”充换电服务应用，采用大数据、云计算、物联网、移动互联网等新技术，建成车联网智能服务平台，为电动汽车用户提供优质的充电和出行服务。

一是建成领先智慧车联网平台。深化应用“大云物移智”等新技术，按照“大平台+微服务”思路，依托国家电网公共服务云，全面采用互联网技术架构，构建面向应用敏捷开发的多个共享能力中心，构建满足多租户应用模式的多个业务应用群及能力开放平台。截至目前，智慧车联网平台已经成为标准规范、技术领先、接入充电桩数量最多、覆盖范围最广、客户数最多、功率最大的电动汽车综合服务平台。

二是积极推进充电设施互联互通。加强对外交流合作，与普天新能源、特来电、星星充电等多家社会充电运营商互联互通，实现不同运营商充电设备位置、设备参数、服务价格等基础信息和充电设施实时状态信息共享。截至目前，智慧车联网平台累计接入充电桩130万个，初步形成了互联互通的全国一张网格局。

三是构建充电设施监控运维体系。发挥属地支撑运维优势，依托95598全国统一服务电话，对平台接入充电桩建立全国—省—地市—站—桩五级实时监控和运维抢修体系。采用大数据挖掘和可视化展示技术，实现充电状态、运维检修、客户服务情况的7×24h实时监控。强化线上线下协同，全面做好运维检修。

四是加强运营数据统计分析。依托车联网平台，应用大数据技术，开展充电设施分布、客户充电行为、设备故障类型、充电负荷特性等多维度分析，积极拓展增值服务。优化充电设施建设布局，通过充电设施分布热力图、使用热力图，优化设施规划和建设计划，提升设施利用效率。积极引导用户低谷充电，统计分析充电负荷时空分布特性，推动引导电动汽车低谷充电、高峰放电，实现削峰填谷，促进新能源消纳。

参考文献

[1] 陈宋宋，李德智．中美需求响应发展状态比较及分析［J］．电力需求侧管理，2019，21（3）：73-76，80．

[2] 程春田．碳中和下的水电角色重塑及其关键问题［J］．电力系统自动化，2021，45（16）：29-36．

[3] 单葆国，冀星沛，姚力，等．能源高质量发展下中国电力供需格局演变趋势［J］．中国电力，2021，54（11）：1-9，18．

[4] 高赐威，陈曦寒，陈江华，等．我国电力需求响应的措施与应用方法［J］．电力需求侧管理，2013，15（1）：1-4，6．

[5] 工业和信息化部产业发展促进中心．新型电力系统技术研究报告［R］．2022．

[6] 国家发展改革委，国家能源局．关于提升电力系统调节能力的指导意见［EB/OL］．［2018-2-28］．https：//www.ndrc.gov.cn/xxgk/zcfb/tz/201803/t20180323_962694.html.

[7] 国家发展改革委关于抽水蓄能电站容量电价及有关事项的通知［EB/OL］．［2023-05-15］．https：//www.ndrc.gov.cn/xwdt/tzgg/202305/t20230515_1355745_ext.html.

[8] 国家发展改革委关于进一步完善抽水蓄能价格形成机制的意见［EB/OL］．［2021-05-07］．https：//www.ndrc.gov.cn/xxgk/zcfb/tz/202105/t20210507_1279341.html.

[9] 国家能源局．抽水蓄能中长期发展规划（2021—2035年）［EB/OL］．［2021-09-09］．https：//www.nea.gov.cn/2021-09/09/c_1310177087.htm.

[10] 国家能源局．关于加强新型电力系统稳定工作的指导意见（征求意见稿）［EB/OL］．［2023-04-24］．http：//www.nea.gov.cn/2023-04/24/c_1310713405.htm.

[11] 国家能源局．关于进一步做好抽水蓄能电站建设的通知［EB/OL］．［2011-8-25］．http：//www.nea.gov.cn/2011-08/25/c_131075024.htm.

[12] 国家能源局．关于印发抽水蓄能电站选点规划技术依据的通知［EB/OL］．［2017-3-11］．

[13] 国家能源局．关于在抽水蓄能电站规划建设中落实生态环保有关要求的通知［EB/OL］．［2017-11-31］．http：//zfxxgk.nea.gov.cn/auto87/201712/t20171227_3081.htm.

[14] 国家能源局关于开展电力领域综合监管工作的通知［EB/OL］．［2023-05-04］．http：//zfxxgk.nea.gov.cn/2023-05/04/c_1310719209.htm.

[15] 国家能源局关于开展电力系统调节性电源建设运营综合监管工作的通知［EB/OL］．［2023-05-04］．http：//zfxxgk.nea.gov.cn/2023-05/04/c_1310719213.htm.

[16] 国家能源局综合司关于进一步做好抽水蓄能规划建设工作有关事项的通知［EB/OL］．［2023-04-23］．http：//zfxxgk.nea.gov.cn/2023-04/23/c_1310717984.htm.

[17] 国家能源投资集团有限责任公司．中国能源展望2060——能源产业迈向碳达峰碳中和［M］．北京：科学出版社，2023．

[18] 国网能源研究院有限公司．中国能源电力发展展望2021［M］．北京：中国电力出版

社，2021：6-7.
[19] 霍沫霖，刘小聪，谭清坤，等. 我国电力需求响应政策的实践与思考 [J]. 中国能源，2022，44 (7)：35-43.
[20] 林卫斌，宁佳钧，张凡. 分“三步走”构建新型电力系统的战略构想 [J]. 价格理论与实践，2022 (10)：71-74.
[21] 林卫斌，王煜萍. 双轮驱动 促进新时代新能源高质量发展 [J]. 中国经济评论，2022 (9)：58-64.
[22] 林卫斌，吴嘉仪. 碳中和目标下中国能源转型框架路线图探讨 [J]. 价格理论与实践，2021 (6)：9-12.
[23] 林卫斌，吴嘉仪. 碳中和愿景下中国能源转型的三大趋势 [J]. 价格理论与实践，2021 (7)：21-23，114.
[24] 林卫斌，朱彤. 实现碳达峰与碳中和要注重三个“统筹” [J]. 价格理论与实践，2021 (1)：17-19，33.
[25] 刘青，张莉莉，李江涛，等. “十四五”期间中国电力需求增长趋势研判 [J]. 中国电力，2022，55 (1)：214-219.
[26] 刘泽洪，周原冰，李隽，等. 西南跨流域水风光协同开发研究 [J]. 全球能源互联网，2023，6 (3)：225-237.
[27] 倪晋兵，张云飞，施浩波，等. 基于时序生产模拟的抽水蓄能促进新能源消纳作用量化研究 [J]. 电网技术，2023，47 (7)：2799-2809.
[28] 倪晋兵，张云飞. 抽水蓄能在新型电力系统中发展的思考 [J]. 水电与抽水蓄能，2022，8 (6)：5-7.
[29] 彭才德. “十三五”水电发展及展望 [J]. 中国电力企业管理，2019，No.553 (4)：34-36.
[30] 彭程，彭才德，高洁，等. 新时代水电发展展望 [J]. 水力发电，2021，47 (8)：1-3，98.
[31] 舒印彪，陈国平，贺静波，等. 构建以新能源为主体的新型电力系统框架研究 [J]. 中国工程科学，2021，23 (6)：61-69.
[32] 舒印彪. 新型电力系统导论 [M]. 北京：中国科学技术出版社，2022.
[33] 水电水利规划设计总院，中国水力发电工程学会. 抽水蓄能产业发展报告 [R]. 2022.
[34] 水利水电规划设计总院. 中国可再生能源发展报告 2022 [R]. 北京：中国水利水电出版社，2023.
[35] 谭琦璐，赵晓东，王民昆，等. 我国西南电网辖区电力需求侧响应现状及优化发展建议 [J]. 中国能源，2023，45 (4)：63-74.
[36] 王彩霞，时智勇，梁志峰，等. 新能源为主体电力系统的需求侧资源利用关键技术及展望 [J]. 电力系统自动化，2021，45 (16)：37-48.
[37] 王娟，邓良辰，冯升波. “双碳”目标下，能源需求侧管理的意义及发展路径思考与建议 [J]. 中国能源，2021，43 (9)：50-56.
[38] 王鹏，王冬容. 走近虚拟电厂 [M]. 北京：机械工业出版社，2020.
[39] 王永真，朱轶林，康利改，等. 计及能值的中国电力能源系统可持续性综合评价 [J]. 全球能源互联网，2021，4 (1).
[40] 吴迪，康俊杰，王可珂，等. 我国典型 5 省煤电发展现状与转型优化潜力研究 [J]. 中国煤炭，2023，49 (5)：18-29.

[41] 夏敏. 浅谈水电厂经济运行中存在的主要问题及对策 [C]. 江西省电机工程学会. 2017年江西省电机工程学会年会论文集, 2018: 173-174.

[42] 辛保安, 陈梅, 赵鹏, 等. 碳中和目标下考虑供电安全约束的我国煤电退减路径研究 [J]. 中国电机工程学报, 2022, 42 (19): 6919-6931.

[43] 辛保安. 新型电力系统构建方法论研究 [N]. 中国电力报, 2023-7-11.

[44] 新型电力系统发展蓝皮书编写组. 新型电力系统发展蓝皮书 [C]. 2023.

[45] 邢援越. 从长江到黄河小水电如何绿色转型 [N]. 澎湃新闻, 2022-02-17.

[46] 徐刚磊. 新形势下西南大型水电可持续发展机制的探讨 [J]. 华电技术, 2021, 43 (5): 80-85.

[47] 曾鸣, 王俐英. "双碳" 目标下的电力需求侧管理进阶与变革 [J]. 中国电力企业管理, 2021 (10): 23-25.

[48] 张钦, 王锡凡, 王建学, 等. 电力市场下需求响应研究综述 [J]. 电力系统自动化, 2008 (3): 97-106.

[49] 赵晓东, 王娟, 周伏秋, 等. 构建新型电力系统亟待全面推行电力需求响应——基于11省市电力需求响应实践的调研 [J]. 宏观经济管理, 2022 (6): 52-60+73.

[50] 中关村储能产业联盟. 储能产业研究白皮书2023 (摘要版) [R]. 2023.

[51] 国际环保组织绿色和平. 中国电力部门低碳转型2022年进展分析 [R]. 2023.

[52] 中国电力企业联合会. 中国电力行业年度发展报告 [M]. 北京: 中国建材工业出版社, 2023.

[53] 中国电力企业联合会. 煤电机组灵活性运行与延寿运行研究 [R]. 2023.

[54] 中国电力企业联合会. 煤电机组灵活性运行政策研究 (摘要版) [R]. 2020.

[55] 中国电力企业联合会. 中国电力行业年度发展报告2022 [R]. 2022.

[56] 中国电力企业联合会. 中国电力行业年度发展报告2023 [R]. 2023.

[57] 中国煤炭工业协会. 2022年中国燃煤发电报告 [R]. 2022.

[58] 中国能源研究会、自然资源保护协会. 构建新型电力系统路径研究 (报告摘要) [R]. 2023.

[59] 中国人民大学. 中国煤电成本分析与风险评估 [R]. 2022.

[60] 中国石化集团经济技术研究院有限公司. 中国能源展望2060 [M]. 北京: 中国石化出版社有限公司, 2022.

[61] 中能传媒能源安全新战略研究院. 能源发展回顾展望2022——煤电篇 [R]. 2023.

[62] 中能传媒能源安全新战略研究院. 我国电力发展与改革形式分析2023 [R]. 2023.

[63] 中能传媒能源安全新战略研究院. 中国能源大数据报告2023 [R]. 2023.

[64] 周伏秋, 王娟, 赵晓东, 等. 创新优化电力需求响应, 支撑新型电力系统建设 [J]. 电力需求侧管理, 2023, 25 (1): 1-4.

[65] 周建平, 杜效鹄, 周兴波. 面向新型电力系统的水电发展战略研究 [J]. 水力发电学报, 2022, 41 (7): 106-115.

[66] Chen Yongbao, Zhang Lixin, Xu Peng, Di Gangi Alessanra. Electricity demand response schemes in China: Pilot study and future outlook [J]. Energy, 2021, 224: 120042.

[67] Global Energy Monitor. Building an open guide to the world's energy system [EB/OL]. https://globalenergymonitor.org.

[68] Huang, H., Yan, Z., 2009. Present situation and future prospect of hydropower in China. Renewable and Sustainable Energy Reviews 13, 1652 - 1656. https://doi.org/10.1016/j.rser.2008.08.013.

[69] IEA. Net Zero by 2050, A Roadmap for the Global Energy Sector [R]. 2021.

[70] IEA. Coal in Net Zero Transitions [EB/OL]. https://www.iea.org/reports/coal-in-net-zero-transitions.

[71] IRENA. Electricity Storage and Renewables: Costs and Markets to 2030 [R]. 2017.

[72] The federal energy regulatory commission staff. National Action Plan on Demand Response [EB/OL]. 2010-07-17 [2023-06-30]. https://www.energy.gov/oe/downloads/national-action-plan-demand-response-june-2010.

[73] Wang et al. Assessment of wind and photovoltaic power potential in China [J]. Carbon Neutrality, 2022 (1): 15.